应对气候变化与可持续发展实用技术教程

孙 义 著

东北大学出版社
·沈 阳·

图书在版编目（CIP）数据

应对气候变化与可持续发展实用技术教程 / 孙义著. — 沈阳：东北大学出版社，2023.6
ISBN 978-7-5517-3304-5

Ⅰ.①应… Ⅱ.①孙… Ⅲ.①气候变化－研究②环境保护－可持续性发展－研究 Ⅳ.①P467②X22

中国国家版本馆 CIP 数据核字(2023)第 130087 号

出 版 者：东北大学出版社
地址：沈阳市和平区文化路三号巷 11 号
邮编：110819
电话：024-83680176(总编室) 83687331(营销部)
传真：024-83680176(总编室) 83680180(营销部)
网址：http://www.neupress.com
E-mail: neuph@neupress.com
印 刷 者：辽宁一诺广告印务有限公司
发 行 者：东北大学出版社
幅面尺寸：170 mm×240 mm
印 张：19.5
字 数：350 千字
出版时间：2023 年 6 月第 1 版
印刷时间：2023 年 6 月第 1 次印刷
责任编辑：杨世剑 张庆琼
责任校对：吴 越
封面设计：潘正一
责任出版：唐敏志

ISBN 978-7-5517-3304-5 定 价：60.00 元

前 言

社会能否实现可持续发展直接影响着我们的子孙后代。如期实现联合国《2030年可持续发展议程》中的所有目标的任务依然很艰巨，如果不采取更加积极主动的政策，人类的生存发展将面临更多风险和挑战。

作为17个可持续发展目标中最重要的一个，“采取紧急行动应对气候变化及其影响”这一指标对公众健康、粮食和水安全、移徙及和平与安全等其他指标有着不同程度的影响。尽管应对气候变化得到世界各国的积极响应，但要完成《巴黎协定》提出的无论是升温控制还是温室气体排放控制目标，仍需付出巨大的努力。为了减少温室气体排放，各国出台了大量政策，如能耗限额、碳排放配额、碳关税、绿色采购等。这些政策的实施将应对气候变化与人类的生产生活紧密相连，因此，提高人们对应对气候变化与可持续发展方面基础知识的了解及认知变得非常重要。

本书分为四篇共十五章。其中，第一章至第三章主要介绍了应对气候变化与可持续发展的基本概念、背景及政策行动，适合所有读者学习。第四章、第五章介绍了温室气体排放量的核算方法。其中，第四章适用于评价国家、区域层面的温室气体排放量，由于本章所述方法是全球碳排放核算体系的基础，涉及众多领域部门，适合有一定基础的读者学习；第五章介绍了企业层级排放量的核算，与第四章相比，本章内容相对简单，更适合无基础的读者学习。第六章至第十一章介绍了温室气体减排量的核算方法。由于目前全球减排量核算体系较多，因此本书介绍的核算方法仅适用于我国建立的国家核证自愿减排项目。第十二章至第十五章旨在向读者介绍不同层面、不同领域的可持续发展评价工具与方法。

本书属于入门读物，旨在为关心、热爱气候变化与可持续发展事业的读者提供打开新领域大门的一把钥匙。由于著者编写时间和能力水平所限，本书中难免有不足之处，敬请读者批评指正。

著 者

2023年4月

目 录

第一篇 气候变化与可持续发展

第一章 气候变化的基本术语 ………………………………………… 3

第一节 气候变化的定义与内涵 ……………………………………… 3

第二节 温室气体与气候变化 ………………………………………… 4

第三节 气候变化影响 ………………………………………………… 5

第四节 IPCC 与气候变化 …………………………………………… 7

第五节 碳源与碳汇 …………………………………………………… 8

第二章 应对气候变化与可持续发展 ……………………………… 10

第一节 《联合国气候变化框架公约》《京都议定书》《巴黎协定》 ……… 10

第二节 减缓与适应气候变化 ………………………………………… 11

第三节 碳市场与碳交易 ……………………………………………… 12

第四节 可持续发展目标 ……………………………………………… 14

第三章 我国应对气候变化的政策与行动 ………………………… 16

第一节 现状与目标 …………………………………………………… 16

第二节 “1+N”政策体系 …………………………………………… 17

第三节 碳市场建设 …………………………………………………… 19

第四节 国家核证自愿减排 …………………………………………… 20

第五节 绿色创建与评价 ……………………………………………… 21

第六节　“无废城市”与工业固废综合利用 …………………………………… 23

第二篇　温室气体排放量核算方法

第四章　国家温室气体清单 ………………………………………………… 27

第一节　能源 …………………………………………………………………… 27
第二节　工业过程和产品使用 ………………………………………………… 50
第三节　农业、林业和其他土地利用 ………………………………………… 91
第四节　废弃物 ……………………………………………………………… 105

第五章　企业温室气体排放 ……………………………………………… 114

第一节　发电企业……………………………………………………………… 114
第二节　造纸和纸制品生产企业……………………………………………… 120
第三节　钢铁生产企业………………………………………………………… 123
第四节　石油化工企业………………………………………………………… 127
第五节　化工生产企业………………………………………………………… 134
第六节　电解铝生产企业……………………………………………………… 140
第七节　水泥生产企业………………………………………………………… 143
第八节　平板玻璃生产企业…………………………………………………… 146

第三篇　温室气体减排量核算方法

第六章　造林项目 ………………………………………………………… 151

第一节　概述…………………………………………………………………… 151
第二节　项目范围……………………………………………………………… 153
第三节　核算方法……………………………………………………………… 154

第七章　焦炉煤气回收制液化天然气项目 ……………………………… 163

第一节　概述…………………………………………………………………… 163

第二节　项目范围 ………………………………………………………… 164
第三节　核算方法 ………………………………………………………… 165

第八章　可再生能源并网发电项目 ……………………………………… 168

第一节　概述 ……………………………………………………………… 168
第二节　项目范围 ………………………………………………………… 170
第三节　核算方法 ………………………………………………………… 171

第九章　垃圾填埋气项目 ………………………………………………… 176

第一节　概述 ……………………………………………………………… 176
第二节　项目范围 ………………………………………………………… 177
第三节　核算方法 ………………………………………………………… 178

第十章　低排放车辆替代项目 …………………………………………… 185

第一节　概述 ……………………………………………………………… 185
第二节　核算方法 ………………………………………………………… 186

第十一章　废能回收利用项目 …………………………………………… 189

第一节　概述 ……………………………………………………………… 189
第二节　项目范围 ………………………………………………………… 190
第三节　核算方法 ………………………………………………………… 190

第四篇　可持续发展评价方法

第十二章　工业固体废物资源综合利用 ………………………………… 199

第一节　概述 ……………………………………………………………… 199
第二节　具体要求 ………………………………………………………… 203
第三节　评价流程与方法 ………………………………………………… 206

第十三章　绿色工厂 ……………………………………………………… 209

第一节　概述 ……………………………………………………………… 209

第二节　具体要求…………………………………………………………………… 211
第三节　评价流程与方法………………………………………………………… 216

第十四章　低碳城市 ………………………………………………………… 221

第一节　概述…………………………………………………………………………… 221
第二节　低碳城市评价…………………………………………………………… 222
第三节　碳排放驱动因素分析……………………………………………… 224
第四节　碳排放预测……………………………………………………………… 226

第十五章　生态系统生产总值 …………………………………………… 229

第一节　概述…………………………………………………………………………… 229
第二节　核算程序…………………………………………………………………… 232
第三节　核算方法…………………………………………………………………… 233

参考文献 ……………………………………………………………………………… 253

附　录 ………………………………………………………………………………… 255

第一篇

气候变化与可持续发展

第一章　气候变化的基本术语

第一节　气候变化的定义与内涵

关于“气候变化”的概念，目前有诸多解释，不同组织、不同研究领域给出的定义不尽相同，其中认可度最高、覆盖面最广的是联合国及其框架下组织给出的定义。

联合国官方定义是，气候变化是指温度和天气模式的长期变化。作为联合国环境规划署与世界气象组织（WMO）共同发起成立的政府间机构，联合国政府间气候变化专门委员会（IPCC）给出的定义是，气候变化是指气候随时间的任何变化，无论其原因是自然变率，还是人类活动。

作为全球最重要的一份具有法律约束力的协议，《联合国气候变化框架公约》①（UNFCCC）（以下简称《公约》）中的“气候变化”是指，除在类似时期内所观测的气候的自然变异之外，由于直接或间接的人类活动改变了地球大气的组成而造成的气候变化。有别于联合国和 IPCC 给出的定义，UNFCCC 给出的定义中，“气候变化”剔除了基于自然的原因，仅考虑人类活动所产生的影响。

除了上述定义，研究领域认为，气候变化是指气候平均状态统计学意义上的巨大改变或者持续较长一段时间（典型的为 30 年或更长）的气候变动。这种变化不仅是平均值的变化，也包括变率的变化。其中，离差值越大，表明气候变化的幅度越大，气候状态越不稳定。通常用不同时期的温度和降水等气候要素的统计量的差异来反映气候变化。

---

①《联合国气候变化框架公约》是联合国大会于 1992 年 5 月 9 日通过的一项具有法律约束力的公约。其终极目标是将大气温室气体浓度维持在一个稳定的水平，在该水平上人类活动对气候系统的危险干扰不会发生。

尽管表述不同，但不同定义中也存在共同点，这从另一个角度反映了气候变化的特点。首先，气候变化由自然和人为两个方面导致，包括自然界太阳周期的变化和人类的生产生活活动。其次，变化的不仅仅是温度，还包括降水、大气组成等方面。目前，各界公认的气候变化主要表现在三个方面，分别是全球气候变暖、酸雨和臭氧层破坏。其中，全球气候变暖是公认的对人类社会可持续发展的最严重威胁。

从气候变化的科学内涵来看，虽然气候变化起始于大气科学学科，但随着研究深入和时代发展，其内涵和外延远远超出了大气科学范畴，目前已经成为涵盖气象学、海洋学、环境科学、地理学、农学和社会科学等多学科性交叉研究。同时，基于气候变化对人类社会可持续发展的威胁，它也从一个科学问题进一步演变成环境问题、经济问题及政治问题，改变了人类对环境价值的认知，影响着未来世界经济制度的重建和政治格局的重构。

第二节 温室气体与气候变化

气候作为自然科学名词，是指一个地区大气的多年平均状况，主要的气候要素包括光照、气温和降水等。气候是大气物理特征的长期平均状态，与天气不同，它具有一定的稳定性。根据世界气象组织的规定，一个标准气候计算时间为 30 年。气候以冷、暖、干、湿这些特征来衡量，通常由某一时期的平均值和离差值表征。

地球气候是由大气圈、生物圈、岩石圈、水圈有机组成的一个复杂的非线性系统，各个组分之间相互影响并同时作用，决定了气候系统的静态与动态运行机制，其变化具有明显的多时间尺度和多空间尺度特征。地球气候同时受到自然和人为两类外强迫因素的影响。自然外强迫主要包括太阳辐射和火山活动；人为外强迫则主要是人类生产、生活使用化石燃料，排放进入大气圈的温室气体、气溶胶等物质，以及土地利用的变化。在地球自然的演变过程中，地球系统也在不断发生变化，但是随着人类对自然的扰动强度和频率不断加大，人类活动对于地球系统的影响也越来越显著，其中以全球变暖为主要特征的气候系统尤为显著。

大气圈也称大气层，是指包围地球的气体层，由氮、氧、氩、氖、氦、氪、臭氧、水汽、二氧化碳等气体组成。大气层能使太阳短波辐射到达地面，但地面受热后向外反射的大量长波辐射却被大气吸收，使地面与低层大气温度增高，这种现象称为大气保温效应，俗称温室效应。大气中并不是每种气体都能强烈地吸收地面反射的长波辐射，其中，能吸收地面反射的长波辐射并重新发射辐射的气态成分称为温室气体（greenhouse gas，GHG），主要包括二氧化碳、甲烷、氧化亚氮、氢氟碳化物、全氟化碳、六氟化硫等。

二氧化碳的排放来源有很多，包括煤炭、石油等的工业生产和加工过程，化石燃料（煤炭、石油、天然气）的燃烧，动物的呼吸、粪便，植物、有机物（动物、植物）的发酵、腐烂过程，以及火山喷发、森林火灾等。其中，化石燃料燃烧产生的二氧化碳的排放是大气中二氧化碳浓度增加的最主要原因。

甲烷多属自然排放，自然界中的生物在厌氧分解作用下会产生甲烷，如水体流动性不高的湖泊、湿地等对甲烷的排放均有较高贡献。而人为活动造成的甲烷排放因素则有自然水体受生活污水及工业废水的污染、农业畜牧活动及工业制造程序等。

氧化亚氮多属人为排放，农业、畜牧相关活动排放占比较高，如化肥、农药的使用；工业生产过程排放占比较低，主要来自消耗氮元素的相关化工产品的制造，如硝酸、己二酸（以硝酸为反应原料之一）的生产。

氢氟碳化物、全氟化碳主要来自冰箱、空调、灭火器、气溶胶、清洗溶剂、发泡剂等。

六氟化硫多来自绝缘设备、灭火器等。

第三节 气候变化影响

围绕气候变化及其影响，全球科学家开展了大量研究，结果表明：气候变化既有积极影响，也存在不利影响，但总体以不利影响为主，主要原因是在气候变化背景下，自然生态系统和社会经济系统与变化后的气候环境不相适应，导致系统功能下降甚至结构破坏。

气候变化带来的影响包括直接和间接两个方面。几乎所有的自然生态系统、经济系统和社会系统都暴露于气候环境中，当气候发生变化，从而对这些系统产生直接作用时，即直接影响；若直接影响逐步传递，对其他系统也产生了影响，则属于间接影响。如气候变化对某种农作物的产量和品质造成直接影响，而其产量和品质的变化对食品供应量、营养物质摄入量及人类的生活与健康也将产生影响(间接影响)。

气候变化影响在传递过程中，呈现传递层次由低到高的特点。首先影响自然生态系统的资源、环境及自然生产，然后影响经济系统的经济生产，并最终影响人类社会系统。

目前，国际社会公认的气候影响主要体现在以下八个方面。

一是气温升高。随着温室气体浓度升高，全球地表温度也在上升。2011—2020年是有史以来最温暖的十年。自1980年以来，每十年都比前一个十年更温暖。所有的陆地地区几乎都在经历更多的炎热的天气和热浪。温度升高会引发更多的高温病，使户外工作更加困难。天气越热，火灾更容易发生而且火势会更快地蔓延。北极地区气候变暖的速度至少是全球平均水平的2倍。

二是风暴肆虐。在许多区域，毁灭性风暴的破坏力变得更大，发生次数更多。随着温度的上升，更多的水分蒸发，加剧了极端的降水和洪涝，引发了更多的毁灭性风暴。热带风暴的发生频率和范围也受到了海洋变暖的影响。气旋、飓风和台风经常形成于海洋中温暖水域的表面，这样的风暴经常会摧毁房屋和社区，造成人员死亡并带来巨大的经济损失。

三是干旱加剧。气候变化正在改变水资源的可获得性，让更多地区的水资源变得稀缺。全球变暖不仅加剧了已缺水地区的缺水问题，还会增加农业干旱和生态干旱的风险。农业干旱会影响农作物的产量，而生态干旱将增加生态系统的脆弱性。干旱也会引发毁灭性的沙尘暴，沙尘暴可以将数十亿吨沙子带到各大洲。沙漠正在扩大，不断减少种植粮食的土地。现在许多人经常面临着无法获得足够水资源的威胁。

四是海洋变暖，海平面上升。海洋吸收了全球变暖的大部分热量。在过去的20年里，无论深浅，整个海洋的变暖程度都在加剧。随着海洋变暖，其体积也在增加，因为水会随着变暖而膨胀。冰盖融化也导致海平面上升，威胁沿海和岛屿社区。此外，海洋不断吸收二氧化碳以避免其排放到大气中。但是，吸收更多的二氧化碳使海水变得更加酸化，从而危及海洋生物和珊瑚礁。

五是物种灭绝。气候变化给陆地和海洋物种的生存带来了风险。这些风险随着温度的上升而增加。气候变化加快了物种灭绝的速度，全球物种正在灭绝的速度比人类史上任何时候都要快1000倍。在未来几十年内，大约有100万个物种有灭绝的风险。森林火灾、极端天气、害虫入侵和疾病等威胁都与气候变化有关。有些物种能够迁徙并生存下来，但其他物种则无法做到。

六是食物不足。气候变化和极端天气事件频发都是全球饥饿和营养不良现象增加的原因。养殖业、种植业、渔业会面临危机或产量降低。海水酸化问题变得更加严重，为数十亿人提供食物的海洋资源正处于枯竭境地。许多北极地区冰雪层的变化已经减少了畜牧、狩猎和捕鱼带来的食物供应。热应力会减少放牧所需的淡水和草地，导致作物产量下降并影响畜禽生长。

七是健康风险增加。气候变化是人类面临的最大健康威胁。气候变化导致的空气污染、疾病、极端天气事件、被迫流离失所、心理健康压力及在人们无法种植或找到足够食物的地方饥饿和营养不良的加剧，已经损害了人类健康。每年，环境因素夺走约 1300 万人的生命。不断变化的天气形势会扩大疾病传播，极端天气事件也会增加死亡人数，这些因素使医疗系统难以随之升级。

八是贫困和流离失所。气候变化增加了使人们陷入贫困的因素。洪水可能会冲毁城市、摧毁家园和导致失业；炎热会使人们难以从事户外工作；缺水会影响农作物产量。在过去十年(2010—2019 年)中，平均每年约 2310 万人因极端天气流离失所，许多人也因此变得贫困。大多数难民来自最脆弱且没做好准备适应气候变化影响的国家。

第四节 IPCC 与气候变化

IPCC 于 1988 年成立，作为国际社会就气候变化问题提供科学咨询的专门委员会，其最主要的任务是针对气候变化的科学事实、社会经济影响、未来气候变化风险开展评估。其下设三个工作组和一个专题组，分别是：第一工作组，负责评估气候系统和气候变化的科学问题；第二工作组，负责评估社会经济体系和自然系统对气候变化的脆弱性、气候变化正负两方面的后果和适应气候变化的选择方案；第三工作组，负责评估限制温室气体排放并减缓气候变化进程的选择方案；国家温室气体清单专题组，负责 IPCC《国家温室气体清单》计划。

IPCC 综合评估报告每 6 ~ 7 年发布一次，截至 2023 年 3 月已完成六次评估。第一次评估报告于 1990 年发表，报告确认了对有关气候变化问题的科学基础，促使联合国大会做出制定《公约》的决定；第二次评估报告于 1995 年发表，对气候变化公约《京都议定书》的签署起到了积极的推动作用；第三次评估报告于 2001 年发表，与前两份报告相比，此份报告的内容进一步扩展，包括有关“科学基础”“影响、适应性和脆弱性”“减缓”内容的报告，以及侧重于各种与政策有关的科学和技术问题的综合报告；第四次评估报告于 2007 年发表，作为一个重要结论，该报告认为，20 世纪中叶以来大部分的全球表面平均温度(GMST)的升高，90%的原因是观测到人为温室气体浓度增加，这在世界范围内引起极大反响；第五次评估报告于 2014 年发表，为《巴黎协定》的制定提供了主要科学投入；IPCC 第六次评估《综合评报》于 2023 年 3 月发布，报告指出人为变化的不利影响将会加剧，最脆弱人群和生态系统遭受损失和损害更为严重。

除了评估报告，IPCC 还会不定期发布特别报告、方法报告和技术报告，如《全球 1.5 ℃增暖特别报告》《气候变化中的海洋和冰冻圈的特别报告》，以及方法报告《2006 年 IPCC 国家温室气体清单指南(2019 年修订)》。

可以说，IPCC 发布的历次评估报告及其他类型的报告增加了人类对气候系统和气候变化的科学认识，为国际社会和各国政府制定应对方案提供了重要依据，为国际气候谈判和决策提供了重要支撑。

第五节　碳源与碳汇

碳是生物的最基本元素，而碳循环是生态系统中的三大循环之一。碳元素在地球上的大气圈、生物圈、岩石圈和水圈中交换，并随地球的运动循环不止，因此，碳元素会以不同的形态存在于自然界。

根据《公约》定义，碳源是指向大气排放碳的任何过程或活动，如碳酸盐脱硫、化石燃料发电等过程。与碳源相反，碳汇是指从大气中清除碳的任何过程、活动或机制，如绿色植物从空气中吸收二氧化碳，通过光合作用将其转化为葡萄糖，释放氧气。其中，气候系统内存储碳的一个或多个组成部分称为“碳库”。

地球的碳库主要有四个，分别为大气圈、生物圈、岩石圈和水圈。其中，岩石圈是地球最大的碳库，其含碳量约占地球碳总量的 99.9%。碳的地球生物化学循环控制了碳在地表或近地表的沉积物和大气、生物圈及海洋之间的迁移。例如，岩石中的碳经自然和人为的各种化学作用分解后进入大气和海洋，同时死亡生物体及其他含碳物质又以沉积物的形式返回地壳，由此构成了全球碳循环的一部分。

碳在岩石圈中主要以碳酸盐的形式存在，在大气圈中以二氧化碳和一氧化碳的形式存在，在水圈中以多种形式存在，在生物库中则存在着几百种被生物合成的有机物。这些物质的存在形式受到各种因素的调节。

在大气中，二氧化碳是含碳的主要气体，也是碳参与物质循环的主要形式。在生物库中，森林是碳的主要吸收者，它固定的碳相当于其他植被类型的2倍。森林又是生物库中碳的主要储存者，相当于目前大气含碳量的2/3。

植物通过光合作用从大气中吸收碳的速率与通过动植物的呼吸和微生物的分解作用将碳释放到大气中的速率大体相等，因此，大气中的二氧化碳含量在受到人类活动干扰以前是相当稳定的。

实际上，岩石圈中化石燃料库储量虽大，但碳活动却十分缓慢；大气圈、水圈和生物圈这三个碳库虽然碳储量小，但碳活动却十分活跃，所储存的碳在生物和无机环境之间迅速交换，实际上起着交换库的作用。

除了基于生态系统的自然固碳，人工固碳技术手段发展迅猛，二氧化碳捕集、利用与封存技术（CCUS）目前已经成为常见的人工固碳技术手段。CCUS是将二氧化碳从工业过程、能源利用或大气中分离出来，直接加以利用或注入地层以实现永久碳减排的技术。目前，随着加拿大Weyburn油田CCUS-EOR项目、齐鲁石化-胜利油田百万吨级CCUS项目等商业化运营的逐渐深入，CCUS已成为国际公认的唯一能够实现大规模快速减排的技术解决方案。

第二章 应对气候变化与可持续发展

第一节 《联合国气候变化框架公约》《京都议定书》《巴黎协定》

自20世纪80年代开始，气候变化问题逐渐成为国际社会的关注焦点。为应对气候变化，减少人为活动对气候系统的危害，1992年5月9日正式通过了《公约》。截至2022年12月，全球共有198个缔约方。

《公约》的签署不仅拉开了应对气候变化全球行动的序幕，也为全球合作制定了基本目标与原则。首先,《公约》明确了应对气候变化的最终目标，即“将大气温室气体的浓度稳定在防止气候系统受到危险的人为干扰的水平上。这一水平应当在足以使生态系统能够可持续地进行的时间范围内实现”。其次，《公约》确立了国际合作应对气候变化的基本原则，主要包括“共同但有区别的责任”原则、公平原则、各自能力原则和可持续发展原则等。此外,《公约》还明确了发达国家应承担率先减排和向发展中国家提供资金及技术支持的义务，并承认发展中国家有消除贫困、发展经济的优先需要。

为了促进各国完成温室气体减排目标，联合国从1995年起每年在世界不同地区轮换举行联合国气候变化大会(United Nations Climate Change Conference)。1997年12月在日本京都举行的气候变化大会上,《公约》第三次缔约方会议通过《京都议定书》，该条约也成为人类历史上首个限制温室气体排放的法规。尽管《京都议定书》被指责减排目标设定过低，且出现了美国退出等一系列不利影响，但其对未来全球行动的深入开展仍提供了大量宝贵经验。第一,《京都议定书》创造性地提出了“排放权交易”等四种减排方式；第二，制定了共同但有区别的总量减排目标；第三，提出了“排放贸易”“共同履行”“清洁发展机制”三种“灵活履约机制”；第四，明确了受管控的温室气体种类。

2015 年 12 月在法国巴黎举行的气候变化大会上，195 个成员国正式签署了《巴黎协定》，该协定为 2020 年后全球应对气候变化行动做出安排。《巴黎协定》主要内容包括：一、重申 2 ℃的全球温升控制目标，并且提出在 21 世纪下半叶实现温室气体人为排放与清除之间的平衡；二、强调国家自主贡献，各国应制定、通报并保持其“国家自主贡献”，每五年通报一次，新的贡献应比上一次贡献有所加强；三、要求发达国家继续提出全经济范围绝对量减排目标，鼓励发展中国家根据自身国情逐步向全经济范围绝对量减排或限排目标迈进；四、明确发达国家要继续向发展中国家提供资金支持；五、建立“强化”的透明度框架，重申遵循非侵入性、非惩罚性的原则，并为发展中国家提供灵活性；六、每五年进行定期盘点，推动各方不断提高行动力度。

《巴黎协定》是继 1992 年《公约》、1997 年《京都议定书》之后，人类历史上应对气候变化的第三个里程碑式的国际法律文本，为 2020 年后的全球气候治理奠定了坚实的基础。

第二节　减缓与适应气候变化

减缓与适应是应对气候变化的两大策略，二者相辅相成、缺一不可。减缓是指通过能源、工业等经济系统和自然生态系统较长时间的调整，减少温室气体排放，增加碳汇，以稳定和降低大气温室气体浓度，减缓气候变化速率。适应是指通过加强自然生态系统和经济社会系统的风险识别与管理，采取调整措施，充分利用有利因素、防范不利因素，以减轻气候变化产生的不利影响和潜在风险。

温室气体可以存在几十年、几百年甚至更长时间，减缓措施产生效果需要时间，即使减排，已经发生的气候风险也不会立刻消除，过去和现在排放的温室气体还会继续影响气候系统要素的变化，其后果在很长时间里还会有所表现，如海平面在未来几百年仍会上升。可以说，气候变化的不利影响会削弱国家可持续发展能力，但可以通过提高适应能力来有效降低脆弱性，促进可持续发展。

IPCC 第六次评估报告认为，在人类系统和生态系统中实施、加快和维持适应行动的关键在于创造有利条件。这些条件包括政治承诺及其贯彻执行、制度框架、目标及优先事项明确的政策和工具、气候影响及其解决方案知识的增长、充足的资金动员效果与可得性、监测和评估及包容的治理进程。

从具体措施看，提高适应气候变化的能力，可以从以下五个方面入手。

第一，需要不断强化气候变化监测预警和风险管理。加强气候变化观测网络建设，强化监测预测预警和影响风险评估，提升气候风险管理和综合防灾减灾能力。

第二，要提升自然生态系统适应气候变化的能力。统筹推进山水林田湖草沙一体化保护和系统治理，统筹陆地和海洋适应气候变化工作，实施基于自然的解决方案。

第三，要强化经济社会系统适应气候变化的能力。防范气候风险从自然生态系统向经济社会系统的传递，坚持减缓、适应与可持续发展协同理念，增强经济社会系统气候韧性。

第四，要提升关键脆弱区域气候韧性。考虑各地气候变化、自然条件和经济社会发展状况不同，兼顾气候特征相对一致性和行政区域相对完整性原则，推动构建全面覆盖、重点突出的适应气候变化的区域格局。

第五，气候变化的不当适应可能会使当地面临脆弱性、暴露度和风险的锁定效应，使之难以改变且代价高昂，并加剧现有的不平等现象。因此，识别跨行业、跨区域的风险，制定风险管理、综合适应与减缓的行动方案对于应对气候变化、实现可持续发展至关重要。

第三节　碳市场与碳交易[1]

行政指令和市场机制是目前全球减排行动的两个核心策略。行政指令主要包括设定减排目标与责任、制定准入政策和提高能耗准入标准等。市场机制主要指碳排放权交易市场（简称碳市场），是重要的市场化减排工具。

碳排放权交易（简称碳交易）是指以控制温室气体排放为目的，以温室气体排放配额或温室气体减排信用为标的物所进行的市场交易，而将温室气体配额及减排信用作为商品进行交易的市场称为碳市场。碳市场作为一种促进减排的市场机制，允许碳排放资源在不同企业之间通过市场进行自由配置，相比行政

---

① 本节碳市场、碳交易中的“碳”泛指参与交易的温室气体，并非单指二氧化碳。后文未有明确说明，均参照此释义。

手段，能够以比较低的成本实现既定的减排目标。

碳排放权交易源于《京都议定书》，根据该协议，美国、日本、欧洲国家等需要完成控排目标。由于各国的减排责任、经济水平、产业结构、技术水平各不相同，各国减排成本存在较大差异，因此，《京都议定书》允许国家之间在国际排放贸易机制、联合履约机制和清洁发展机制下，通过交易降低总减排成本。

国际碳行动伙伴组织（ICAP）《2022 年度全球碳市场进展报告》显示，截至 2022 年 1 月，全球正在运行的碳市场共 25 个，位于 34 个司法管辖区，包括 1 个超国家机构、8 个国家、19 个省和州以及 6 个城市，并有 22 个碳市场正在建设或考虑中，主要分布在南美洲和东南亚。目前，碳市场已覆盖全球 17%的温室气体排放，全球将近 1/3 的人口生活在有碳市场的地区，参与碳排放权交易的国家和地区的 GDP 占全球总 GDP 的 55%。

欧盟碳排放权交易体系（EU ETS）于 2005 年正式启动，是全球启动最早且最成熟的碳市场。欧盟碳市场共经历了四个阶段：2005—2007 年为试运行阶段，该阶段的减排目标是在 1990 年的基础上减少 8%碳排放；第二阶段是 2008—2012 年，减排目标与试运行阶段相同；第三阶段是 2013—2020 年，减排目标在 1990 年的基础上减少 20%碳排放，每年以 1.74%的速度下降；第四阶段是 2021—2030 年，第四阶段碳配额的年降幅度从第三阶段的 1.74%增至 2.2%。

亚洲地区内，日本、韩国较早开始探索碳市场机制。日本于 2010 年启动东京碳市场，且于 2011 年启动埼玉县碳市场，两个城市级别的碳交易体系之间可连接。韩国碳市场于 2015 年开始启动，发展较为成熟，是东亚第一个全国统一的强制性碳排放交易体系。

碳市场的建立也为全球碳金融发展创造了更多的可能性。碳金融产品是指建立在碳排放权交易的基础上，服务于减少温室气体排放或者增加碳汇能力的商业活动，以碳配额和碳信用等碳排放权益为媒介或标的的资金融通活动载体。丰富碳金融产品体系，有助于发挥其价格发现、规避风险、套期保值等功能，提高碳市场的流动性和市场化程度，促使碳交易机制更加透明。

根据中国证券监督管理委员会发布的《碳金融产品》（JR/T 0244—2022），碳金融产品包括碳市场融资工具、碳市场交易工具、碳市场支持工具三大类。

第四节　可持续发展目标

联合国可持续发展峰会于 2015 年 9 月 25 日在纽约联合国总部召开。会上，193 个会员国一致通过《2030 年可持续发展议程》，并确保 2030 年之前实现所有目标。该纲领性文件包括 17 个可持续发展目标（见表 2-1）和 169 个子目标（具体目标），兼顾了经济、社会和环境三个方面。

表 2-1　17 个可持续发展目标

序号	内容	序号	内容
1	在全世界消除一切形式的贫困	10	减少国家内部和国家之间的不平等
2	消除饥饿，实现粮食安全目标，改善营养状况和促进可持续农业	11	建设包容、安全、有抵御灾害能力和可持续的城市和人类住区
3	确保健康的生活方式，保障各年龄段人群的福祉	12	采用可持续的消费和生产模式
4	确保包容和公平的优质教育，让全民终身享有学习机会	13	采取紧急行动应对气候变化及其影响*
5	实现性别平等，增强所有妇女和女童的权能	14	保护和可持续利用海洋和海洋资源以促进可持续发展
6	为所有人提供水和环境卫生并对其进行可持续管理	15	保护、恢复和促进可持续利用陆地生态系统，可持续管理森林，防治荒漠化，制止和扭转土地退化，遏制生物多样性的丧失
7	确保人人获得负担得起的、可靠和可持续的现代能源	16	创建和平、包容的社会以促进可持续发展，让所有人都能诉诸司法，在各级建立有效、负责和包容的机构
8	促进持久、包容和可持续的经济增长，促进充分的生产性就业和人人获得体面工作	17	加强执行手段，重振可持续发展全球伙伴关系
9	建造具备抵御灾害能力的基础设施，促进具有包容性的可持续工业化，推动创新		

注：*确认《联合国气候变化框架公约》是谈判确定全球气候变化对策的首要国际政府间论坛。

可持续发展目标13的具体目标见表2-2。

表2-2　可持续发展目标13的具体目标

序号	内容
13.1	加强各国抵御和适应气候相关的灾害和自然灾害的能力
13.2	将应对气候变化的举措纳入国家政策、战略和规划
13.3	加强气候变化减缓、适应、减少影响和早期预警等方面的教育和宣传，加强人员和机构在此方面的能力
13.a	发达国家履行在《联合国气候变化框架公约》下的承诺，即到2020年每年从各种渠道共同筹资1000亿美元，满足发展中国家的需求，帮助其切实开展减缓行动，提高履约的透明度，并尽快向绿色气候基金注资，使其全面投入运行
13.b	促进在最不发达国家和小岛屿发展中国家建立增强能力的机制，帮助其进行与气候变化有关的有效规划和管理，包括重点关注妇女、青年、地方社区和边缘化社区

尽管应对气候变化仅是17个目标中的一部分，但从总体上看，应对气候变化与其他可持续发展目标是相辅相成的。近年来，气候变化对公众健康、粮食和水安全、移徙及和平与安全的影响不断加深，如果不对气候变化加以控制，不仅会影响其他目标的推进，还将使过去几十年中取得的进展倒退回去。

第三章　我国应对气候变化的政策与行动

第一节　现状与目标

我国是全球应对气候变化的支持者、行动者、倡导者和引领者，始终将应对气候变化摆在国家治理的突出位置，实施积极应对气候变化国家战略，不仅提前完成2020年气候行动目标，还在不同领域均取得了新进展。

《中国落实国家自主贡献目标进展报告(2022)》数据显示，2021年，我国碳排放强度比2020年降低3.8%，比2005年累计下降50.8%；非化石能源占能源消费比重达到16.6%，风电、太阳能发电总装机容量达到6.35亿kW。其中，可再生能源新增装机1.34亿kW，占全国新增发电装机的76.1%。生态系统碳汇巩固提升，截至2021年底，全国森林覆盖率达到24.02%，森林蓄积量达到194.93亿m^3。

尽管我国应对气候变化工作取得了一系列历史性突破，但仍面临着减排幅度大、转型任务重、时间窗口紧等诸多挑战。相关数据显示：1951—2021年，我国地表年平均气温呈显著上升趋势，升温速率为每10年0.26℃，高于同期全球平均升温水平(0.15℃)。近20年已经成为20世纪初以来我国最暖时期。2021年，中国地表平均气温较常年值偏高0.97℃，为1901年以来的最高值。

与气温升高相呼应的是我国温室气体排放量的持续增长。2020年，我国温室气体排放总量为139亿t二氧化碳当量，占全球排放总量的27%。二氧化碳排放总量为116亿t。其中，能源活动排放的二氧化碳量约为101亿t，占全球能源活动排放量的30%左右。我国人均温室气体排放量已达10t，是全球人均水平的1.4左右。从产业和能源结构上看，我国第二产业占比偏重，对国内生产总值的贡献率为40%，却消费了68%的能源。能源结构偏煤，2021年煤炭消费量占全国能源消费总量的56%，能源强度约为全球平均水平的1.5倍。

截至2021年12月底，全球已有136个国家、115个地区、235个主要城市和2000家顶尖企业中的682家制定了碳中和目标。碳中和目标已覆盖了全球88%的温室气体排放、90%的世界经济体量和85%的世界人口。在亚洲七大经济体中，日本和韩国已经确定于2050年实现碳中和目标，土耳其为2053年，印度尼西亚和沙特阿拉伯为2060年，印度为2070年。全球主要国家碳中和目标见表3-1。

表3-1　全球主要国家碳中和目标

国家	碳中和目标实现时间	目标依据
芬兰	2035年	政策宣誓
奥地利、冰岛	2040年	政策宣誓
瑞典	2045年	立法
英国、法国、丹麦、新西兰、匈牙利	2050年	立法
日本、韩国、德国、瑞士、挪威、葡萄牙、南非	2050年	政策宣誓
中国	2060年	政策宣誓
印度	2070年	政策宣誓

按照《巴黎协定》要求，结合我国经济社会发展实际，我国宣布更新和强化国家自主贡献目标：中国二氧化碳排放力争于2030年前达到峰值，努力争取2060年前实现碳中和；到2030年，中国单位国内生产总值二氧化碳排放将比2005年下降65%以上，非化石能源占一次能源消费比重将达到25%左右，森林蓄积量将比2005年增加60亿m^3，风电、太阳能发电总装机容量将达到12亿kW以上。

第二节　“1+N”政策体系

从长远看，绿色低碳经济转型是各国实现可持续发展的必由之路，积极应对气候变化，控制温室气体排放，提高适应气候变化的能力，将为我国加快转变经济发展方式带来重要机遇。因此，我国加强碳达峰碳中和顶层设计，加强统筹协调，已经建立起碳达峰碳中和“1+N”政策体系。

“1”是我国实现碳达峰碳中和的指导思想和顶层设计。由2021年发布的《关于完整准确全面贯彻新发展理念做好碳达峰碳中和工作的意见》《2030年前碳达峰行动方案》两个文件共同构成，明确了碳达峰碳中和工作的时间表、路线图、施工图。“N”是重点领域、重点行业实施方案及相关支撑保障方案，包括能源、工业、交通运输、城乡建设、农业农村、减污降碳等重点领域实施方案，煤炭、石油天然气、钢铁、有色金属、石化化工、建材等重点行业实施方案，以及科技支撑、财政支持、统计核算等支撑保障方案。

在“1+N”政策体系下，截至2022年底，全国已有超过10个省级行政区发布了相关碳达峰实施方案，工业、建材等一系列专项方案也相继落地（见表3-2）；国家标准化管理委员会仅2022年就发布碳达峰碳中和国家标准专项计划72项。总体来看，系列文件已构建起目标明确、分工合理、措施有力、衔接有序的碳达峰碳中和政策体系，形成各方面共同推进的良好格局，将为实现“双碳”目标提供源源不断的工作动能。

表3-2　部分地区、行业碳达峰碳中和政策汇总

类别	文件名称
区域达峰方案	北京市碳达峰实施方案
	天津市碳达峰实施方案
	上海市碳达峰实施方案
	吉林省碳达峰实施方案
	辽宁省碳达峰实施方案
	内蒙古自治区碳达峰实施方案
	青海省碳达峰实施方案
	贵州省碳达峰实施方案
	江西省碳达峰实施方案
	宁夏回族自治区碳达峰实施方案
	海南省碳达峰实施方案
	云南省碳达峰实施方案
	四川省碳达峰实施方案

表3-2(续)

类别	文件名称
行业达峰方案	工业领域碳达峰实施方案
	建材行业碳达峰实施方案
	有色金属行业碳达峰实施方案
	科技支撑碳达峰碳中和实施方案(2022—2030年)
	农业农村减排固碳实施方案
	减污降碳协同增效实施方案
	财政支持做好碳达峰碳中和工作的意见
	绿色低碳发展国民教育体系建设实施方案
其他领域	氢能产业发展中长期规划(2021—2035年)
	信息通信行业绿色低碳发展行动计划(2022—2025年)
	关于完善能源绿色低碳转型体制机制和政策措施的意见
	深入开展公共机构绿色低碳引领行动促进碳达峰实施方案

第三节　碳市场建设

我国建设碳市场最早是在《“十二五”节能减排综合性工作方案》(国发〔2011〕6号)和《“十二五”控制温室气体排放工作方案》中明确提出的。2011年10月，国家发展和改革委员会办公厅下发了《关于开展碳排放权交易试点工作的通知》，批准在北京、天津、上海、重庆、湖北、广东和深圳7个省市开展碳排放权交易的试点工作。

深圳是第一个启动碳市场的试点城市，其余试点碳市场也在2013—2014年相继启动。除7个试点地区之外，四川和福建两省相继成立了各自的碳市场。2016年12月16日，四川碳市场开市，成为全国非试点地区第一个、全国第八个拥有国家备案碳交易机构的省份，设四川省联合环境交易所为交易平台；2016年12月22日，福建碳市场开市，设海峡股权交易中心为交易平台，涵盖电力、石化、化工、建材、钢铁、有色、造纸、航空、陶瓷9个行业。2021年7月16日，全国碳市场开市，发电行业成为首个被纳入全国碳市场的行业。

2020年12月25日，由生态环境部部务会议审议通过的《碳排放权交易管理办法(试行)》(以下简称《办法》)是现阶段我国碳市场运行的基础。根据

《办法》，碳排放权是指分配给重点排放单位的规定时期内的碳排放额度（碳配额）。运行初期全国碳市场交易产品为碳排放配额，且碳排放配额以免费分配为主，未来我国将适时增加其他交易产品并引入有偿分配机制。

纳入全国碳市场的温室气体重点排放单位需要同时满足以下两个条件：一是属于全国碳排放权交易市场覆盖行业；二是年度温室气体排放量达到2.6万t二氧化碳当量。碳排放配额总量确定与分配方案由生态环境部制定，方案需要综合考虑经济增长、产业结构调整、能源结构优化、大气污染物排放协同控制等因素。

对于交易主体和交易方式，《办法》明确规定，重点排放单位以及符合国家有关交易规则的机构和个人是全国碳市场的交易主体。交易方式包括协议转让、单向竞价或者其他符合规定的方式。

为确保重点排放单位温室气体排放报告的真实、完整、准确，《办法》要求：重点排放单位应当根据生态环境部制定的温室气体排放核算与报告技术规范，编制该单位上一年度的温室气体排放报告载明排放量，并于每年3月31日前报生产经营场所所在地的省级生态环境主管部门；省级生态环境主管部门应当组织开展对重点排放单位温室气体排放报告的核查，并将核查结果告知重点排放单位。对于虚报、瞒报或者拒绝报送碳排放数据的重点排放单位，处一万元以上三万元以下的罚款。逾期未改正的，由重点排放单位生产经营场所所在地的省级生态环境主管部门测算其温室气体实际排放量，并将该排放量作为碳排放配额清缴的依据；对虚报、瞒报部分，等量核减其下一年度碳排放配额。

第四节　国家核证自愿减排

按照我国碳市场建设的总体部署，全国碳市场未来将包括强制市场与自愿市场两部分。其中，温室气体重点排放单位配额交易属于强制市场，国家核证自愿减排量交易属于自愿市场。作为全国碳市场的重要组成部分，拥有自愿减排量的组织，可以将指标卖给碳排放配额不足者或有消减自身排放量需求的组织或个人，并由此获益。从长远看，国家核证自愿减排交易制度有利于充分调动全社会力量共同参与应对气候变化，也有助于推动实现碳达峰碳中和目标。

中国核证自愿减排量（CCER）是指对我国境内可再生能源、林业碳汇、甲烷利用等项目的温室气体减排效果进行量化核证，并在国家温室气体自愿减排交易注册登记系统中登记的温室气体减排量。

我国自愿减排机制始于2012年，当年发布的《温室气体自愿减排交易管理暂行办法》《温室气体自愿减排项目审定与核证指南》是我国现行自愿减排体系的核心制度。2013年3月，国家发展和改革委员会发布温室气体自愿减排方法学(第一批)，并于同年发布了温室气体自愿减排交易第一批审定与核证机构，为减排量核证提供了标准与技术支撑；2015年1月，国家发展和改革委员会应对气候变化司组织建设的国家自愿减排交易注册登记系统建成并上线运行，意味着我国自愿减排交易正式启动。2017年3月，我国自愿减排市场窗口正式关闭，温室气体自愿减排交易方法学、项目、减排量、审定与核证机构、交易机构备案申请等工作全部暂停。

根据《温室气体自愿减排交易管理暂行办法》，参与温室气体自愿减排交易的项目应采用经国家主管部门备案的方法学[①],并由经国家主管部门备案的审定机构审定。申请备案的自愿减排项目应通过项目所在省、自治区、直辖市生态环境部门提交自愿减排项目备案申请。省、自治区、直辖市发展改革部门就备案申请材料的完整性和真实性提出意见后转报国家主管部门。国家主管部门接到自愿减排项目备案申请材料后，委托专家进行技术评估，并依据专家评估意见对项目备案申请进行审查，对符合条件的项目予以备案，并在国家登记簿登记。我国温室气体自愿减排方法学目录见附录中表F-1。

经备案的自愿减排项目产生减排量后，项目业主可向国家主管部门申请减排量备案。备案前，项目业主应由经国家主管部门备案的核证机构核证，并出具减排量核证报告。国家主管部门接到减排量备案申请材料后，委托专家进行技术评估，对符合下列条件的减排量予以备案：产生减排量的项目已经国家主管部门备案；减排量监测报告符合要求；减排量核证报告符合要求。

第五节　绿色创建与评价

实现生态环境根本好转和碳达峰碳中和是我国生态文明建设两大战略任务。近年来，我国从城市、园区、产品等多个维度入手，积极推进绿色认证与评价工作，通过建立“源头—过程—末端”全过程减污降碳协同增效体系，不

① 方法学是指用于确定项目基准线、论证额外性、计算减排量、制定监测计划等的方法指南。

仅全面提高了环境治理综合效能，也促进了经济社会发展全面绿色转型，实现环境效益、气候效益、经济效益多赢。

为了强化绿色制造标杆引领，我国先后下发了《中国制造2025》《绿色制造工程实施指南（2016—2020年）》《关于开展绿色制造体系建设的通知》《“十四五”工业绿色发展规划》等一系列政策文件，制定颁布了《绿色工厂评价通则》（GB/T 36132—2018）及《机械行业绿色供应链管理企业评价指标体系》《汽车行业绿色供应链管理企业评价指标体系》等绿色制造相关标准500多项。截至2022年2月，我国已经培育建设了2783家国家级绿色工厂、296家国家级绿色供应链企业、223个国家级绿色工业园区，工业绿色发展水平持续提升。

在产品绿色低碳转型方面，我国积极发挥标准的基础性、引领性作用，不断加快节能标准更新升级，发布、修订了一系列能耗限额、产品设备能效强制性国家标准，提升了重点产品能耗限额要求，扩大了能耗限额标准覆盖范围。目前，我国的能耗限额标准已经覆盖电力、钢铁、石油化工、建材、有色、煤炭、轻工、交通等主要耗能行业。截至2021年底，我国已颁布并实施强制性能效标准75项，覆盖家用电器、工业设备、照明产品、商用设备、办公产品等重点用能产品，已经成为国际上能效标准覆盖范围最广的国家之一。

在区域低碳发展方面，国家发展和改革委员会于2010年7月19日发布了《关于开展低碳省区和低碳城市试点工作的通知》，确定了广东、辽宁、湖北、陕西、云南五省和天津、重庆、深圳、厦门、杭州、南昌、贵阳、保定八市为第一批低碳试点地区。根据要求，试点地区应测算并确定本地区温室气体排放总量控制目标，研究制定温室气体排放指标分配方案，建立本地区碳排放权交易监管体系和登记注册系统，培育和建设交易平台，做好碳排放权交易试点支撑体系建设等。目前，我国先后公布了三批低碳省区（市）试点，已有近百个城市开展了低碳城市建设。

此外，我国积极推进绿色消费市场建设，先后下发了《关于加快建立健全绿色低碳循环发展经济体系的指导意见》《关于加快建立绿色生产和消费法规政策体系的意见》《关于建立健全生态产品价值实现机制的意见》《促进绿色消费实施方案》等一系列政策文件。同时，为科学有效推进绿色产品标准、认证、标识体系建设，国务院于2016年下发《关于建立统一的绿色产品标准、认证、标识体系的意见》，按照统一目录、统一标准、统一评价、统一标识的方针，将原有环保、节能、节水、循环、低碳、再生、有机等产品整合为绿色产品。截至

2022年7月，我国绿色产品认证已覆盖建材、快递包装等近90种与消费者密切相关的产品，共颁发家电类绿色产品认证证书1.5万张，涉及企业1300多家。

第六节　“无废城市”与工业固废综合利用

固体废物(简称固废)污染防治一头连着减污，一头连着降碳。据中国循环经济协会测算，“十三五”时期，发展循环经济对我国碳减排的综合贡献率约为25%。为统筹经济社会发展中的固体废物管理，大力推进源头减量、资源化利用和无害化处理，2018年底国务院办公厅印发了《“无废城市”建设试点工作方案》，选取深圳、包头、铜陵等11个城市和雄安新区、北京经济技术开发区、中新天津生态城等5个特殊地区开展“无废城市”建设试点。

“无废城市”是以创新、协调、绿色、开放、共享的新发展理念为引领，通过推动形成绿色发展方式和生活方式，持续推进固体废物源头减量和资源化利用，最大限度地减少填埋量，将固体废物环境影响降至最低的城市发展模式。“无废城市”并不是没有固体废物产生，也不意味着固体废物能完全资源化利用，而是一种先进的城市管理理念，旨在最终实现整个城市固体废物产生量最小、资源化利用充分、处置安全的目标，需要长期探索与实践。

“十三五”期间，通过试点建设，试点城市固体废物利用处理能力和监管水平得到提升，历史遗留固体废物环境问题得到妥善处理，有效防范、化解了生态环境风险；同时，试点建设带动了固体废物源头减量、资源化利用、最终处理工程投资项目，取得了较好的生态环境效益、社会效益和经济效益。2021年底，生态环境部会同17个部门印发了《“十四五”时期“无废城市”建设工作方案》，计划推进100个左右地级及以上城市开展“无废城市”建设，鼓励有条件的省份全域推进“无废城市”建设。

为了充分发挥标准的引领作用，建立科学、规范的工业固体废物资源综合利用评价机制，引导企业开展工业固体废物资源综合利用，推动工业绿色发展，我国先后下发了《工业固体废物资源综合利用评价管理暂行办法》《国家工业固体废物资源综合利用产品目录》[①]《关于加快推动工业资源综合利用的实施方

---

① 详见附录中表F-2。

案》等一系列政策文件。

根据《工业固体废物资源综合利用评价管理暂行办法》，工业固体废物资源综合利用评价是指对开展工业固体废物资源综合利用的企业所利用的工业固体废物种类、数量进行核定，对综合利用的技术条件和要求进行符合性判定的活动。开展工业固体废物资源综合利用评价的企业，可依据评价结果，按照《财政部 税务总局 生态环境部关于环境保护税有关问题的通知》和有关规定，申请暂予免征环境保护税，以及减免增值税、所得税等相关产业扶持优惠政策。

第二篇

温室气体排放量核算方法

第四章　国家温室气体清单

为统一各国家和地区温室气体清单编制的方法和规则，IPCC 于 1995 年发布了第一版《IPCC 国家温室气体清单指南》。经过不断更新、完善，2006 年 IPCC 发布了《2006 年 IPCC 国家温室气体清单指南》，对温室气体核算方法和清单报告内容给出了详细指导，成为迄今为止接受度最高、应用范围最广的国家层面温室气体排放清单指南。《2006 年 IPCC 国家温室气体清单指南》共 5 卷，第 1 卷为一般指导和报告，第 2 卷为能源，第 3 卷为工业过程和产品使用，第 4 卷为农业、林业和其他土地利用，第 5 卷为废弃物。

2019 年 5 月，《2006 年 IPCC 国家温室气体清单指南(2019 年修订)》(以下简称《清单指南(2019 年修订)》)在 IPCC 第四十九次全会上正式通过。因为《清单指南(2019 年修订)》在内容上并不是一个独立指南，所以需要与《2006 年 IPCC 国家温室气体清单指南》《湿地增补指南》联合使用，即《清单指南(2019 年修订)》并未取代《2006 年 IPCC 国家温室气体清单指南》。本章所述内容与方法以《2006 年 IPCC 国家温室气体清单指南》为基础，并结合 2019 年修订内容进行补充和完善。

作为入门教程，本章主要介绍不同部门、主要温室气体排放量的核算方法，关于不同数据选取决策问题、数据不确定性问题及排放量占比较低的温室气体核算方法未做详细介绍。

第一节　能源

一、概述

能源部门是温室气体排放清单中最重要的部门，在发达国家，其贡献一般占二氧化碳排放量的 90%以上和温室气体总排放量的 75%。从温室气体构成上看，二氧化碳数量一般占能源部门排放量的95%，其余的为甲烷和氧化亚氮（N_2O）。

能源清单中的排放源主要包括燃料燃烧排放、燃料溢散排放、二氧化碳运输和储藏排放。按照行业部门划分，能源排放涉及能源工业、制造业、交通运输业等诸多领域和部门，如图4-1所示。

从排放占比看，固定源燃烧通常占能源部门温室气体排放的70%左右。其中，在化石燃料燃烧过程中，大部分碳以二氧化碳（CO_2）形式迅速排放，小部分碳作为一氧化碳（CO）、甲烷（CH_4）或非甲烷挥发性有机化合物（NMVOCs）而排放，这些非CO_2气体中的多数碳最终会在大气中氧化成CO_2。

针对燃料燃烧排放，《2006年IPCC国家温室气体清单指南》给出了三种主要计算方法。

方法一：基于燃料总量的缺省排放因子法。该方法通过燃料总量和燃料中平均碳含量进行计算，主要适用于温室气体CO_2的计算。由于CH_4和N_2O排放因子取决于燃烧技术和工作条件，因此，采用此方法会增大两者排放量的不确定性。

方法二：基于不同排放源的特定排放因子法。由于不同国家、地区排放因子因燃料、燃烧技术及生产设备的不同而可能有所不同，所以活动数据可以进一步划分，便于正确地反映这种分类源。该方法的燃料排放量计算方法与方法一的相同，区别在于细化了排放因子，从而降低了不确定性。

方法三：数据测量法。该方法不仅可以更好地计算非CO_2温室气体排放量，而且通过燃料流量的直接测量（尤其对于气态或液态燃料），可以提高CO_2排放计算的准确性。由于相对的高成本，燃料气体的持续排放监测（CEM）对CO_2排放的准确测量通常并无必要，但是可能会实施，尤其是在测量其他污染物（如SO_2或NO_x）而安装了监测装置时。

测量法一般用于较大的工业来源，因此只发生在固定源燃烧中。对于CO_2，尤其对于气态和液态燃料，多数情况下，这种测量应该最好用于确定燃烧前燃料的碳含量，而烟囱测量可应用于其他气体。对于某些非同质固体燃料，烟囱测量可能提供较为精确的排放数据。对于道路运输，使用方法二或方法三特定技术方法来估算N_2O和CH_4排放量通常会带来巨大收益。对于一般CO_2，基于燃料碳和使用的燃料数量的方法一通常就可以。

在计算排放量过程中，可选择使用不同的方法或多种方法结合使用。对于

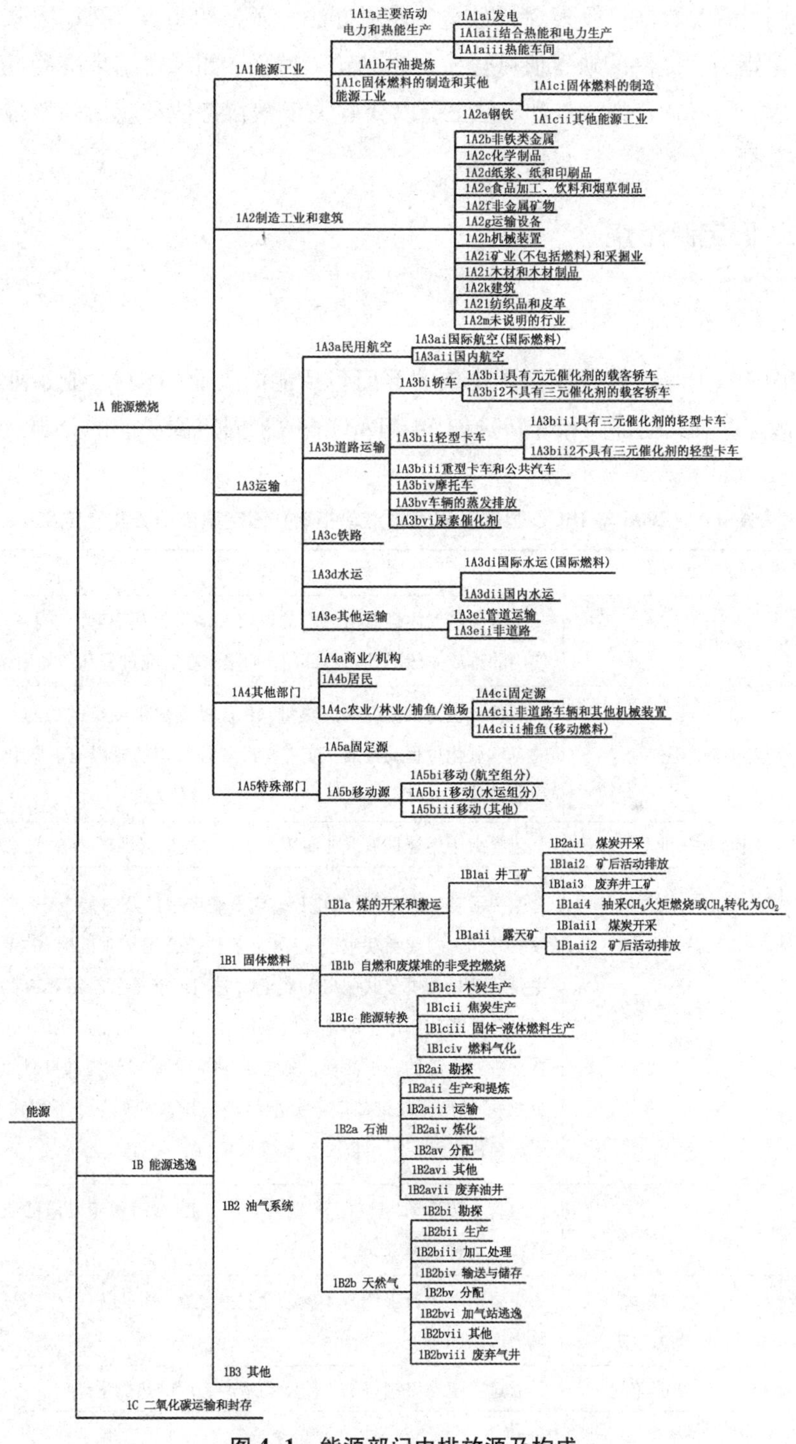

图 4-1　能源部门中排放源及构成

能源部门，活动数据一般为燃料数量，采用方法一及《2006 年 IPCC 国家温室气体清单指南》提供的缺省值可轻松得出结论。然而，如果对结果准确性提出更高要求，就需结合方法二和方法三，以获取关于燃料特性和应用的燃烧技术的额外数据。

二、固定源燃烧

（一）排放源界定

如图 4-1 所示，涉及固定源排放的部门包括能源工业（1A1）、制造业和建筑（1A2），以及其他部门和非特殊（1A4，1A5），关于固定源部门的分类及定义见表 4-1。

表 4-1 《2006 年 IPCC 国家温室气体清单指南》固定源部门分类及定义

代码编号和名称				定义
1 能源				所有温室气体排放由燃料的燃烧和溢散排放引起。燃料非能源使用的排放一般不纳入本部门，而报告在工业过程和产品用途
1A 能源燃烧				燃料旨在为某流程增加热量，并且提供热量或机械功的设备内的有意氧化过程的排放，或者在设备外使用的燃料有意氧化的过程的排放
1A1	能源工业			包含由于燃烧提取或能源生产工业燃烧的燃料产生的排放
1A1	a	主要活动电力和热能生产		主要活动生产工厂（发电厂、热电联产工厂及热能工厂）产生排放的总和。主要活动生产工厂（从前称为公用事业机构）的定义是主要活动是提供公共服务的企业。它们可能是公有或私有的。燃料自身现场使用产生的排放应该包括在内。自供生产工厂（作为支持其主要活动的一项活动，发电/产热完全或部分为其自身使用的企业），其产生的排放应该分配给产生排放的部门，不列在 1A1a 下。自供生产工厂可以是公有或私有的
1A1	a	i	发电	包含主要活动生产工厂（除热电联产工厂外）用于发电的所有燃料产生的排放
1A1	a	ii	结合热能和电力生产	主要活动生产工厂为了向公众销售，在一个设施中生产热能和电力产生的排放
1A1	a	iii	热能车间	通过管道网络销售的主要活动生产工厂的热能生产

表4-1(续)

代码编号和名称				定义
1A1	b	石油提炼		所有燃烧活动支持石油产品的提纯，包括为自用发电和生产热能的现场燃烧。未包括在提炼厂发生的蒸发排放。这些排放应该分别在1B2a下予以报告
1A1	c	固体燃料的制造和其他能源工业		固体燃料(包括木炭生产)在次级和三级产品生产中，燃料使用产生的燃烧排放。燃料自身现场使用产生的排放应予纳入。亦包括在这些工业为自用发电和生产热能的燃烧
1A1	c	i	固体燃料的制造	由于生产焦炭、棕色煤压块和专利燃料，燃料燃烧引起的排放
1A1	c	ii	其他能源工业	由以上未提及的能源生产工业自身能源用途，或者由于无法获得单独数据引起的燃烧排放。该类别包括的排放来自自用能源用于生产木炭、蔗渣、锯末、棉花茎和生物燃料碳化，以及用于煤矿、油气提炼和天然气加工和提纯；亦包括用捕获和储存预燃加工产生的排放。管道运输产生的燃烧排放应该在1A3e下予以报告
1A2	制造业和建筑			工业中燃料燃烧产生的排放。亦包括这些工业为自用发电和生产热能的燃烧。钢铁工业内焦炉中燃料燃烧产生的排放，应该在1A1c下予以报告，而非报告在制造业中。来自工业部门的排放应该按照亚类详细说明，这些亚类相应于所有经济活动的《国际标准产业分类》(ISIC)。用于工业运输的能源不应该在此处报告，而是在“运输”(1A3)下报告。如果可能，工业中非道路车辆和其他机械装置引起的排放应该分解为单独亚类。对于各个国家来说，最大的燃料消耗工业类别ISIC产生的排放及主要污染排放源产生的排放应该予以报告。下面概述了建议的类别列表
1A2	a	钢铁		ISIC类271和小类2731
1A2	b	非铁类金属		ISIC类272和小类2732
1A2	c	化学制品		ISIC大类24
1A2	d	纸浆、纸和印刷品		ISIC大类21和22
1A2	e	食品加工、饮料和烟草制品		ISIC大类15和16
1A2	f	非金属矿物		包括如玻璃、陶瓷、水泥等产品；ISIC大类26
1A2	g	运输设备		ISIC大类34和35
1A2	h	机械装置		包括金属制品、机械和设备(除了运输设备)；ISIC大类28、29、30、31和32

表4-1(续)

代码编号和名称				定义
1A2	i	矿业(不包括燃料)和采掘业		ISIC 大类 13 和 14
1A2	j	木材和木材制品		ISIC 大类 20
1A2	k	建筑		ISIC 大类 45
1A2	l	纺织品和皮革		ISIC 大类 17、18 和 19
1A2	m	未说明的行业		以上未纳入或无法获得的单独数据的任何制造业/建筑。包括ISIC 大类 25、33、36 和 37
1A3		运输		包括民用航空、道路运输、铁路、水运及其他运输过程燃料燃烧的所有排放
1A4		其他部门		以下描述的燃烧活动产生的排放包括这些部门自用发电和供热的排放
1A4	a	商业/机构		在商业和机构建设中燃料燃烧产生的排放；纳入 ISIC 大类 41、50、51、52、55、63-67、70-75、80、85、90-93 和 99 的所有活动
1A4	b	居民		家庭中燃料燃烧的所有排放
1A4	c	农业/林业/捕鱼/渔场		农业、林业、捕捞业和渔业(如养鱼场)中燃料燃烧产生的排放。纳入 ISIC 大类 01、02 和 05 的活动。公路农业运输除外
1A4	c	i	固定源	泵、谷物烘干、园艺温室以及其他农业、林业燃烧的燃料产生的排放，或渔业固定源燃烧产生的排放
1A4	c	ii	非道路车辆和其他机械装置	农业土地和森林牵引车辆燃烧燃料产生的排放
1A4	c	iii	捕鱼(移动源燃烧)	内陆、沿海和深海捕捞业燃烧燃料产生的排放。捕捞业应该包括在国家加油的所有旗帜的船只(包括国际捕捞业)
1A5		特殊部门		在别处未说明的燃料燃烧产生的所有其余排放。包括向国家军方和未参与多边活动的其他国家军方供给的燃料产生的排放
1A5	a	固定源		在别处未说明的固定源燃料燃烧产生的排放
1A5	b	移动源		海上和航空运载工具和其他机械(未纳入 1A4cii 或别处)产生的排放
1A5	b	i	移动(航空组分)	在别处未说明的燃料燃烧产生的所有其余航空排放。包括向国家军方供给的燃料，以及在国家提供，但未参与多边活动的其他国家军方并未使用的燃料产生的排放

表4-1(续)

代码编号和名称				定义
1A5	b	ii	移动（水运组分）	在别处未说明的燃料燃烧产生的所有其余水运排放。包括向国家军方供给的燃料，以及在国家提供，但未参与多边活动的其他国家军事未使用的燃料产生的排放
1A5	b	iii	移动(其他)	未纳入别处的移动源产生的所有其余排放

在燃料种类上，《2006年IPCC国家温室气体清单指南》列出的类型包括五大类，分别为液体(原油和石油产品)、固体(煤和煤产品)、气体(天然气)、其他化石燃料(废弃物)、生物量(固体、液体等)，具体燃料种类及定义详见附录中表F-3。

(二)计算方法

基于数据和资源的可获取性，《2006年IPCC国家温室气体清单指南》对燃料燃烧排放量的计算给出了以下三种计算方法。其中，方法一是最简单、最基础的计算方法，也是对数据质量最低层次的要求，而方法二和方法三则要求有更详细的数据和资源。

1. *方法一*

固定源燃烧产生的温室气体排放量按照式(4-1)计算：

$$E_{GHG,HG}=AD_{HG}\times EF_{GHG,HG} \tag{4-1}$$

式中，$E_{GHG,HG}$——某种燃料燃烧的温室气体排放量，kg；

AD_{HG}——某种燃烧的燃料量(燃料量为热量单位，需要通过将实物量数据乘以净热值获得，各种燃料净热值缺省值见附录中表F-4)，TJ；

$EF_{GHG,HG}$——某种燃料温室气体缺省排放因子，kg/TJ；在温室气体为CO_2的情况下，需要考虑碳氧化率，利用方法一进行计算时，碳氧化率可采用100%。

不同源类别的温室气体总排放量按照式(4-2)计算：

$$E_{GHG}=\sum_{HG}E_{GHG,HG} \tag{4-2}$$

式中，E_{GHG}——燃料燃烧的温室气体排放量，kg。

2. *方法二*

在方法二下，式(4-1)中缺省排放因子用特定排放因子替换。特定排放因子可以通过考虑特定国家数据进行制定。例如，使用的燃料碳含量、碳氧化率、燃料属性（尤其是非 CO_2 气体）和技术发展状况。排放因子可因时而异，对于固体燃料，应该考虑灰烬中残留的碳量，亦可随时间而变化。

3. 方法三

事实上，温室气体排放量不仅取决于使用燃料的类型，还受燃烧技术、运作条件、控制技术及设备维护保养等条件的影响。方法三统筹考虑了相关变量和参数与技术的影响，计算方法见式（4-3）：

$$E_{\text{GHG, HG, 技术}} = AD_{\text{HG, 技术}} \times EF_{\text{GHG, HG, 技术}} \tag{4-3}$$

式中，$E_{\text{GHG, HG, 技术}}$——按照燃料类型和技术计算的温室气体排放量，kg；

$AD_{\text{HG, 技术}}$——某种技术类型燃烧的燃料量，TJ；

$EF_{\text{GHG, HG, 技术}}$——燃料在某技术类型下的温室气体排放因子，kg/TJ。

总排放量按照式（4-4）计算：

$$E_{\text{GHG, HG}} = \sum_{\text{技术}} AD_{\text{HG, 技术}} \times EF_{\text{GHG, HG, 技术}} \tag{4-4}$$

采用方法三计算排放量时，需要收集关于各个相关技术源类别中燃烧燃料量的数据（使用的燃料类型、燃烧技术、运作条件、控制技术及维护和设备年龄），以及各个技术的特定排放因子（使用的燃料类型、燃烧技术、运作条件、控制技术、氧化因子及维护和设备年龄）。如果可获得，设施级测量结果也可以使用。

（三）活动数据

对于固定源燃烧，活动数据即燃烧的燃料量和类型，可以从以下所列的一个或一组源中获得：国际能源机构和联合国发布的数据；国家能源统计机构的数据（国家能源统计机构可以从消耗燃料的各个企业收集关于燃烧的燃料量和类型的数据）；通过企业向国家能源机构提供的报告（这些报告大部分可能由操作员或大型燃烧工厂所有者提供）；企业向管理机构提供的报告（例如，制定报告用于说明企业如何遵照排放控制规则）；企业内负责燃烧设备人员的记录；通过企业抽样，由统计机构对消耗的燃料类型和数量进行定时调查；燃料供应商（可记录供应给顾客的燃料数量，还可记录顾客的身份，通常作为经济活动代码）。

（四）排放因子

不同源类别的 CO_2、CH_4 和 N_2O 排放因子因在不同源类别中应用的燃烧技术的不同而不同，优良做法是使用特定排放因子。当特定排放因子缺失时，可使用 IPCC 温室气体清单特设工作组排放因子数据库（IPCC EFDB）。

本书收录了《2006 年 IPCC 国家温室气体清单指南》固定源燃烧的缺省排放因子，详见附录中表 F-5 至表 F-8。

（五）碳捕集

碳捕集是指将由燃料（油、煤、天然气或生物量）燃烧产生的烟气中二氧化碳与氮分离并收集的技术。在能源部门，碳捕集主要针对电站和天然气脱硫装置等大型固定源，捕集方法主要有三种，分别是燃烧后捕获、燃烧前捕获、氧化燃料燃烧。

燃烧后和燃烧前系统的碳捕集效率计算方法见式（4-5）：

$$\eta_{碳捕集}=\frac{C_{捕集}}{C_{燃料}-C_{产品}}\times 100\% \tag{4-5}$$

式中，$\eta_{碳捕集}$——系统 CO_2 捕集率，kg；

$C_{捕集}$——捕获的 CO_2 流中的碳量，kg；

$C_{燃料}$——输入工厂的化石燃料或生物量中的碳量，kg；

$C_{产品}$——工厂含碳化学品或燃料产品中的碳量，kg。

三、移动源燃烧

移动源直接产生温室气体排放，包括 CO_2、CH_4 和各类燃料燃烧排放的 N_2O。因为排放源类型、技术及效率不同，因此，该部门的排放量一般通过对道路、非道路、空运、铁路运输和水运航行等不同类型的运输活动进行分别计算得出。

（一）道路运输

1. 排放源界定

移动源类别道路运输包括各种类型的轻型车辆，如轿车和轻型卡车，及重型车辆，如拖拉机拖车、公共汽车和摩托车（包括助动车、踏板车和三轮车）。

2. 计算方法

（1）CO_2 排放量

① 燃料对应 CO_2 排放。

$$E_{\text{燃料}CO_2} = \sum_a AD_a \times EF_a \tag{4-6}$$

式中，$E_{\text{燃料}CO_2}$——燃料燃烧的 CO_2 排放量，kg；

AD_a——燃烧的燃料量，TJ；

EF_a——燃料排放因子，kg/TJ；

a——燃料类型，如汽油、柴油、天然气、液化石油气等。

② 尿素催化剂对应 CO_2 排放。

$$E_{\text{催化剂}CO_2} = n \times \frac{12}{60} \times PUR \times \frac{44}{12} \tag{4-7}$$

式中，$E_{\text{催化剂}CO_2}$——催化转化器中使用尿素添加剂产生的 CO_2 排放量，kg；

n——催化转化器使用消耗的尿素添加剂的数量，kg；

PUR——尿素添加剂中尿素的质量比例，%。

(2) CH_4 和 N_2O 排放量

CH_4 和 N_2O 的排放量计算同样采用排放因子法，即活动数据乘以排放因子。比较常用的计算方法见式(4-8)：

$$E_{GHG} = \sum AD_{a,b,c} \times EF_{a,b,c} \tag{4-8}$$

式中，E_{GHG}——燃料燃烧的温室气体排放量，kg；

$AD_{a,b,c}$——某一移动源活动的燃料消耗，TJ；

$EF_{a,b,c}$——某一移动源活动的排放因子，kg/TJ；

a——燃料类型，如汽油、柴油、天然气、液化石油气等；

b——车辆类型；

c——排放控制技术，如未控制、催化转化器等。

由式(4-8)可知，与 CO_2 排放量相比，CH_4 和 N_2O 的排放量更难计算，排放因子不仅取决于燃料，同时受车辆类型、排放控制技术影响。较高层级(精度)的方法是采用特定排放因子，当无法获取这些排放因子时，也可简化该公式，仅考虑燃料的排放因子。

此外，当发动机温度较低时，会产生附加排放，主要原因是发动机启动时的温度低于催化剂开始作用的温度(启动限值约为 300 ℃)，这时会产生较高 CH_4(CO 和 HC)排放量。一般情况下，此部分排放量需要纳入道路车辆中。计算方法参照式(4-8)。

3. 活动数据

现阶段，获取燃料活动水平数据的主要方法有三种，其中一种方法基于车辆行驶里程，另外两种方法基于销售燃料。其中，燃料消耗数据应包括该国领土内销售的由国家统计机构统计的数据，以及运销量小并未纳入国家统计的数据。

基于车辆行驶里程的燃料消耗量计算方法可参考式(4-9)：

$$FC = \sum n_{i,j,t} \times k_{i,j,t} \times OC_{i,j,t} \tag{4-9}$$

式中，FC——根据车辆行驶里程估算的燃料使用总量，L；

$n_{i,j,t}$——对于道路类型 t 使用燃料 j 的车辆类型 i 的数量；

$k_{i,j,t}$——对于道路类型 t 使用燃料 j 车辆类型 i 每年行驶的里程，km；

$OC_{i,j,t}$——对于道路类型 t 使用燃料 j 车辆类型 i 的平均燃料消耗，L/km；

i——车辆类型，如轿车、公共汽车等；

j——燃料类型，如汽油、柴油、天然气、液化石油气等；

t——道路类型，如城市、乡村等。

若关于不同道路类型行驶距离的数据无法获得，则式(4-9)应简化，去除道路类型 t。

4. 排放因子

(1) CO_2

CO_2 排放因子基于燃料的含碳量，默认燃料碳100%氧化。优良做法是使用特定国家排放因子数据。当特定排放因子无法获得时，可采用IPCC排放因子数据库(EFDB)，见表4-2。

表4-2　道路运输缺省 CO_2 排放因子和不确定性范围　单位：kg/GJ

燃料类型	缺省值	下限	上限
动力汽油	69300	67500	73000
汽油/柴油	74100	72600	74800
液化石油气	63100	61600	65600
煤油	71900	70800	73700
润滑剂	73300	71900	75200
压缩天然气	56100	54300	58300
液化天然气	56100	54300	58300

(2) CH_4 和 N_2O

如前文所述，CH_4 和 N_2O 排放率在很大程度上取决于车辆中的燃料燃烧和排放控制技术。IPCC鼓励清单编制者使用较高级方法的排放因子。当特定排放因子无法获得时，可采用表 4-3 中所列的缺省排放因子。

表 4-3 《2006 年 IPCC 国家温室气体清单指南》道路运输缺省 CH_4 和 N_2O 排放因子

单位：kg/GJ

燃料类型/代表性车辆类别	CH_4			N_2O		
	缺省值	下限	上限	缺省值	下限	上限
动力汽油-未控制	33	9.6	110	3.2	0.96	11
动力汽油氧化过程催化剂	25	7.5	86	8.0	2.6	24
动力汽油	3.8	1.1	13	5.7	1.9	17
汽油/柴油	3.9	1.6	9.5	3.9	1.3	12
天然气	92	50	1540	3	1	77
液化石油气	62	—	—	0.2	—	—
乙醇，卡车，美国	260	77	880	41	13	123
乙醇，汽车，巴西	18	13	84	—	—	—

（二）非道路运输

1. 排放源界定

非道路类别（如图 4-1 所示的 1A3eii）包括用于农业、林业、工业（包括建设和维护）、民用和其他部门（如机场地面支持设备、农用拖拉机、链锯、叉车和雪车）的车辆和移动机械装置。

2. 计算方法

目前，绝大多数国家未对车龄、工艺、使用时长等数据进行分类统计，有关非道路车辆的统计数据很难获取。因此，常用的计算方法是使用特定国家和特定燃料排放因子，计算方法见式（4-10）：

$$E_{GHC} = \sum AD_{i,j} \times EF_{i,j} \tag{4-10}$$

式中，E_{GHC}——燃料燃烧的温室气体排放量，kg；

$AD_{i,j}$——燃烧的燃料量，TJ；

$EF_{i,j}$——温室气体排放因子，kg/TJ；

i——车辆/设备类型；

j——燃料类型。

若关于不同车辆类型的燃料消耗数据无法获得，则式（4-10）可以简化，去除车辆/设备类型 i。

此外，对于尿素转化器中的尿素添加剂使用产生的 CO_2 排放的估算（非燃烧排放)，可参考式(4-7)。

3. 活动数据

活动数据优先选取统计数据。在此类数据不可得的情况下，也可通过统计调查来估算非道路车辆使用的运输燃料份额。

4. 排放因子

优良做法是采用特定排放因子。在数据不可获取的情况下，清单编制者可参考 EFDB 缺省值，见表 4-4。

表 4-4　《2006 年 IPCC 国家温室气体清单指南》非道路移动源和机械的缺省排放因子

单位：kg/GJ

非道路源	CO_2			CH_4			N_2O		
	缺省	下限	上限	缺省	下限	上限	缺省	下限	上限
柴油									
农业	74100	72600	74800	4.15	1.67	10.4	28.6	14.3	85.8
林业	74100	72600	74800	4.15	1.67	10.4	28.6	14.3	85.8
工业	74100	72600	74800	4.15	1.67	10.4	28.6	14.3	85.8
住宅	74100	72600	74800	4.15	1.67	10.4	28.6	14.3	85.8
动力汽油 4 冲程									
农业	69300	67500	73000	80	32	200	2	1	6
林业	69300	67500	73000	—	—	—	—	—	—
工业	69300	67500	73000	50	20	125	2	1	6
住宅	69300	67500	73000	120	48	300	2	1	6
动力汽油 2 冲程									
农业	69300	67500	73000	140	56	350	0.4	0.2	1.2
林业	69300	67500	73000	170	68	425	0.4	0.2	1.2
工业	69300	67500	73000	130	52	325	0.4	0.2	1.2
住宅	69300	67500	73000	180	72	450	0.4	0.2	1.2

(三)其他移动源

1. 排放源界定

铁路运输：主要包括柴油、电动或蒸汽机车的排放。其中，柴油机车分为三大类，包括调动或调车场机车、轨道车和主线机车。

水运：包括气垫船、水翼船、游艇及大型远洋货船在内的所有水运。其中，来自化石燃料运输的任何溢散排放应按照本节“四、逸散排放”所述内容，估算和报告在“溢散排放”类别中。

民航运输：包括所有用于民用商业飞机产生的排放，以及民用和一般航空（如农用飞机、私人喷气机或直升机）。

2. 计算方法

《2006 年 IPCC 国家温室气体清单指南》对上述移动源排放一般性计算方法见式(4-11)。对于航空排放，《2006 年 IPCC 国家温室气体清单指南》还给出了基于着陆/起飞周期次数和燃料使用，以及飞行移动数据的计算方法，此处不做详细介绍。

$$E_{GHG} = \sum AD_j \times EF_j \tag{4-11}$$

式中，E_{GHG}——燃料燃烧的温室气体排放量，kg；

AD_j——燃烧的燃料量，TJ；

EF_j——温室气体排放因子，kg/TJ；

j——燃料类型。

若可以获取不同类型移动源的燃料消耗及特定排放因子，则可对式(4-11)进行变化，增加车辆/设备类型 i。

3. 活动数据

(1)铁路运输

燃料消耗数据优先采用统计数据，若未统计，则可按照式(4-12)进行估算：

清单燃料消耗=场地机车数目×每列机车每日平均燃料消耗×每列机车每年平均运行天数 (4-12)

(2)水运

不同于铁路主要在国内运行，IPCC 要求来自国内和国际水运的排放需要分开报告。因此，活动数据的选取可考虑以下途径：能源或统计机构的国家能源统计；国际能源机构统计信息；对船运公司的调查；对燃料供应者的调查（如供给港口设施的燃料数量）；对各港口和海运机构的调查；进口/出口记录；船舶移动数据和标准客运及货运时间表；乘客计算和货物吨位数据。

(3)民航运输

与水运相比，民航也需要将国内、国际排放分别报告。如果国家能源或统计机构并未提供具体数据，那么应使用以下数据估算国内和国际燃料消耗量：统计局或交通运输部为国家统计的一部分数据；机场记录；空运交通管制

(ATC)记录，如欧洲空中交通管制(eurocontrol)统计的数据；飞机时间表，由OAG(一家全球航班信息供应商，官网：https：oag. cn)每月公布，包括世界范围的时间表客机货机移动，也包括定期的包机预定起飞。

4. 排放因子

铁路运输、水运、民航运输常规燃料的缺省排放因子见表4-5至4-7。

表4-5　《2006年IPCC国家温室气体清单指南》铁路运输使用的最常规燃料的缺省排放因子

单位：kg/GJ

气体	柴油			次沥青煤		
	缺省	低限	高限	缺省	低限	高限
CO_2	74100	72600	74800	96100	72800	100000
CH_4	4. 15	1. 67	10. 4	2	0. 6	6
N_2O	28. 6	14. 3	85. 8	1. 5	0. 5	5

表4-6　《2006年IPCC国家温室气体清单指南》水运使用的最常规燃料的缺省排放因子

单位:kg/GJ

CO_2 排放因子				
燃料		缺省	低限	高限
汽油		69300	67500	73000
其他煤油		71900	70800	73600
汽油/柴油		74100	72600	74800
残留燃料油		77400	75500	78800
液化石油气		63100	61600	65600
其他油	炼厂气	57600	48200	69000
	固体石蜡	73300	72200	74400
	石油溶剂和工业溶剂油	73300	72200	74400
	其他石油产品	73300	72200	74400
天然气		56100	54300	58300
CH_4和N_2O排放因子				
CH_4		7	10. 50	3. 5
N_2O		2	4. 80	1. 2

表 4-7 《2006 年 IPCC 国家温室气体清单指南》航空使用的最常规燃料的缺省排放因子

单位:kg/GJ

CO_2 排放因子			
燃料	缺省	低限	高限
航空汽油	69300	67500	73000
航空煤油	71500	69800	74400
非 CO_2 排放因子			
燃料	缺省(未控制)因子	N_2O 缺省(未控制)因子	NO_x 缺省(未控制)因子
所有燃料	5(-57%/+100%)	2(-70%/+150%)	250(-25%/+25%)

四、逸散排放

化石燃料在采掘、加工和输送到最终使用地点期间可能会释放温室气体,这个释放温室气体的过程称为逸散排放。其主要排放源为:煤矿采掘、加工、存储和运输产生的逸散排放;石油和天然气系统的逸散排放。

(一)煤矿采掘、加工、存储和运输

1. 排放源界定

煤炭的形成过程会产生 CH_4,某些煤层也会存在 CO_2,这些统称为煤层气。其中,CH_4是煤的采掘和处理过程中排放的主要温室气体。煤层气封固在煤层里,直到煤层暴露和破碎时才会释放。地下和地表煤矿释放温室气体的主要阶段分别是采掘、采后、低温氧化和非受控燃烧。采掘、加工、存储和运输产生的主要排放源见表 4-8。

表 4-8 采掘、加工、存储和运输产生的主要排放源

IPCC 编码	工艺/环节	解释说明
1B	能源逃逸	包括燃料采掘、加工、存储和运输达到最终使用地点的全部排放
1B1	固体燃料	包括固体燃料采掘、加工、存储和运输达到最终使用地时的排放

表4-8(续)

IPCC 编码	工艺/环节	解释说明
1B1a	煤的开采和搬运	包括源自煤的所有逸散排放
1B1ai	井工矿	包括产生于采矿过程、采矿后、废弃煤矿和排水甲烷喷焰燃烧的所有排放
1B1ai1	煤炭开采	包括从煤矿通风气和除气系统泄放到大气的所有煤层气排放
1B1ai2	矿后活动排放	包括煤被采掘之后、携带到地表和随后加工、存储及运输排放的 CH_4 及 CO_2
1B1ai3	废弃井工矿	包括废弃的地下煤矿产生的 CH_4 排放
1B1ai4	抽采 CH_4 火炬燃烧或 CH_4 转化为 CO_2	此处应包括已排水和喷焰燃烧的 CH_4，或通风气经过氧化过程转换成的 CO_2
1B1aii	露天矿	包括产生于露天煤矿开采的所有煤层气
1B1aii1	煤炭开采	包括采掘期间，煤层和相关层的破裂、矿井地面和露天矿未开采工作面的泄漏而释放的 CH_4 和 CO_2
1B1aii2	矿后活动排放	包括煤采掘、加工、存储和运输后排放的 CH_4 和 CO_2
1B1b	自燃和废煤堆的非受控燃烧	包括煤开发活动产生的非受控燃烧的 CO_2 排放

2. 计算方法

逸散排放的计算方法主要包括测量法和排放因子法。其中，测量法得到的数据不确定性最低；采用排放因子法时优先选择特定排放因子。

(1)地下煤矿

地下开采活动排放量计算方法见式(4-13)。其中，测量法是地下采掘排放的优良做法，而不适用于采后排放。若二者数据不可获取，可采用特定国家或特定区域的排放因子进行计算，见式(4-14)。

$$\frac{\text{地下开采活动产生的}}{CH_4\text{排放量}}=\frac{\text{地下开采}CH_4\text{的}}{\text{排放量}}+\frac{\text{采后}CH_4\text{的}}{\text{排放量}}-\frac{\text{用于能源生产而回收和}}{\text{利用或喷焰燃烧的}CH_4\text{量}} \tag{4-13}$$

$$E_{CH_4}=EF_{CH_4}\times Q_{\text{地下煤}}\times\text{转换因子} \tag{4-14}$$

式中，E_{CH_4}——产生于采掘过程、采掘后、废弃煤矿和排水 CH_4 喷焰燃烧的所有排放量，Gg/a；

EF_{CH_4}——CH_4排放因子，m^3/t；

$Q_{地下煤}$——地下煤产量，t/a；

转换因子——CH_4密度，可将CH_4体积转换为CH_4质量；在20 ℃、101.325 kPa的条件下，此密度取值为0.67×10^{-6} Gg/m^3。

若回收的甲烷喷焰燃烧，相应CO_2产量应当加入煤矿开采活动产生的温室气体排放总量，计算方法见式(4-15)：

$$CH_4燃烧产生的CO_2排放量=0.98\times喷焰燃烧的CH_4量\times化学计量质量因子\times转换因子 \quad (4-15)$$

式中，0.98——天然气喷焰燃烧的燃烧效率；

化学计量质量因子——单位质量CH_4完全燃烧产生的CO_2的质量比率，等于2.75；

转换因子——CH_4密度，在20 ℃、101.325 kPa的条件下，此密度取值为0.67×10^{-6} Gg/m^3。

(2)露天煤矿

露天开采排放量的基本计算公式如下：

$$CH_4排放量=露天开采CH_4排放量+采掘后CH_4排放量 \quad (4-16)$$

对于露天煤矿排放量的计算，测量方法很难实现，因此，目前主要方法是收集有关露天煤矿产量的数据，使用排放因子进行计算，计算方法见式(4-17)：

$$E_{CH_4}=EF_{CH_4}\times Q_{露天煤}\times转换因子 \quad (4-17)$$

式中，E_{CH_4}——开采过程所有CH_4排放量，Gg/a；

EF_{CH_4}——CH_4排放因子，m^3/t；

$Q_{露天煤}$——露天煤产量，t/a；

转换因子——CH_4密度，可将CH_4体积转换为CH_4质量；在20 ℃、101.325 kPa的条件下，此密度取值为0.67×10^{-6} Gg/m^3。

(3)废弃的地下煤矿

煤矿已关闭或废弃之后的一段时间里，关闭或废弃的地下煤矿仍然可能是温室气体排放的来源之一。鉴于此部分排放占比较低，此处不展开介绍。

3. 活动数据

原煤产量是本节主要活动数据，若煤未送入煤制备厂或洗煤厂提纯，则原煤产量就等于煤适销量；若煤被提纯，则废弃物量通常约为20%的原煤给料重量。

4. 排放因子

（1）地下煤矿

《2006年IPCC国家温室气体清单指南》中地下开采活动CH_4排放因子缺省值见表4-9。

表4-9　《2006年IPCC国家温室气体清单指南》中地下开采活动CH_4排放因子缺省值

单位：m^3/t

类别	排放因子		
	低水平	平均水平	高水平
采掘	10	18	25
采后	0.9	2.5	4

（2）露天煤矿

《2006年IPCC国家温室气体清单指南》中露天开采活动CH_4排放因子缺省值见表4-10。

表4-10　《2006年IPCC国家温室气体清单指南》露天开采活动CH_4排放因子缺省值

单位：m^3/t

类别	排放因子		
	低水平	平均水平	高水平
采掘	0.3	1.2	2.0
采后	0	0.1	0.2

（二）石油和天然气系统

1. 排放源界定

石油和天然气系统逸散排放的来源主要包括设备泄漏、闪蒸损失、泄放、喷焰燃烧、焚化和意外排放（如管道开凿、矿井爆裂溢出）。石油和天然气系统主要排放源见表4-11。

表 4-11　石油和天然气系统主要排放源

IPCC 编码	工艺/环节	解释说明
1B	能源逃逸	包括燃料采掘、加工、存储和运输达到最终使用地点的全部排放
1B2	油气系统	包括所有石油和天然气活动产生的溢/逸排放。这些排放的主要来源可能包括溢/逸设备泄漏、蒸发损失、泄放、喷焰燃烧和意外释放
1B2a	石油	包括泄放、喷焰燃烧产生的排放，以及与勘探、生产、传输、浓缩、原油提炼和原油产品分配相关的所有其他溢散来源产生的排放
1B2ai	勘探	石油钻井、地层测试器试井和完井产生的溢散排放
1B2aii	生产和提炼	石油生产产生的溢散排放发生在石油井口，或油砂或页岩油矿直到石油传输系统的起始处。包括与井维修、油砂或页岩油开采相关的溢散排放，将未处理产品运输至处理或提取设施、提取和浓缩设施中的活动，相关的气体重新注入系统和产生的水处理系统
1B2aiii	运输	与运输到质量改善装置和提炼厂的适销原油相关的溢散排放。运输系统可能包括管道、海洋油轮、油罐车和轨道车。源自存储、填充及卸载活动和溢散设备泄漏的蒸发损失，是这些排放的两个主要来源
1B2aiv	炼化	石油提炼厂的溢散排放。提炼厂处理原油、天然气液体和合成的原油，以产生最终的提炼产品(主要是燃料和润滑剂)
1B2av	分配	包括源自提炼产品运输和分配产生的溢散排放，同时包括批发油库和零售设施。源自存储、填充及卸载活动和溢散设备泄漏的蒸发损失，是这些排放的两个主要来源
1B2avi	其他	源自石油系统的溢散排放，未列入上述类别。包括溢出及其他意外释放、废油处理设施和油田废弃物处理设施中产生的溢散排放
1B2avii	废弃油井	废弃油井产生的排放
1B2b	天然气	包括源自泄放、喷焰燃烧的排放，以及与天然气勘探、生产、加工、传输、存储和分配
1B2bi	勘探	钻井、地层测试器试井和完井产生的逸散排放
1B2bii	生产	气井口直到气体加工厂入口产生的逸散排放，或若不需要加工，就直到气体传输系统的连接点。这包括与井维修、气采集、处理和相关废水及酸气处理活动相关的逸散排放
1B2biii	加工处理	气体加工设施产生的逸散排放

表4-11(续)

IPCC 编码	工艺/环节	解释说明
1B2biv	输送与储存	源自用于将处理过的天然气运输至市场(即运输至工业用户和天然气分配系统)系统的逸散排放。源自天然气存储系统的逸散排放也应当纳入此类别
1B2bv	分配	天然气到最终用户的运销产生的逸散排放
1B2bvi	加气站逃逸	最终用户加气过程产生的逸散排放
1B2bvii	其他	源自天然气系统未列入上述类别的逸散排放，包括井喷和管道破裂或开凿产生的排放
1B2bviii	废弃气井	废弃气井产生的排放

2. 计算方法

石油和天然气系统溢散排放总量为各工业部分的溢散排放之和，基础公式见式(4-18)，各工业部分的溢散排放公式见式(4-19)。

$$E_{气体} = \sum_{工业部分} E_{气体,工业部分} \tag{4-18}$$

$$E_{气体,工业部分} = A_{工业部分} \times EF_{气体,工业部分} \tag{4-19}$$

式中，$E_{气体,工业部分}$——某工业部分温室气体排放量，Gg；

$A_{工业部分}$——某项工业活动的活动数据(通常为产量)，其中液体单位 10^3 m^3，气体单位 10^6 m^3；

$EF_{气体,工业部分}$——某工业活动的排放因子，Gg/(10^3 m^3)或 Gg/(10^{-6} m^3)。

除以上基础公式，《2006 年 IPCC 国家温室气体清单指南》中给出了石油系统生产部分产生的泄放和喷焰燃烧排放量的备选计算方法，具体公式见《2006 年 IPCC 国家温室气体清单指南》第 2 卷第 4 章。

3. 活动数据

石油和天然气运营的溢散排放所需的活动数据包括生产统计、基础设施数据(如设施/装置清单、过程装置、管道和设备构件)，以及所报告的源自泄漏、意外释放及第三方损坏的排放，见表 4-12。

表 4-12　石油和天然气运营的溢散排放所需活动数据值

类别	子类别	所需的活动数据值	指南
钻井	所有	10^3 m^3 石油总产量	直接参考国家统计
测试井	所有	10^3 m^3 石油总产量	直接参考国家统计

表4–12（续）

类别	子类别	所需的活动数据值	指南
井维修	所有	10^3 m^3 石油总产量	直接参考国家统计
气体生产	所有	10^6 m^3 气体产量	直接参考国家统计
		10^6 m^3 气体产量	直接参考国家统计
气体处理	脱硫气体厂	10^6 m^3 原始气体给料	如果各气体厂的接收总气体被予以报告，就直接参考国家统计；反之，就假设此值等于气体总产量。在脱硫和酸性厂里相应地分配此值。如果缺少任何信息进行这类分配，就假设所有厂是脱硫的
	酸性气体厂	10^6 m^3 原始气体给料	
	深度提炼厂（深炼厂）	10^6 m^3 原始气体给料	如果位于气体传输系统的深炼厂的接收总气体已经报告，就直接参考国家统计；反之，就假设此值等于可销售天然气总量的一个适当部分。如果缺少进行这类划分的任何信息，就假设没有深炼厂
	缺省加权总量	10^6 m^3 气体产量	直接参考国家统计
气体传输和存储	传输	10^6 m^3 可销售气体	直接参考国家统计，同时采用报告的净供应总量值。这是进口加上气井和处理厂或再处理厂的净气体接收总量之和，所有上游用量、损失和再注入量已减去
	存储	10^6 m^3 可销售气体	
气体分配	所有	10^6 m^3 效用销售	如果已报告或可以获取，就直接参考国家统计；反之，就设其等于气体传输和存储系统处理的气体量减去出口量
液态天然气运输	凝聚	10^3 m^3 凝聚物及戊烷以上的烃	直接参考国家统计
	液化石油气	10^3 m^3 液体石油气	直接参考国家统计

表4-12(续)

类别	子类别	所需的活动数据值	指南
石油生产	常规石油	10^3 m^3 常规石油产量	直接参考国家统计
	重油/冷沥青	10^3 m^3 重油产量	直接参考国家统计
	导热油生产	10^3 m^3 热沥青产量	直接参考国家统计
	合成原油（源自油砂）	10^3 m^3 源自油砂的合成原油产量	直接参考国家统计
	合成原油（源自油页岩）	10^3 m^3 源自油砂的合成原油产量	直接参考国家统计
	缺省加权总量	10^3 m^3 石油总产量	直接参考国家统计
石油提纯	所有	10^3 m^3 提纯的石油	如果可以获取，就直接参考国家统计；反之，设其等于重油总量和沥青产量减去任何此类原油的出口量
石油运输	管道	10^3 m^3 通过管道运输的石油	如果可以获取，就直接参考国家统计；反之，设其等于原油总产量加上进口量
	油罐车和轨道车	10^3 m^3 通过油罐车运输的石油	如果可以获取，就直接参考国家统计；反之，假设(作为一次近似)为原油总量的50%
	关于油船近海装载量	10^3 m^3 通过油船运输的石油	直接参考国家统计(采用所报告的原油出口值)，分配此量仅计算经油船出口的比例。还可能通过管道、油船或油罐车进行出口，通常专门由这些方法中的一个来进行。假设所用油船几乎专门用来出口石油
石油提炼	所有	10^3 m^3 提炼的石油	如果可以获取，就直接参考国家统计；反之，设其等于总产量加上进口量再减去出口量

表4-12（续）

类别	子类别	所需的活动数据值	指南
提炼的产品分配	汽油	10^3 m^3 分配的产品	如果可以获取，就直接参考国家统计；反之，设其等于提炼厂汽油总产量加上进口量再减去出口量
	柴油	10^3 m^3 运输的产品	如果可以获取，就直接参考国家统计；反之，设其等于提炼厂汽油总产量加上进口量再减去出口量
	航空用燃料	10^3 m^3 运输的产品	如果可以获取，就直接参考国家统计；反之，设其等于提炼厂汽油总产量加上进口量再减去出口量
	航空煤油	10^3 m^3 运输的产品	如果可以获取，就直接参考国家统计；反之，设其等于提炼厂汽油总产量加上进口量再减去出口量

4. 排放因子

不同国家和地区石油和天然气运营的溢散排放缺省排放因子可参考《2006年IPCC国家温室气体清单指南》第2卷第4章内容。

第二节　工业过程和产品使用

一、概述

诸多工业生产活动会产生温室气体排放，如钢铁、水泥熟料、半导体生产，氨气和其他化学产品生产，以及润滑剂等原料使用，等等。本节包含了工业过程和产品使用（IPPU）中温室气体、化石燃料的非能源使用产生等层面的温室气体排放。

IPPU清单中涉及的排放部门包括矿石工业、化学工业、金属工业、源于燃料和溶剂使用的非能源产品、电子工业、产品用作臭氧损耗物质的替代物、其他产品制造和使用等，如图4-2所示。在这些部门的生产中会产生许多不同的温室气体。《2006年IPCC国家温室气体清单指南》提供计算方法并需要纳入清单进行报告的温室气体包括二氧化碳（CO_2）、甲烷（CH_4）、氧化亚氮（N_2O）、氢氟碳化物（HFC）、全氟化碳（PFC）、六氟化硫（SF_6），以及其他卤化气体。IP-

PU 部门类别及排放温室气体种类见表 4-13。

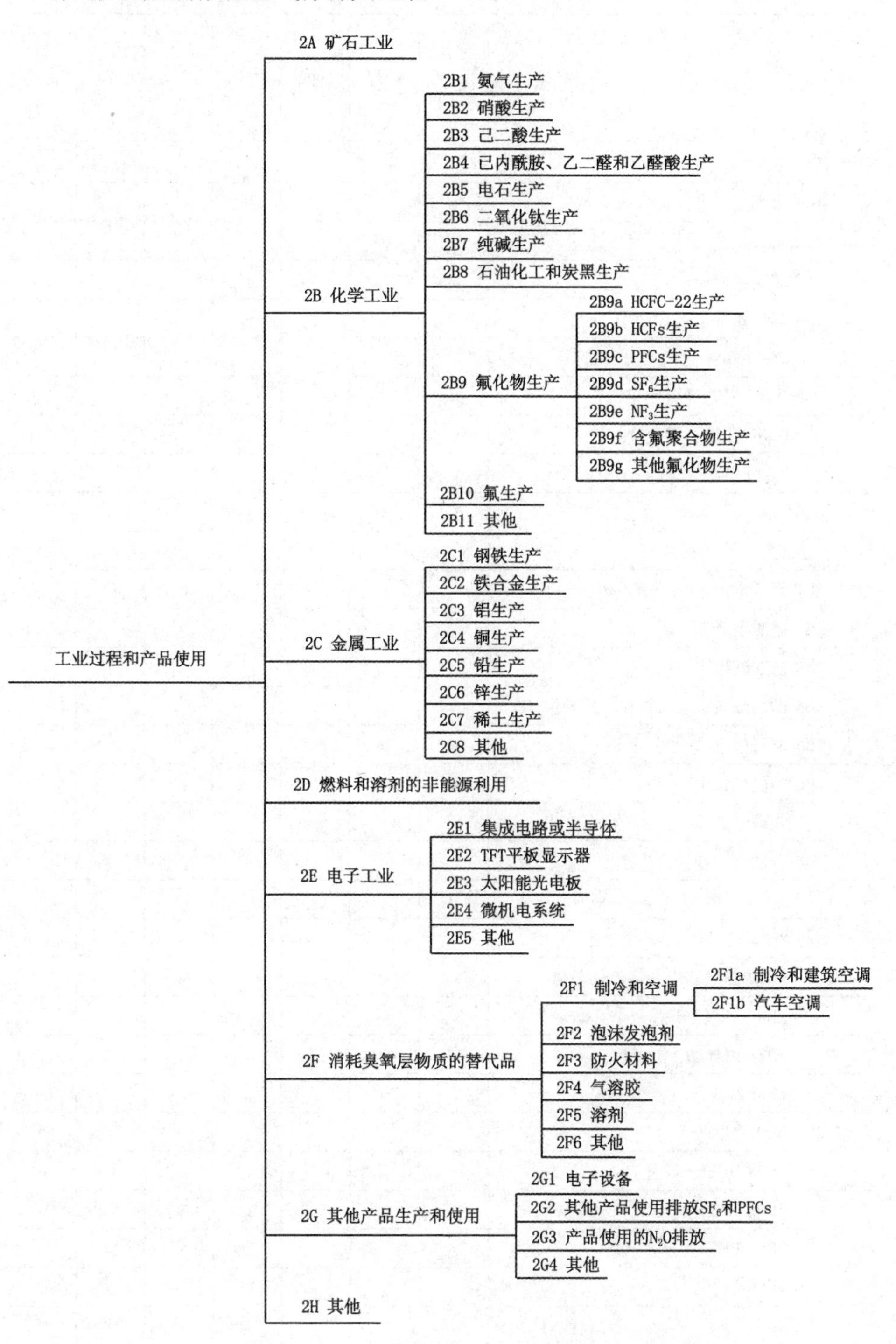

图 4-2　工业部门排放源及构成

表 4-13　IPPU 部门类别及排放温室气体种类

部门	CO_2	CH_4	N_2O	HFC_s	PFC_s	SF_6	其他卤化气体
2A 矿石工业							
2A1 水泥生产	√						
2A2 石灰生产	√						
2A3 玻璃生产	√						
2A4 其他碳酸盐过程使用							
2A4a 陶瓷	√						
2A4b 其他纯碱使用	√						
2A4c 非冶金镁生产	√						
2A4d 其他	√						
2A5 其他	√						
2B 化学工业							
2B1 氨气生产	√						
2B2 硝酸生产			√				
2B3 己二酸生产			√				
2B4 己内酰胺、乙二醛和乙醛酸生产			√				
2B5 电石生产	√	√					
2B6 二氧化钛生产	√						
2B7 纯碱生产	√						
2B8 石油化工和炭黑生产							
2B8a 甲醇	√	√					
2B8b 乙烯	√	√					
2B8c 二氯乙烷和氯乙烯单体	√	√					
2B8d 环氧乙烷	√	√					
2B8e 丙烯腈	√	√					
2B8f 炭黑	√	√					
2B9 氟化物生产							
2B9a HCFC-22 生产				√	√	√	√
2B9b HCFs 生产				√	√	√	√
2B9c PFCs 生产				√	√	√	√
2B9d SF_6生产				√	√	√	√
2B9e NF_3生产				√	√	√	√

表4-13(续)

部门	CO_2	CH_4	N_2O	HFC_s	PFC_s	SF_6	其他卤化气体
2B9f 含氟聚合物生产				√	√	√	√
2B9g 其他氟化物生产				√	√	√	√
2C 金属工业							
2C1 钢铁生产	√	√					
2C2 铁合金生产	√	√					
2C3 铝生产	√				√		
2C4 铜生产	√			√	√	√	√
2C5 铅生产	√						
2C6 锌生产	√						
2C7 稀土生产							
2C8 其他							
2D 燃料和溶剂的非能源利用							
2D1 润滑剂使用	√						
2D2 固体石蜡使用	√						
2D3 溶剂使用							
2D4 其他							
2E 电子工业							
2E1 集成电路或半导体				√	√	√	√
2E2 TFT 平板显示器				√	√	√	√
2E3 太阳能光电板				√	√	√	√
2E4 微机电系统				√	√	√	√
2E5 其他							
2F 臭氧损耗物质的替代品							
2F1 制冷和空调							
2F1a 制冷和建筑空调				√	√		
2F1b 汽车空调				√	√		
2F2 泡沫发泡剂				√			
2F3 防火材料				√	√		
2F4 气溶胶				√	√		
2F5 溶剂				√	√		
2F6 其他				√	√		
2G 其他产品生产和使用							

表4-13(续)

部门	CO_2	CH_4	N_2O	HFC_s	PFC_s	SF_6	其他卤化气体
2G1 电子设备							
2G2 其他产品使用排放 SF_6 和 PFCs							
2G2a 军事应用						√	
2G2b 加速器						√	
2G2c 其他					√	√	
2G3 产品使用的 N_2O 排放							
2G3a 医疗应用			√				
2G3b 压力和气溶胶产品的助剂			√				
2G3c 其他			√				
2G4 其他							
2H 其他							
2H1 纸和纸浆工业							
2H2 食品和饮料工业							
2H3 其他							

注:"√"表示在指南中提供了计算方法的气体。

与能源清单不同,IPPU 中化石燃料温室气体排放主要是基于非能源目的使用引起的,主要体现在以下三个方面:作为原料;作为还原剂;作为非能源产品。化石燃料种类及非能源目的使用主要类型见表 4-14。

表 4-14　化石燃料种类及非能源目的使用主要类型

使用类型	燃料类型	产品/过程
原料	天然气、石油、煤	氨气
	石油精、天然气、乙烷、丙烷、丁烷、汽油、燃料油	甲醇、石蜡(乙烯、丙烯)、黑碳
还原剂	石油焦	电石
	煤、石油焦	二氧化钛
	冶金焦、煤粉、天然气	钢铁(主要)
	冶金焦	铁合金
	石油焦、沥青(阳极)	铝
	冶金焦、煤	铅
	冶金焦、煤	锌

表4-14(续)

使用类型	燃料类型	产品/过程
非能源产品	润滑油	润滑特性
	固体石蜡	蜡烛
	沥青	铺路和盖屋顶
	石油溶剂油、某些芳烃	作为溶剂(油漆、干洗)

在计算方法上，针对压力设备中HFC、PFC和SF_6等温室气体排放，《2006年IPCC国家温室气体清单指南》给出了两种方法，分别是质量平衡法和排放因子法。这两种方法间并不存在更优做法，而是需要根据实际情况进行合理的选择。这两种方法的工作原理与适用条件见表4-15。

表4-15　质量平衡法和排放因子法的工作原理与适用条件

类别	质量平衡法	排放因子法
工作原理	根据每年引入国家或设施的新化学物质量，计算用于填补新设备能力或替换去除气体的气体。无法计算的消耗量假定为排放或替换已排放的气体	排放等于排放因子与下述之一的乘积： (1)使用或保持化学物质的设备铭牌能力； (2)化学物质库
适用条件	排放率会随设施和(或)设备及时间(在某种程度上)而有所不同； 过程排放率每年高于3%； 设备经常充填； 设备储存增长缓慢； 含HFC、PFC或SF_6的设备已经在国家中使用，至少使用了该台设备充填之间的典型时间段； 电气设备为10~20年； 空调和制冷设备为5~20年	在定义的设备和(或)设施类型内，排放率相对稳定； 过程排放率每年低于3%； 设备很少或从来不充填； 设备储存增长快速； 含HFC、PFC或SF_6的设备已经在国家中使用，少于该台设备填补之间的典型时间段； 电气设备为10~20年； 空调和制冷设备为5~20年
其他	在长期内，此方式将反映实际的排放量，但是在排放及其探测之间可能存在明显的时滞(在某些情况下，可能是20年甚至更长)	应定期检查排放因子，确保其保持与现实相一致

二、矿石工业

（一）水泥生产

1. 计算方法

方法一：基于水泥产量，见式(4-20)。

$$E_{CO_2} = (\sum_{l} M_{ci} \times C_{cli} - I_m + E_x) \times EF_{clc} \tag{4-20}$$

式中，E_{CO_2}——来自水泥生产的 CO_2 排放量，t；

M_{ci}——生产的 i 类水泥重量（质量），t；

C_{cli}——i 类水泥的熟料比例；

I_m——熟料消耗的进口量，t；

E_x——熟料的出口量，t；

EF_{clc}——特定水泥中熟料的排放因子，t/t。

方法二：基于熟料产量，见式(4-21)。

$$E_{CO_2} = M_{cl} \times EF_{cl} \times CF_{ckd} \tag{4-21}$$

式中，E_{CO_2}——来自水泥生产的 CO_2 排放量，t；

M_{cl}——生产的熟料重量（质量），t；

EF_{cl}——熟料的排放因子，t/t；

CF_{ckd}——水泥窑尘（CKD）的排放修正因子，无量纲。

方法三：基于碳酸盐给料量，见式(4-22)。

$$E_{CO_2} = \sum_{i} EF_i \times M_i \times F_i - M_d \times C_d \times (1 - F_d) \times EF_d + \sum_{k} M_k \times X_k \times EF_k \tag{4-22}$$

式中，E_{CO_2}——来自水泥生产的 CO_2 排放量，t；

EF_i——特定碳酸盐 i 的排放因子，t/t；

M_i——炉窑中消耗的碳酸盐 i 重量（质量），t；

F_i——碳酸盐 i 中获得的煅烧比例；

M_d——未回收到炉窑中的 CKD 重量（质量），t；

C_d——未回收到炉窑中 CKD 内原始碳酸盐的重量比例；

F_d——未回收到炉窑中 CKD 获得的煅烧比例；

EF_d——未回收到炉窑中 CKD 内未煅烧碳酸盐的排放因子，t/t；

M_k——有机或其他碳类非燃料原材料 k 的重量(质量), t;

X_k——特定非燃料原材料 k 中总的有机物或其他碳的比例;

EF_k——其他碳类非燃料原材料 k 的排放因子, t/t。

2. 活动数据

基于水泥产量的方法应根据生产的水泥类型和水泥的熟料比例收集国家级(或可用的工厂级)数据。

基于熟料产量的方法，优良做法是直接从国家统计数据中或从各工厂中收集熟料生产数据，包括熟料中 CaO 含量及碳酸盐中 CaO 比例等信息。

基于碳酸盐给料量的数据仅可在工厂获取，并不适合国家层面清单编制，此部分活动数据的选取可参考本书第五章第七节内容。

3. 排放因子

获取特定国家熟料排放因子需要掌握熟料的 CaO 含量及从碳酸盐来源(通常为 $CaCO_3$)衍生的 CaO 比例，计算公式及过程可参考《2006 年 IPCC 国家温室气体清单指南》第 3 卷第 2 章内容。

本节提供了以 $CaCO_3$ 为生料，CaO 质量占比为 65%时的缺省值及不同类型碳酸盐排放因子，见表 4-16 和表 4-17，该数值可在特定数据不可得时作为缺省因子使用。

表 4-16　水泥生产排放因子缺省值

排放因子/($t \cdot t^{-1}$)		备注
EF_{clc}	0.52	CDK 修正
EF_{cl}	0.53	CDK 未修正
	0.48	4%来自非碳酸盐来源(如钢渣或烟灰)

表 4-17　《2006 年 IPCC 国家温室气体清单指南》推荐的不同类型碳酸盐排放因子

碳酸盐	矿石名称	排放因子/($t \cdot t^{-1}$)
$CaCO_3$	方解石或文石	0.43971
$MgCO_3$	菱镁石	0.52197
$CaMg(CO_3)_2$	白云石	0.47732
$FeCO_3$	菱铁矿	0.37987
$Ca(Fe, Mg, Mn)(CO_3)_2$	铁白云石	0.40822~0.47572
$MnCO_3$	菱锰矿	0.38286
Na_2CO_3	碳酸钠或纯碱	0.41492

此外，由于随着环境管理水平和环保设施水平的不断提升，CKD 基本没有排放，因此，$CF_{ckd}=1$。具体计算方法本节不详细介绍，感兴趣的读者可通过《2006 年 IPCC 国家温室气体清单指南》详细了解。

（二）石灰生产

1. 计算方法

方法一：基于石灰类型的排放因子法，见式(4-23)。如无法获取分石灰类型的国家级数据，式(4-23)可基于缺省值进行简化。

$$E_{CO_2}=\sum_i EF_{石灰,i}\times M_{1,i}\times CF_{lkd,i}\times C_{h,i} \tag{4-23}$$

式中，E_{CO_2}——来自石灰石生产的 CO_2 排放量，t；

$EF_{石灰,i}$——类型 i 的石灰排放因子，t/t

$M_{1,i}$——类型 i 的石灰产量，t；

$CF_{lkd,i}$——类型 i 石灰的石灰窑尘(LKD)修正因子，无量纲；

$C_{h,i}$——i 类熟石灰的修正因子，无量纲；

i——特定石灰类型。

方法二：基于碳酸盐类型的排放因子法，见式(4-24)。

$$E_{CO_2}=\sum_i EF_i\times M_i\times F_i-M_d\times C_d\times(1-F_d)\times EF_d \tag{4-24}$$

式中，E_{CO_2}——来自石灰石生产的 CO_2 排放量，t；

EF_i——碳酸盐 i 的排放因子，t/t；

M_i——消耗的碳酸盐 i 重量(质量)，t；

F_i——碳酸盐 i 中获得的煅烧比例；

M_d——LKD 的重量(质量)，t；

C_d——LKD 中原始碳酸盐的重量比例；

F_d——对于 LKD 达到的煅烧比例；

EF_d——LKD 中未煅烧碳酸盐的排放因子，t/t。

2. 活动数据

石灰排放的关键活动数据是分类收集石灰石产量，包括高钙石灰、含白云石石灰(CaO · MgO+杂质)、水硬石灰(CaO+水硬硅酸钙)，同时，应当收集有关 CaO 的所有非碳酸盐来源的数据。

针对方法二，优良做法是收集有关石灰生产消耗的碳酸盐重量比例和煅烧达到的比例等各个工厂的具体数据，还应收集有关生产的 LKD 数量(干重)和成分的数据。

3. 排放因子

在缺乏特定数据时，可采用《2006 年 IPCC 国家温室气体清单指南》推荐的缺省值，见表 4-18。特定碳酸盐的排放因子见表 4-17。

表 4-18　石灰生产缺省排放因子

石灰类型	化学计量比（每吨 CaO 或 CaO · MgO 的 CO_2 吨数）(1)	CaO 质量分数范围	MgO 质量分数范围	CaO 或 CaO · MgO 质量分数的缺省值(2)	缺省排放因子（每吨石灰的 CO_2 吨数）(1)×(2)
高钙石灰	0.785	93%~98%	0.3%~2.5%	0.95%	0.75
含白云石石灰	0.913	55%~57%	38%~41%	0.95%或 0.85%*	0.87 或 0.78*
水硬石灰	0.785	65%~92%	—	0.75%	0.59

注：* 代表此值取决于石灰生产所用的技术。对于发达国家，建议采用更高的值；对于发展中国家，建议采用较低的值。

（三）玻璃生产

1. 计算方法

方法一：基于不同玻璃生产的排放因子法，见式(4-25)。在式(4-25)基础上，如玻璃制造过程中使用的碳酸盐数据无法获取，可不细分玻璃类型，碎玻璃比率和排放因子可采用缺省值。

$$E_{CO_2} = \sum_i M_{g,i} \times EF_i \times (1 - CR_i) \tag{4-25}$$

式中，E_{CO_2}——来自玻璃生产的 CO_2 排放量，t；

$M_{g,i}$——i 类熔化玻璃的质量，如浮法玻璃、容器玻璃等，t；

EF_i——i 类玻璃制造的排放因子，t/t；

CR_i——i 类玻璃制造的碎玻璃比率。

方法二：基于碳酸盐给料量的排放因子法，见式(4-26)。

$$E_{CO_2} = \sum_i M_i \times EF_i \times F_i \tag{4-26}$$

式中，E_{CO_2}——来自玻璃生产的 CO_2 排放量，t；

EF_i——特定碳酸盐 i 的排放因子，t/t；

M_i——消耗（采掘）的碳酸盐 i 重量（质量），t；

F_i——碳酸盐 i 的煅烧比例，若特定碳酸盐达到的煅烧比例未知，可以假定煅烧比例等于1.00。

2. 活动数据

一般来看，玻璃生产总量可以从国家统计资料中获取。如果无法直接获得该数据，可以先获取其他数据(如玻璃吨数、玻璃瓶数、玻璃面积等)，再将其转化为吨数。

3. 排放因子

当特定国家或特定工厂数据不可获取时，可采用《2006年IPCC国家温室气体清单指南》给出的排放因子和碎玻璃比率缺省值，见表4-19。同时，在无法掌握国家特定情况时，优良做法是使用范围数值的中值。此外，特定碳酸盐的排放因子见表4-17。

表4-19　不同玻璃类型的缺省排放因子和碎玻璃比率

玻璃类型	CO_2 排放因子 /($kg \cdot kg^{-1}$)	碎玻璃比率(典型范围)
浮法玻璃	0.21	10%~25%
容器(弗林特)	0.21	30%~60%
容器(琥珀/绿色颜料)	0.21	30%~80%
纤维玻璃(E玻璃)	0.19	0%~15%
纤维玻璃(绝缘玻璃)	0.25	10%~50%
专业(TV面板)	0.18	20%~75%
专业(TV显像管)	0.13	20%~70%
专业(餐具)	0.10	20%~60%
专业(实验室/医药)	0.03	30%~75%
专业(照明)	0.20	40%~70%

三、化学工业

(一)氨气生产

1. 计算方法

方法一：基于氨气产量的计算方法，见式(4-27)。

$$E_{CO_2}=AP\times FR\times CCF\times COF\times\frac{44}{12}-R_{CO_2} \tag{4-27}$$

式中，E_{CO_2}——来自氨气生产的CO_2排放量，kg；

AP——氨气产量，t；

FR——每单位产出的燃料需求，GJ/t；

CCF——燃料的碳含量因子，kg/GJ；

COF——燃料的碳氧化因子，比例形式；

$\frac{44}{12}$——CO_2 与 C 的相对分子质量换算系数；

R_{CO_2}——下游使用回收的 CO_2(尿素生产)，kg。

若无尿素生产数据，则假定回收的 CO_2 为零。

方法二：基于燃料需求的计算方法，见式(4-28)。

$$E_{CO_2} = \sum_i TER_i \times CCF_i \times COF_i \times \frac{44}{12} - R_{CO_2} \tag{4-28}$$

式中，E_{CO_2}——来自氨气生产的 CO_2 排放量，kg；

TFR_i——燃料类型 i 的总燃料需求，GJ；

CCF_i——燃料类型 i 的碳含量因子，kg/GJ；

COF_i——燃料类型 i 的碳氧化因子，比例形式；

R_{CO_2}——下游使用回收的 CO_2(尿素产量、CO_2 捕获和存储)，kg。

其中，每种燃料类型的总燃料需求按照式(4-29)进行计算。

$$TER_i = \sum_i AP_{i,j} \times FR_{i,j} \tag{4-29}$$

式中，TFR_i——燃料类型 i 的总燃料需求，GJ；

$AP_{i,j}$——过程类型 j 中使用燃料类型 i 的氨气产量，t；

$FR_{i,j}$——针对过程类型 j 中的燃料类型 i，每单位产出的燃料需求，GJ/t。

基于方法二，更精确的方法是采用工厂层级区分燃料类型的总燃料需求之和。

2. 活动数据

氨气生产数据可以从国家统计资料中获得，更优选择是从生产工厂获得氨气产量、燃料类型和过程类型等信息。如果没有国家级活动数据，可以使用有关产能的信息，用全国总产能乘以产能使用率因子的 80%±10%(即 70%～90%)。

3. 排放因子

天然气制氨气包括常规重整、过量空气重整、自热重整等过程，不同生产环节的 CO_2 排放因子不同。《2006 年 IPCC 国家温室气体清单指南》给出了各过程排放因子缺省值，见表 4-20，在无法获取工厂级信息时可直接使用。

表 4-20 氨气生产的缺省总燃料需求(燃料和原料)及排放因子

生产过程	总燃料需求 /(GJ·t^{-1}) (±不确定性)	碳含量因子 /(kg·GJ^{-1})	碳氧化因子 (比例形式)	CO_2 排放因子 /(t·t^{-1})
常规重整	30.2(±6%)	15.3	1	1.694
过量空气重整	29.7(±6%)	15.3	1	1.666
自热重整	30.2(±6%)	15.3	1	1.694
部分氧化	36.0(±6%)	21.0	1	2.772
全过程平均值	37.5(±7%)	15.3	1	2.104

(二)硝酸生产

1. 计算方法

氨气(NH_3)高温催化氧化生产硝酸(HNO_3)时，会生成副产品氧化亚氮(N_2O)。对 N_2O 排放的计算方法包括直接测量排放的连续排放监控(CEM)法和基于硝酸产量的排放因子法。其中，CEM 法由设备计量得出，因此，下面主要介绍排放因子法，见式(4-30)。

$$E_{N_2O} = \sum_{i,j} EF_i \times NAP_i \times (1 - DF_j \times ASUF_j) \tag{4-30}$$

式中，E_{N_2O}——N_2O 排放量，kg；

EF_i——技术类型 i 的 N_2O 排放因子，kg/t；

NAP_i——技术类型 i 的硝酸产量，t；

DF_j——减排技术类型 j 的去除因子，比例形式；

$ASUF_j$——减排技术类型 j 的减排系统使用因子，比例形式。

当对排放数据精度要求较低，或者没有采取减排措施时，式(4-30)可进行简化，由硝酸产量乘以排放因子得到排放量。

2. 活动数据

在产量方面，优先采用国家统计资料中数据，活动数据应基于 100% HNO_3；如果没有国家级活动数据，可以使用全国产能总量乘以 80%±10%(即 70%~90%)估算产量。

3. 排放因子

不同类型工厂的 N_2O 生成因子差别更大。因此，估算硝酸 N_2O 排放量时，缺省因子更为常用，见表 4-21。

表 4-21　硝酸生产的排放因子　　单位:kg/t

生产过程	N_2O 排放因子(100%纯酸)
具有 NSCR* 的工厂(所有过程)	±10%
具有集成过程或尾气 N_2O 去除的工厂	±10%
大气压力工厂(低压)	±10%
中等压力燃烧工厂	±20%
高压工厂	±40%

注：* NSCR 为非选择性催化还原。

己二酸、己内酰胺生产过程的 N_2O 排放量计算可参考此方法，缺省排放因子见《2006 年 IPCC 国家温室气体清单指南》。

(三)电石生产

1. 计算方法

电石生产会导致 CO_2，CH_4 排放，CO_2 排放量计算方法见式(4-31)。

$$E_{CO_2}=AD\times EF \tag{4-31}$$

式中，E_{CO_2}——CO_2 排放量，t；

AD——石油焦消耗量或电石产量有关的活动数据，t；

EF——CO_2 排放因子，t/t；

式(4-31)还可以用来计算 CH_4 排放量，此时 EF 为对应 CH_4 排放因子。

2. 活动数据

数据可以从国家统计资料中获得，也可以从代表电石和石油焦生产商的工贸组织中获得。如果有足够的特定工厂或特定公司数据，优先使用此类数据计算排放量。

3. 排放因子

《2006 年 IPCC 国家温室气体清单指南》给出了碳化硅、碳化钙缺省排放因子，相关数据见表 4-22 和表 4-23。

表 4-22　碳化硅生产中 CO_2 和 CH_4 排放的缺省排放因子　　单位：t/t

过程	原材料排放因子(CO_2)	原材料排放因子(CH_4)	电子排放因子(CO_2)	电石排放因子(CH_4)
碳化硅生产	2. 30	10. 2	2. 62	11. 6

表 4-23 碳化钙生产和使用中 CO_2 排放的缺省排放因子 单位：t/t

过程	原材料排放因子	电石排放因子
石油焦使用	1.70	1.09
产品使用	不相关	1.10

（四）纯碱生产

1. 计算方法

天然纯碱生产通过天然碱矿（$Na_2CO_3 \cdot NaHCO_3 \cdot 2H_2O$）加热分解（煅烧）产生纯碱并排放出 CO_2。该 CO_2 排放量可通过碱矿消耗量进行计算，也可以基于纯碱产量进行计算，计算方法见式（4-32）。

$$E_{CO_2}=AD\times EF \tag{4-32}$$

式中，E_{CO_2}——CO_2 排放量，t；

AD——使用的天然碱矿或生产的纯碱量，t；

EF——每单位天然碱矿输入或天然纯碱产出的排放因子，t/t。

2. 活动数据

此计算方法需要与国家天然碱矿消耗量或国家天然纯碱产量有关的数据。如果没有国家级活动数据，可以使用有关产能的信息，优良做法是全国产能总量乘以产能使用因子的 80%±10%（即 70%～90%）。

3. 排放因子

天然碱矿排放因子为 0.097 t/t；

天然纯碱排放因子为 0.138 t/t。

如果没有天然碱矿输入纯度的可用数据，优良做法是假定纯度为 90% 以调节排放因子。

（五）石油化工生产

1. 计算方法

在石化工业和碳黑工业中，初级化石燃料（天然气、石油、煤）在石化和碳黑生产中用于非燃料使用。这些初级化石燃料的使用，可能涉及燃烧部分碳氢化合物用于加热、生产次级燃料，这些燃烧产生的排放应分配到 IPPU 部门中的源类别。

该部门排放的温室气体主要是 CO_2 和 CH_4，排放量的计算方法主要有三种，分别是产品排放因子法、总原料碳平衡法、直接估算特定工厂排放法（特定排放因子法）。其中，产品排放因子法计算简单，但数据精度最低；总原料碳平衡法适用于计算 CO_2 排放量，却不适用于计算 CH_4 排放量；直接估算特定工厂排放法可用于计算工厂级 CO_2 排放量和 CH_4 排放量，但对国家清单编制来说数据很难获取。因此，具体选择何种方法进行计算取决于具体国情及数据的可获性。

（1）CO_2 排放

方法一：产品排放因子法。该方法适用于工厂级特定数据或碳流量活动数据均不可获取的情况，计算方法见式（4-33）。

$$E_{CO_2 i}=\frac{PP_i \times EF_i \times GAF}{100} \tag{4-33}$$

式中，$E_{CO_2 i}$——石化产品 i 生产中 CO_2 排放量，t；

PP_i——石化产品 i 的年产量，t；

EF_i——石化产品 i 的 CO_2 排放因子，t/t；

GAF——地理调整因子，百分数。

其中，如果没有初级产品年产量的活动数据，初级产品产量可以通过原料消耗量估算，见式（4-34）：

$$PP_i = \sum_k FA_{i,k} \times SPP_{i,k} \tag{4-34}$$

式中，PP_i——石化产品 i 的年产量，t；

$FA_{i,k}$——石化产品 i 生产中消耗原料 k 的年消耗量，t；

$SPP_{i,k}$——石化产品 i 和原料 k 的特定初级产品产量因子，t/t。

方法二：总原料碳平衡法。该方法适用于原料消耗量及初级和次级产品产量与处理量活动数据均可获取的情况，计算方法见式（4-35）。

$$E_{CO_2 i} = \left[\sum_k FA_{i,k} \times FC_k - \left(PP_i \times PC_i + \sum_j SP_{i,j} \times SC_j\right) \right] \times \frac{44}{12} \tag{4-35}$$

式中，$E_{CO_2 i}$——石化产品 i 生产中 CO_2 排放量，t；

$FA_{i,k}$——石化产品 i 生产中原料 k 的年消耗量，t；

FC_k——原料 k 的碳含量，t/t；

PP_i——初级石化产品 i 的年产量，t；

PC_i——初级石化产品 i 的碳含量，t/t；

$SP_{i,j}$——从石化产品 i 的生产过程中生产的次级产品 j 的年产量［对于甲醇、二氯乙烷、环氧乙烷和碳黑过程，$SP_{i,j}$的值为零，原因是这些过程中没有产生次级产品；有关乙烯生产和丙烯腈生产，请参见式(4-36)和式(4-37)计算 $SP_{i,j}$]，t；

SC_j——次级产品 j 的碳含量，t/t。

对于乙烯生产和丙烯腈生产，初级产品和次级产品会同时产生。如果没有这些过程产生的次级产品量的活动数据，可通过将缺省值应用到初级原料消耗量来估算次级产品量，计算方法见式(4-36)和式(4-37)。

$$SP_{乙烯,j} = \sum_k FA_{乙烯,k} \times SSP_{j,k} \tag{4-36}$$

式中，$SP_{乙烯,j}$——乙烯生产中次级产品 j 的年产量，t；

$FA_{乙烯,k}$——乙烯生产中消耗的原料 k 的年消耗量，t；

$SSP_{j,k}$——次级产品 j 和原料 k 的特定次级产品产量因子，t/t。

$$SP_{丙烯腈,j} = \sum_k FP_{丙烯腈,k} \times SSP_{j,k} \tag{4-37}$$

式中，$SP_{丙烯腈,j}$——丙烯腈生产中次级产品 j 的年产量，t；

$FP_{丙烯腈,k}$——丙烯腈生产中消耗的原料 k 的年消耗量，t；

$SSP_{j,k}$——次级产品 j 和原料 k 的特定次级产品产量因子，t/t。

方法三：直接估算特定工厂排放法。该方法适用于工厂层级排放量核算，需要工厂特定数据或工厂特定测量数据，计算方法见式(4-38)至式(4-40)。

$$E_{CO_2 i} = E_{燃烧,i} + E_{过程泄放,i} + E_{喷焰燃烧,i} \tag{4-38}$$

式中，$E_{CO_2 i}$——石化产品 i 生产中 CO_2 排放量，t；

$E_{燃烧,i}$——燃料或过程副产品经燃烧，为石化产品 i 的生产过程提供热量或热能时排放的 CO_2 量，t；

$E_{过程泄放,i}$——石化产品 i 的生产期间从过程泄放中排放的 CO_2 量，t；

$E_{喷焰燃烧,i}$——石化产品 i 的生产期间从喷焰燃烧的废气中排放的 CO_2 量，t。

$$E_{燃烧,i} = \sum_k FA_{i,k} \times NCV_k \times EF_k \tag{4-39}$$

式中，$FA_{i,k}$——石化产品 i 生产中燃料 k 的消耗量，t；

NCV_k——燃料 k 的净热值，TJ/t；

EF_k——燃料 k 的 CO_2 排放因子，t/TJ。

注：各种燃料净热值及排放因子缺省值见本书附录中表 F-4。

$$E_{喷焰燃烧,i} = \sum_j FG_{i,j} \times NCV_j \times EF_j \tag{4-40}$$

式中，$FG_{i,j}$——石化产品 i 生产中火炬气 j 的量，t；

NCV_j——火炬气 j 的净热值，TJ/t；

EF_j——火炬气 j 的 CO_2 排放因子，t/TJ。

(2) CH_4排放

石化过程中的 CH_4排放包括逃逸排放和过程泄放排放，主要计算方法为产品排放因子法和基于连续或定期性特定工厂测量法。其中，特定工厂测量法需要获取工厂特定监测数据，并不适合国家层面清单编制，因此此处不做详细介绍。

基于产品排放因子法的计算方法见式(4-41)：

$$E_{CH_4\text{总排放},i}=E_{CH_4\text{逃逸排放},i}+E_{CH_4\text{过程泄放},i} \tag{4-41}$$

式(4-41)中逃逸排放量、过程泄放排放量的计算方法见式(4-42)和式(4-43)。

$$E_{CH_4\text{逃逸排放},i}=PP_i\times EF_{fi} \tag{4-42}$$

$$E_{CH_4\text{过程泄放},i}=PP_i\times EF_{pi} \tag{4-43}$$

式中，$E_{CH_4\text{总排放},i}$——石化产品 i 生产中 CH_4总排放量，kg；

$E_{CH_4\text{逃逸排放},i}$——石化产品 i 生产中 CH_4的逃逸排放量，kg；

$E_{CH_4\text{过程泄放},i}$——石化产品 i 生产中 CH_4的过程泄放排放量，kg；

PP_i——石化产品 i 的年产量，t；

EF_{fi}——石化产品 i 的 CH_4逃逸排放因子，t/kg；

EF_{pi}——石化产品 i 的 CH_4过程泄放排放因子，t/kg。

2. 活动数据

国家能源统计资料可能包括化石燃料（天然气、油和煤）的燃烧总量及能源生产的次级燃料，更重要的是清单编制过程中要调查石化工业中使用的燃料是否纳入国家能源统计资料。如果是，应从已计算能源部门排放中减去石化过程中的排放，避免重复计算。特别是乙烯和甲醇，其初级燃料（如天然气、乙烷和丙烷）的原料消耗量可能报告在国家能源统计资料中。

3. 排放因子

下面列出了石油化工行业常用产品排放因子缺省值，见表 4-24 至表 4-28。其他产品排放因子可查阅《2006 年 IPCC 国家温室气体清单指南》。

表 4-24　石化原料和产品的特定碳含量

物质	碳含量(每吨原料或产品的碳吨数)
乙腈	0.5852
丙烯腈	0.6664
丁二烯	0.888
碳黑	0.970
碳黑原料	0.900
乙烷	0.856
乙烯	0.856
二氯乙烷	0.245
乙二醇	0.387
环氧乙烷	0.545
氰化氢	0.4444
甲醇	0.375
甲烷	0.749
丙烷	0.817
丙烯	0.8563
氯乙烯单体	0.384

表 4-25　甲醇生产 CO_2 排放因子　单位:t/t

过程	原料				
	天然气	天然气+CO_2^*	油	煤	褐煤
不含初级重整装置的常规蒸汽重整(缺省过程和天然气缺省原料)	0.670				
含初级重整装置的常规蒸汽重整	0.497				
常规蒸汽重整，常规过程	0.385	0.267			
常规蒸汽重整，低压过程	0.267				
组合蒸汽重整，组合过程	0.396				
常规蒸汽重整，甲醇过程	0.310				
部分氧化过程			1.376	5.285	5.020
综合氨气生产的常规蒸汽重整	1.020				

注:“天然气+CO_2”原料过程基于每吨甲醇消耗 0.2~0.3 t CO_2 原料。

表 4-26　甲醇生产原料消耗因子　　单位：GJ/t

过程配置	原料				
	天然气	天然气 $+CO_2$	油	煤	褐煤
不含初级重整装置的常规蒸汽重整（缺省过程和天然气缺省原料）	36.50				
含初级重整装置的常规蒸汽重整	33.40	29.30			
常规蒸汽重整，常规过程	31.40				
常规蒸汽重整，低压过程	29.30				
组合蒸汽重整，组合过程	31.60				
常规蒸汽重整，甲醇过程	30.10				
部分氧化过程			37.15	71.60	57.60

表 4-27　蒸汽裂解乙烯生产 CO_2 排放因子　　单位：t/t

过程	原料					
	石油精	汽油	乙烷	丙烷	丁烷	其他
乙烯（总过程和能源原料使用）	1.73	2.29	0.95	1.04	1.07	1.73
过程原料使用	1.73	2.17	0.76	1.04	1.07	1.73
补充燃料（能源原料）使用	0	0.12	0.19	0	0	0

表 4-28　乙烯生产的缺省 CH_4 排放因子　　单位：t/t

原料	数值
乙烷	6
石油精	3
所有其他原料	3

四、金属工业

（一）钢铁生产

钢铁生产会产生二氧化碳（CO_2）、甲烷（CH_4）和氧化亚氮（N_2O）的排放。本节所指钢铁工业包括生产钢和铁的初级设施、次级炼钢设施、铁生产设施及冶金焦的生产。

1. 冶金焦

计算方法如下。

方法一：基于产量的排放因子法。计算方法见式(4-44)和式(4-45)。

$$E_{CO_2}=A_{焦炭}\times EF_{CO_2} \tag{4-44}$$

$$E_{CH_4}=A_{焦炭}\times EF_{CH_4} \tag{4-45}$$

式中，E_{CO_2}——源自焦炭生产的 CO_2 排放量，t；

E_{CH_4}——源自焦炭生产的 CH_4 排放量，t；

$A_{焦炭}$——国家生产的焦炭量，t；

EF_{CO_2}——CO_2 排放因子，t/t；

EF_{CH_4}——CH_4 排放因子，t/t。

方法二：基于投入及产出的特定排放因子法。冶金焦可以在钢铁设施(现场)和独立设施(离场)中生产，计算方法分别见式(4-46)、式(4-47)。

$$E_{CO_2,能源}=(CC\times C_{cc}+\sum_a PM_a\times C_a+BG\times C_{BG}-CO\times C_{CO}-COG\times C_{COG}-\sum_b COB_b\times C_b)\times\frac{44}{12} \tag{4-46}$$

式中，$E_{CO_2,能源}$——要在能源部门报告的源自现场焦炭生产的 CO_2 排放量，t；

CC——现场综合钢铁生产设施中焦炭生产所消耗的炼焦煤量，t；

PM_a——其他过程材料 a 的数量，是在现场焦炭生产和钢铁生产设施中用于焦炭和熔渣生产的消耗量，t；

BG——焦炉中消耗的鼓风炉气体量，m^3；

CO——钢铁生产设施中现场生产的焦炭数量，t；

COG——焦炉煤气转移离场的量，m^3；

COB_b——焦炉副产品 b 的数量，离场转移到其他设施，t；

C_x——投入或产出材料 x 的碳含量，t/t。

$$E_{CO_2,能源}=(CC\times C_{cc}+\sum_a PM_a\times C_a-NIC\times C_{NIC}-COG\times C_{COG}-\sum_b COB_b\times C_b)\times\frac{44}{12} \tag{4-47}$$

式中，NIC——国家非综合焦炭生产设施中离场生产的焦炭数量，t。

除了上述方法，更高级的方法是依据特定工厂活动数据和排放因子进行计算。因为国家排放总量等于源自每个设施报告的排放量之和，所以此方法需要工厂实测数据，此处不展开详细介绍。

2. 钢铁

计算方法如下。

① CO_2 排放量。

方法一：基于产量的排放因子法。钢铁生产总排放量等于粗钢、生铁、直接还原铁等生产过程排放量之和，计算方法见式(4-47)至式(4-52)。其中，粗钢排放量的计算分别考虑了碱性氧气转炉(BOF)、电弧炉(EAF)和开炉(OHF)三种不同生产设备。

$$E_{钢铁,\ CO_2}=BOF\times EF_{BOF}+EAF\times EF_{EAF}+OHF\times EF_{OHF} \tag{4-48}$$

$$E_{生铁,\ CO_2}=IP\times EF_{IP} \tag{4-49}$$

$$E_{直接还原铁,\ CO_2}=DRI\times EF_{DRI} \tag{4-50}$$

$$E_{熔渣,\ CO_2}=SI\times EF_{SI} \tag{4-51}$$

$$E_{芯块,\ CO_2}=P\times EF_{P} \tag{4-52}$$

式中，$E_{x,\ CO_2}$——某种产品生产过程的 CO_2 排放量，t；

BOF——生产的 BOF 粗钢量，t；

EAF——生产的 EAF 粗钢量，t；

OHF——生产的 OHF 粗钢量，t；

IP——未转化成钢的生铁产量，t；

DRI——国家生产的直接还原铁数量，t；

SI——国家生产的熔渣量，t；

P——国家生产的芯块量，t；

EF_x——排放因子，t/t。

方法二：基于过程材料的特定排放因子法。如果可以获得钢铁生产、熔渣生产、芯块生产和直接还原铁生产中过程材料使用的国家数据，可以使用此方法计算，见式(4-53)至式(4-55)。

$$E_{钢铁,\ CO_2}=(PC\times C_{PC}+\sum_a COB_a\times C_a+CI\times C_{CI}+L\times C_L+D\times C_D+CE\times C_{CE}+\sum_b O_b\times C_b+COG\times C_{COG}-S\times C_S-IP\times C_{IP}-BG\times C_{BG})\times\frac{44}{12} \tag{4-53}$$

式中，$E_{x,\ CO_2}$——某种产品生产过程的 CO_2 排放量，t；

PC——在钢铁生产(不包括熔渣生产)中消耗的焦炭数量，t；

COB_a——鼓风炉中消耗的现场焦炉副产品 a 的数量，t 或 GJ；

CI——直接注入鼓风炉中的焦炭数量，t；

L——在钢铁生产中消耗的石灰石数量，t；

D——在钢铁生产中消耗的白云石数量，t；

CE——EAF 中消耗的碳电极数量，t；

O_b——钢铁生产中消耗的其他碳气溶胶和过程材料 b 的数量，如熔渣或废塑料，t；

COG——熔渣生产中在鼓风炉内消耗的焦炉煤气数量，GJ；

S——生产的钢数量，t；

IP——未转化成钢的铁产量，t；

BG——熔渣生产中消耗的鼓风炉气体数量，GJ；

C_x——投入或产出材料 x 的碳含量，t/t 或 t/GJ。

$$E_{熔渣, CO_2} = (CBR \times C_{CBR} + COG \times C_{COG} + BG \times C_{BG} + \sum_a PM_a \times C_a - SOG \times C_{SOG}) \times \frac{44}{12} \tag{4-54}$$

式中，CBR——熔渣生产所用的购买和现场生产的焦粉数量，t；

COG——熔渣生产中在鼓风炉内消耗的焦炉煤气数量，GJ；

BG——熔渣生产中消耗的鼓风炉气体数量，GJ；

PM_a——其他过程材料 a 的数量，t；

SOG——熔渣烟气从离场转移到钢铁生产设施或其他设施的量，m^3；

C_x——投入或产出材料 x 的碳含量，t/t 或 t/GJ。

$$E_{直接还原铁, CO_2} = (DRI_{NG} \times C_{NG} + DRI_{BZ} \times C_{BZ} + DRI_{CK} \times C_{CK}) \times \frac{44}{12} \tag{4-55}$$

式中，DRI_{NG}——直接还原铁生产所用的天然气量，GJ；

DRI_{BZ}——直接还原铁生产所用的焦粉量，GJ；

DRI_{CK}——直接还原铁生产所用的冶金焦量，GJ；

C_{NG}——天然气的碳含量，kg/GJ；

C_{BZ}——焦粉的碳含量，kg/GJ；

C_{CK}——冶金焦的碳含量，kg/GJ。

② CH_4排放量。在熔渣生产或铁生产的炉子中加热含碳材料时，会释放含 CH_4 的挥发性气体，计算方法见式(4-56)至式(4-58)。

$$E_{熔渣, CH_4} = SI \times EF_{SI} \tag{4-56}$$

$$E_{生铁, CH_4} = PI \times EF_{PI} \tag{4-57}$$

$$E_{直接还原铁, CH_4} = DRI \times EF_{DRI} \tag{4-58}$$

式中，$E_{x,\ CH_4}$——某种产品生产过程的 CH_4 排放量，kg；

SI——国家生产的熔渣量，t；

PI——国家生产的铁数量，包括转化为钢和未转化为钢的铁，t；

DRI——国家生产的直接还原铁数量，t；

EF_x——排放因子，kg/t。

3. 活动数据

对于缺省排放因子法，仅需要按照过程类型找到在国家中生产的钢产量、未加工成钢的生铁总产量的数据，以及焦炭、直接还原铁、芯块和熔渣总产量的数据。这些数据可从以下机构获得：负责生产统计资料的政府机构、商业工贸协会及钢铁公司。粗钢生产总量包括可用铁锭、连续铸造半成品和铸造用液态钢的产出总量。

对于特定排放因子法，还需要钢铁、焦炉煤气、鼓风炉气体总量，以及除现场和离场焦炭生产之外国家钢铁生产、直接还原铁生产和熔渣生产所用过程材料（如石灰石）的总量。将这些量乘以表 4-29 中适当的缺省碳含量，求和以后便可确定部门 CO_2 排放总量。

4. 排放因子

钢铁生产过程中缺省 CO_2 排放因子见表 4-30，钢铁生产过程中缺省 CH_4 排放因子见表 4-31，钢铁生产和焦炭生产所用特定材料碳见表 4-29。

表 4-29　钢铁生产和焦炭生产所用特定材料碳含量　　单位：t/t

过程材料	碳含量
鼓风炉煤气	0.17
木炭	0.91
煤	0.67
煤焦油	0.62
焦炭	0.83
焦炉煤气	0.47
炼焦煤	0.73
直接还原铁(DRI)	0.02
白云石	0.13
EAF 碳电极	0.82
EAF 装料碳	0.83
燃料油	0.86
气焦	0.83
热压块铁	0.02

表4-29(续)

过程材料	碳含量
石灰石	0.12
天然气	0.73
氧气吹炼钢炉煤气	0.35
石油焦	0.87
购买的生铁	0.04
废铁	0.04
钢	0.01

表 4-30　钢铁生产过程中缺省 CO_2 排放因子　　单位：t/t

过程		排放因子
熔渣生产		0.20
焦炉		0.56
铁生产		1.35
直接还原铁生产		0.70
芯块生产		0.03
炼钢	碱性氧气转炉(BOF)	1.46
	电弧炉(EAF)	0.08
	平炉(OHF)	1.72
	全球平均因子(65%BOF, 30%EAF, 5%OHF)	1.06

表 4-31　钢铁生产过程中缺省 CH_4 排放因子

过程	排放因子
焦炭生产	0.1 g/t
熔渣生产	0.07 kg/t
直接还原铁生产	1 kg/TJ(基于净热值)

(二)铁合金生产

1. 计算方法

在铁合金生产中，原矿石、碳材料及矿渣形成材料经混合，加热到高温进行还原和熔炼会产生 CO_2 排放。此外，使用石灰石或白云石等碳酸盐溶剂进行煅烧，亦会促成温室气体排放。

(1)CO_2 排放

方法一：基于产量的排放因子法。

$$E_{CO_2} = \sum_i MP_i \times EF_i \tag{4-59}$$

式中，E_{CO_2}——CO_2 排放量，t；

MP_i——铁合金类型 i 的产量，t；

EF_i——铁合金类型 i 的一般排放因子，t/t。

方法二：基于产量的特定原材料排放因子法。

$$E_{CO_2} = \sum_i M_{还原剂,i} \times EF_{还原剂,i} + \sum_h M_{矿石,h} \times C_{矿石,h} \times \frac{44}{12} + \sum_j M_{矿渣形成材料,j} C_{矿渣形成材料,j} \times \frac{44}{12} - \sum_k M_{产品,k} \times C_{产品,k} \times \frac{44}{12} - \sum_l M_{非产品输出流,l} \times C_{非产品输出流,l} \times \frac{44}{12} \tag{4-60}$$

式中，E_{CO_2}——CO_2 排放量，t；

$M_{还原剂,i}$——还原剂 i 的质量，t；

$EF_{还原剂,i}$——还原剂 i 的排放因子，t/t；

$M_{矿石,h}$——矿石 h 的质量，t；

$C_{矿石,h}$——矿石 h 中的碳含量，t/t；

$M_{矿渣形成材料,j}$——矿渣形成材料 j 的质量，t；

$C_{矿渣形成材料,j}$——矿渣形成材料 j 的碳含量，t/t；

$M_{产品,k}$——产品 k 的质量，t；

$C_{产品,k}$——产品 k 中的碳含量，t/t；

$M_{非产品输出流,l}$——非产品输出流 l 的质量，t；

$C_{非产品输出流,l}$——非产品输出流 l 的碳含量，t/t。

（2）CH_4排放

基于 FeSi 和 Si 合金产量进行计算，见式（4-61）。

$$E_{CH_4} = \sum_i MP_i \times EF_i \tag{4-61}$$

式中，E_{CH_4}——CH_4排放量，kg；

MP_i——Si 合金 i 的产量，t；

EF_i——Si 合金 i 的一般排放因子，kg/t。

2. *活动数据*

一般情况下，按照产品类型生产的铁合金量可从以下部门获取：负责生产统计资料的政府机构、商业工业贸易协会及铁合金公司生产企业。铁合金生产所用的还原剂和其他过程材料等更高层级数据获取的优良做法是从工厂获取。

3. 排放因子

铁合金生产的一般 CO_2 排放因子见表 4-32，其中还原剂碳含量计算方法见式(4-62)。基于 FeSi 和 Si 合金产量的 CH_4 排放因子见表 4-33。

$$C_{还原剂含量,i}=F_{fixC,i}+F_{挥发性物质,i}\times C_v \tag{4-62}$$

式中，$C_{还原剂含量,i}$——还原剂 i 的碳含量，t/t；

$F_{fixC,i}$——还原剂 i 中固定 C 的质量比例，t/t；

$F_{挥发性物质,i}$——还原剂 i 中挥发性物质的质量比例，t/t；

C_v——挥发性物质中的碳含量，t/t。其中，在其他信息不可获取时，煤的 C_v 为 0.65，焦炭为 0.80。

表 4-32 铁合金生产的一般 CO_2 排放因子 单位：t/t

铁合金类型	排放因子
硅铁(45%Si)	2.5
硅铁(65%Si)	3.6
硅铁(75%Si)	4.0
硅铁(90%Si)	4.8
锰铁(7%C)	1.3
锰铁(1%C)	1.5
硅锰	1.4
碳金属	5.0
铁铬合金	1.3(熔渣生产为 1.6)
煤(用于 FeSi 和 Si)	3.1
煤(用于其他铁合金)	*(见公式 4-62)
焦炭(用于 FeMn 和 SiMn)	3.2~3.3
焦炭(用于 Si 和 FeSi)	3.3~3.4
焦炭(用于其他铁合金)	*(见公式 4-62)
预焙电极	3.54
电极胶	3.4
石油焦	3.5

表 4-33 基于 FeSi 和 Si 合金产量的 CH_4 排放因子 单位：kg/t

合金	批量加料	零星加料*	零星加料且烟气槽温度高于 750 ℃时
Si	1.5	1.2	0.7
FeSi(90%Si)	1.4	1.1	0.6
FeSi(75%Si)	1.3	1.0	0.5
FeSi(65%Si)	1.3	1.0	0.5

注：*通常情况下，零星加料时排放因子可作为缺省值使用。

（三）铝生产

铝生产最重要的过程排放分别是源自炭阳极消耗的 CO_2 排放、阳极效应期间 CF_4 和 C_2F_6 的 PFC 排放。

1. 计算方法

（1）CO_2

方法一：排放因子法。该方法基于产品产量，计算方法见式（4-63）。

$$E_{CO_2}=EF_P \times MP_P+EF_S \times MP_S \tag{4-63}$$

式中，E_{CO_2}——源自阳极或胶消耗的 CO_2 排放量，t；

EF_P——预焙技术特定排放因子，t/t；

MP_P——预焙过程中的金属生产量，t；

EF_S——Söderberg 技术特定排放因子，t/t；

MP_S——Söderberg 过程中的金属生产量，t。

方法二：质量平衡法。由于技术类型不同，所以计算方法各不相同。其中，预焙槽计算方法见式（4-64）至式（4-66），Söderberg 槽计算方法见式（4-67）。

$$E_{CO_2}=NAC \times MP \times \frac{100-S_a-Ash_a}{100} \times \frac{44}{12} \tag{4-64}$$

式中，E_{CO_2}——源自预焙阳极消耗的 CO_2 排放量，t；

MP——金属生产总量，t；

NAC——每吨铝的净预焙阳极消耗量，t；

S_a——烘焙阳极中的硫含量，%；

Ash_a——烘焙阳极中的灰尘含量，%。

$$E_{CO_2}=(GA-H_W-BA-WT) \times \frac{44}{12} \tag{4-65}$$

式中，E_{CO_2}——源自沥青挥发性物质燃烧的 CO_2 排放量，t；

GA——生阳极[①]的最初总量，t；

H_W——生阳极中的氢质量，t；

BA——烘焙的阳极产量，t；

WT——收集的废焦油量，t。

$$E_{CO_2}=PCC \times BA \times \frac{100-S_{pc}-Ash_{pc}}{100} \times \frac{44}{12} \tag{4-66}$$

① 预焙阳极技术要求将炭块经 1100～1200 ℃高温焙烧，去除挥发分，使沥青焦化，提高制品的机械强度和导电性。成型后未经焙烧的阳极称为生阳极。

式中，E_{CO_2}——源自烘焙炉填料的 CO_2 排放量，t；

PCC——填充的焦炭消耗量，t/t；

BA——烘焙的阳极产量，t；

S_{pc}——填充的焦炭中的硫含量，%；

Ash_{pc}——填充的焦炭中的灰尘含量，%。

$$E_{CO_2}=\left(PC\times MP-\frac{CSM\times MP}{1000}-\frac{BC}{100}\times PC\times MP\times\frac{S_p+Ash_p+H_p}{100}-\frac{100-BC}{100}\times PC\times MP\times\frac{S_c+Ash_c}{100}-MP\times CD\right)\times\frac{44}{12} \tag{4-67}$$

式中，E_{CO_2}——源自胶消耗的 CO_2 排放量，t；

PC——胶消耗量，t/t；

MP——金属生产总量，t；

CSM——环已胺可溶物质的排放量，t；

BC——胶中的黏合料含量，%；

S_p——沥青中的硫含量，%；

Ash_p——沥青中的灰尘含量，%；

H_p——沥青中的氢含量，%；

S_c——煅烧焦炭中的硫含量，%；

Ash_c——煅烧焦炭中的灰尘含量，%；

CD——阳极废渣中的碳，t/t。

(2)PFCs

方法一：排放因子法。计算方法见式(4-68)和式(4-69)。

$$E_{CF_4}=\sum_i EF_{CF_4,\,i}\times MP_i \tag{4-68}$$

$$E_{C_2F_6}=\sum_i EF_{C_2F_6,\,i}\times MP_i \tag{4-69}$$

式中，E_{CF_4}——源自铝生产的 CF_4 排放量，kg；

$E_{C_2F_6}$——源自铝生产的 C_2F_6 排放量，kg；

$EF_{CF_4,\,i}$——CF_4 槽类型 i 的缺省排放因子，kg/t；

$EF_{C_2F_6,\,i}$——C_2F_6 槽技术类型 i 的缺省排放因子，kg/t；

MP_i——槽技术类型 i 的金属产量，t。

方法二：基于阳极效能。包括斜率系数法[见式(4-70)和式(4-71)]及过压系数法[见式(4-72)和式(4-73)]。

$$E_{CF_4}=S_{CF_4}\times AEM\times MP \tag{4-70}$$

$$E_{C_2F_6}=E_{CF_4}\times F_{C_2F_6/CF_4} \tag{4-71}$$

式中，E_{CF_4}——源自铝生产的CF_4排放量，kg；

$E_{C_2F_6}$——源自铝生产的C_2F_6排放量，kg；

S_{CF_4}——CF_4的斜率系数；

AEM——每个槽每天的阳极效应持续时间，min；

MP——金属产量，t；

$F_{C_2F_6/CF_4}$——C_2F_6/CF_4的质量比例。

$$E_{CF_4}=OVC\times\frac{AEO}{\frac{CE}{100}}\times MP \tag{4-72}$$

$$E_{C_2F_6}=E_{CF_4}\times F_{C_2F_6/CF_4} \tag{4-73}$$

式中，E_{CF_4}——源自铝生产的CF_4排放量，kg；

$E_{C_2F_6}$——源自铝生产的C_2F_6排放量，kg；

OVC——CF_4的过压系数，kg/t；

AEO——阳极效应过压，mV；

CE——铝生产工艺现有效率，如95%；

MP——金属产量，t；

$F_{C_2F_6/CF_4}$——C_2F_6/CF_4的质量比例。

2. 活动数据

（1）CO_2

CO_2排放数据见表4-34和表4-35。

表4-34　源自阳极或胶消耗方法的特定排放因子　　单位：t/t

技术类型	排放因子
预焙	1.6
Söderberg	1.7

表4-35　源自预焙槽的活动数据来源与排放因子

类别	参数	数据来源
源自预焙槽排放	MP：金属生产总量，t	个别设施记录
	NAC：每吨铝的净预熔阳极消耗量，t	个别设施记录
	S_a：烘焙阳极中的硫含量	使用工业典型值：2
	Ash_a：烘焙阳极中的灰尘含量	使用工业典型值：0.4

表4-35(续)

类别	参数	数据来源
源自沥青挥发性物质燃烧排放	*GA*：生阳极的最初总量，t	个别设施记录
	H_w：生阳极中的氢含量，t	使用工业典型值：0.005×GA
	BA：烘焙的阳极产量，t	个别设施记录
	WT：收集的废焦油，t (a)里德哈默炉；(b)其他所有炉子	使用工业典型值： (a)0.005·GA； (b)不重要
源自烘焙炉填料排放	*PCC*：填充的焦炭消耗量，t/t	使用工业典型值：0.015
	BA：烘焙的阳极产量，t	个别设施记录
	S_{pc}：填充的焦炭中的硫含量	使用工业典型值：2
	Ash_{pc}：填充的焦炭中的灰尘含量	使用工业典型值：2.5

(2)PFC

PFC排放所需数据包括每槽每天的准确阳极效应持续时间，或所有槽类型的准确过压(AEO)。其中，年度统计资料应基于每月阳极效应数据的产量加权平均值。

3. 排放因子

(1)CO_2

基于不同技术类型的缺省排放因子见表4-34，基于质量平衡法的排放因子见表4-35和表4-36。

表4-36 源自Söderberg槽的活动数据来源与排放因子

参数	数据来源
MP：金属生产总量，t	个别设施记录
PC：胶消耗量，t/t	个别设施记录

表4-36(续)

参数	数据来源
CSM：环己胺可溶物质的排放量，t/t	使用工业典型值：HSS-4.0；VSS-0.5
BC：胶中的黏合料含量	使用工业典型值：干胶—24；湿胶—27
S_p：沥青中的硫含量	使用工业典型值：0.6
Ash_p：沥青中的灰尘含量	使用工业典型值：0.2
H_p：沥青中的氢含量	使用工业典型值：3.3
S_c：煅烧焦炭中的硫含量	使用工业典型值：1.9
Ash_c：煅烧焦炭中的灰尘含量	使用工业典型值：0.2
CD：阳极废渣中的碳，t/t	使用工业典型值：0.01

(2)PFC

按照槽技术类型划分的缺省排放因子见表4-37，基于阳极效能和PFC排放之间的特定技术排放因子见表4-38。

表4-37　不同技术类型PFC缺省排放因子　　单位：kg/t

技术*	CF_4	C_2F_6
CWPB	0.4	0.04
SWPB	1.6	0.4
VSS	0.8	0.04
HSS	0.4	0.03

注：*四种技术类型分别为中间下料预焙(CWPB)、侧插下料预焙(SWPB)、垂直接线柱Söderberg(VSS)和水平接线柱Söderberg(HSS)。

表4-38　特定技术类型PFC排放因子

技术	斜率系数	过压系数	质量比例 C_2F_6/CF_4
CWPB	0.143	1.16	0.121
SWPB	0.272	3.65	0.252

表4-38(续)

技术	斜率系数	过压系数	质量比例 C_2F_6/CF_4
VSS	0.092	—	0.053
HSS	0.099	—	0.085

五、电子工业

先进电子生产过程中将氟化合物(FC)用于等离子腐蚀复杂模式、清洁反应室和温度控制，排放部门包括半导体、薄膜晶体管平板显示器(TFT-FPD)和光电流(PV)生产，排放的温室气体包括 CF_4，C_2F_6，C_3F_8，C_4F_6，CH_2F_2，SF_6 等。

(一)半导体、液晶显示器和光电流的腐蚀及化学气相沉积(CVD)清洁

1. 计算方法

(1)缺省值法

缺省值法的计算方法见式(4-74)：

$$E_i = EF_i \times C_u \times C_d \times [C_{PV} \times \delta + (1-\delta)] \tag{4-74}$$

式中，E_i——FC 气体 i 的排放量，kg；

EF_i——气体 i 的 FC 排放因子，表示产品类别每平方米基质表面积的年排放量，kg/m^2；

C_u——企业年生产能力使用比例；

C_d——年生产设计能力，Gm^2；

C_{PV}——使用 FC 的 PV 生产的比例；

δ——当式(4-74)应用到 PV 工业时为 1，当式(4-74)应用到半导体或 TFT-FPD 工业时为 0，无量纲。

(2)特定过程参数法

特定数据可获取时，可以采用此方法。总排放量等于生产过程中所用气体 i 产生的排放量加上气体 i 使用中产生的副产品 CF_4，C_2F_6，CHF_3，C_3F_8的排放量。

方法一：基于气体参数。计算方法见式(4-75)至式(4-79)。

$$E_i=(1-h)\times FC_i\times(1-U_i)\times(1-a_i\times d_i) \quad (4-75)$$

式中，E_i——气体 i 的排放量，kg；

h——使用后运输集装箱剩余的气体比例（底部）；

FC_i——气体 i（如 CF_4，C_2F_6，CHF_3，C_3F_8等）的使用量，kg；

U_i——气体 i 的使用率（过程中去除或转换的比例）；

a_i——在采用排放控制技术（特定公司或工厂）的过程中使用的气体 i 的比例；

d_i——排放控制技术去除的气体 i 的比例。

$$BPE_{CF_4,i}=(1-h)\times B_{CF_4,i}\times FC_i\times(1-a_i\times d_{CF_4}) \quad (4-76)$$

式中，$BPE_{CF_4,i}$——源自所用气体 i 的 CF_4副产品排放量，kg；

$B_{CF_4,i}$——排放因子，kg/kg；

d_{CF_4}——排放控制技术去除的副产品 CF_4的比例。

$$BPE_{C_2F_6,i}=(1-h)\times B_{C_2F_6,i}\times FC_i\times(1-a_i\times d_{C_2F_6}) \quad (4-77)$$

式中，$BPE_{C_2F_6,i}$——源自所用气体 i 的 C_2F_6副产品排放量，kg；

$B_{C_2F_6,i}$——排放因子，kg/kg；

$d_{C_2F_6}$——排放控制技术去除的副产品 C_2F_6的比例。

$$BPE_{CHF_3,i}=(1-h)\times B_{CHF_3,i}\times FC_i\times(1-a_i\times d_{CHF_3}) \quad (4-78)$$

式中，$BPE_{CHF_3,i}$——源自所用气体 i 的 CHF_3 副产品排放量，kg；

$B_{CHF_3,i}$——排放因子，kg/kg；

d_{CHF_3}——排放控制技术去除的副产品 CHF_3 的比例。

$$BPE_{C_3F_8,i}=(1-h)\times B_{C_3F_8,i}\times FC_i\times(1-a_i\times d_{C_3F_8}) \quad (4-79)$$

式中，$BPE_{C_3F_8,i}$——源自所用气体 i 的 C_3F_8副产品排放量，kg；

$B_{C_3F_8,i}$——排放因子，kg/kg；

$d_{C_3F_8}$——排放控制技术去除的副产品 C_3F_8的比例。

方法二：基于类型参数。计算方法见式（4-80）至式（4-81）。

$$E_i=(1-h)\times\sum_p FC_{i,p}\times(1-U_{i,p})\times(1-a_{i,p}\times d_{i,p}) \quad (4-80)$$

式中，E_i——气体 i 的排放量，kg；

p——过程类型（腐蚀与 CVD 腔室清洁）；

$FC_{i,p}$——输入过程类型 p 中气体 i（如 CF_4，C_2F_6，CHF_3，C_3F_8等）的质量，kg；

h——使用后运输集装箱剩余的气体比例（底部）；

$U_{i,p}$——每种气体 i 和过程类型 p 的使用率（去除或转换的比例）；

$a_{i,p}$——输入配备排放控制技术(特定公司或特定工厂)的过程类型 p 中气体量 i 的比例;

$d_{i,p}$——过程类型 p 所用排放控制技术去除的气体 i 的比例(若在过程类型 p 中使用多个排放控制技术,则计算平均值)。

$$BPE_{CF_4,i} = (1-h) \times \sum_p B_{CF_4,i,p} \times FC_{i,p} \times (1-a_{i,p} \times d_{CF_4,p}) \qquad (4\text{-}81)$$

式中,$BPE_{CF_4,i}$——由使用的气体 i 转换而来的 CF_4 的副产品排放量,kg;

$B_{CF_4,i,p}$——由过程类型 p 中的气体 i 转换而来的 CF_4 副产品排放的排放因子,kg/kg;

$d_{CF_4,p}$——过程类型 p 中所用排放控制技术去除的 CF_4 副产品的比例。

C_2F_6,CHF_3,C_3F_8 的副产品排放计算方法参考式(4-81)。

2. *活动数据*

电子工业的活动数据包含气体销售和使用的数据,以及处理的电子基质年数量的数据(如半导体处理的硅)。对于国家层面排放量,如果企业层级数据不可获取,那么可从国际半导体与材料协会(SEMI)数据库获取区域数据。

此外,对于半导体生产,其产能使用率可取80%;对于TFT-FPD生产,可以使用80%来估算基质玻璃消耗量;对于PV制造,Cu的推荐缺省值为86%。如果在PV制造期间估算排放,那么 C_{PV} 的推荐缺省值为0.5。

3. *排放因子*

电子生产中FC排放特定气体缺省排放因子见表4-39,半导体生产中FC排放缺省排放因子见表4-40。

表4-39 电子生产中FC排放特定气体缺省排放因子

电子工业部门	排放因子(*EF*)(处理的每单位基质面积的质量)						
	CF_4	C_2F_6	CHF_3	C_3F_8	NF_3	SF_6	C_6F_{14}
半导体(单位:kg/m²)	0.90	1.00	0.04	0.05	0.04	0.20	—
TFT-FPD(单位:kg/m²)	0.50	—	—	—	0.90	4.00	—
PV电池(单位:kg/m²)	5.00	0.20	—	—	—	—	—
热传导液(单位:kg/m²)	—	—	—	—	—	—	0.30

表 4-40 半导体生产中 FC 排放缺省排放因子

类别	过程气体(i)	含 TARGWP 的温室气体									不含 TARGWP 的温室气体			产生 FC 副产品的非温室气体	
		CF_4	C_2F_6	CHF_3	CH_2F_2	C_3F_8	$c-C_4F_8O$	NF_3 远程	NF_3	SF_6	C_4F_6	C_5F_8	C_4F_8O	F_2	COF_2
半导体生产	方法一														
	$1-U_i$	0.90	0.60	0.40	0.10	0.40	0.10	0.02	0.20	0.20	0.10	0.10	0.10	—	—
	BCF_4F_0	—	0.20	0.07	0.08	0.10	0.10	0.02	0.09	—	0.30	0.10	0.10	0.02	0.02
	BC_2F_6	—	—	—	—	—	0.10	—	—	—	0.20	0.04	—	—	—
	BC_3F_8	—	—	—	—	—	—	—	—	—	—	—	0.04	—	—
	方法二														
	腐蚀 $1-U_i$	0.70	0.40	0.40	0.06	—	0.20	—	0.20	0.20	0.10	0.20	—	—	—
	气相化学溶积 $1-U_i$	0.90	0.60	—	—	0.40	0.10	0.02	0.20	—	—	0.10	0.10	—	—
	腐蚀 BCF_4	—	0.40	0.07	0.08	—	0.20	—	—	—	0.30	0.20	—	—	—
	腐蚀 BC_2F_6	—	—	—	—	—	0.20	—	—	—	0.20	0.20	—	—	—
	气相化学沉积 BCF_4	—	0.10	—	—	0.10	0.10	0.02	0.10	—	—	0.10	0.10	0.02	0.02
	气相化学沉积 BC_2F_6	—	—	—	—	—	—	—	—	—	—	—	—	—	—
	气相化学溶积 BC_3F_8	—	—	—	—	—	—	—	—	—	—	—	0.04	—	—

表 4-40（续）

类别	过程气体（i）	含 TARGWP 的温室气体									不含 TARGWP 的温室气体			产生 FC 副产品的非温室气体	
		CF_4	C_2F_6	CHF_3	CH_2F_2	C_3F_8	c-C_4F_8O	NF_3 远程	NF_3	SF_6	C_4F_6	C_5F_8	C_4F_8O	F_2	COF_2
	方法一														
	1-U_i	0.60	—	0.20	—	—	0.10	0.03	0.30	0.60	—	—	—	—	—
	BCF_4	—	—	0.07	—	—	0.01	—	—	—	—	—	—	—	—
	$BCHF_3$	—	—	—	—	—	0.02	—	—	—	—	—	—	—	—
	BC_2F6	—	—	0.05	—	—	—	—	—	—	—	—	—	—	—
	BC_3F_8	—	—	—	—	—	—	—	—	—	—	—	—	—	—
	方法二														
LCD 生产	腐蚀 1-U_i	0.60	—	0.20	—	—	0.10	—	—	0.30	—	—	—	—	—
	CVD1-U_i	—	—	—	—	—	—	0.03	0.30	0.90	—	—	—	—	—
	腐蚀 BCF_4	—	—	0.07	—	—	0.01	—	—	—	—	—	—	—	—
	腐蚀 BCHF	—	—	—	—	—	0.02	—	—	—	—	—	—	—	—
	腐蚀 BC_2F_6	—	—	0.05	—	—	—	—	—	—	—	—	—	—	—
	CVDBCF	—	—	—	—	—	—	—	—	—	—	—	—	—	—
	CVDBCF	—	—	—	—	—	—	—	—	—	—	—	—	—	—
	$CVDBC_3F$	—	—	—	—	—	—	—	—	—	—	—	—	—	—

PV 生产	方法一														
	1-UF_0	0. 70	0. 60	0. 40	—	0. 40	0. 20	—	0. 20	0. 40	—	—	—	—	—
	BCF_4	—	0. 20	—	—	0. 20	0. 10	—	0. 05	—	—	—	—	—	—
	BC_2F_6	—	—	—	—	—	0. 10	—	—	—	—	—	—	—	—
	BC_3F_8	—	—	—	—	—	—	—	—	—	—	—	—	—	—
	方法二														
	腐蚀 1-UF_0	0. 70	0. 40	0. 40	—	—	0. 20	—	—	0. 40	—	—	—	—	—
	CVD1-UF_0	—	0. 60	—	—	0. 10	0. 10	—	0. 30	0. 40	—	—	—	—	—
	腐蚀 BCF_4	—	0. 20	—	—	—	0. 10	—	—	—	—	—	—	—	—
	腐蚀 BC_2F_6	—	—	—	—	—	0. 10	—	—	—	—	—	—	—	—
	$CVDBCF_4$	—	0. 20	—	—	0. 20	0. 10	—	—	—	—	—	—	—	—
	$CVDBC_2F_6$	—	—	—	—	—	—	—	—	—	—	—	—	—	—
	$CVDBC_3F_8$	—	—	—	—	—	—	—	—	—	—	—	—	—	—

（二）热传导液

1. 计算方法

方法一：有关热传导液的特定公司数据不可获得时采用此方法，见式(4-82)。

$$FC_{\text{liquid, total}}=EF_1\times C_u\times C_d \tag{4-82}$$

式中，$FC_{\text{liquid, total}}$——FC 排放总量(表示为 C_6F_{14} 质量)，Mt；

EF_1——排放因子，期间消耗每平方吉米硅的 FC 排放总量，表示为 C_6F_{14} 质量(见表 4-39)，Mt/Gm^2；

C_u——期间国内所有半导体生产设施的平均产能使用率；

C_d——国内半导体生产设施的设计能力，Gm^2。

方法二：可计算每种 FC 液体的实际排放量，见式(4-83)。

$$FC_i=\rho_i\times(I_{i,t-1}+P_{i,t}-N_{i,t}+R_{i,t}-I_{i,t}-D_{i,t}) \tag{4-83}$$

式中，FC_i——FC_i 的排放量，kg；

ρ_i——液态 FC_i 的密度，kg/L；

$I_{i,t-1}$——上一个周期结束时液态 FC_i 的清单，L；

$P_{i,t}$——期间液态 FC_i 的净购量(净购量和任何回收量)，L；

$N_{i,t}$——新设施的填加总量(或铭牌容量)，L；

$R_{i,t}$——退役或售出设备的填加总量(或铭牌容量)，L；

$I_{i,t}$——周期结束时液态 FC_i 的清单，L；

$D_{i,t}$——期间退役设备中离场回收和发送的 FC_i 量，L。

2. 活动数据

同“(一)半导体、液晶显示器和光电流的腐蚀及化学气相沉积(CVD)清洁”的活动数据部分。

3. 排放因子

不涉及。

六、其他工业产品

（一）润滑剂与石蜡

本节所述排放是指化石燃料作为能源燃料、原料或还原剂之外的，首次作为初级产品使用过程产生的排放。主要产品包括润滑剂、固体石蜡。其中，与

“首次使用”相对的是“下一步使用或产品的处理”，只有首次使用过程排放纳入工业过程和产品使用，包括焚烧在内的处理环节应报告在废弃物部门或能源回收部门。

1. 计算方法

源自非能源产品使用的CO_2排放的计算方法基本一致，见式(4-84)。

$$E_{CO_2} = \sum_i NEU_i \times CC_i \times ODU_i \times \frac{44}{12} \tag{4-84}$$

式中，E_{CO_2}——源自非能源产品使用的CO_2排放量，t；

NEU_i——燃料i的非能源使用，TJ；

CC_i——燃料i的具体碳含量，t/TJ；

ODU_i——燃料i的氧化(ODU)因子。

2. 活动数据

国家所用非能源产品的基本数据可以从生产、进口和出口数据中获得，国家能源统计资料可分为能源、非能源使用数据。

其中，本节活动数据用能源单位(TJ)表示，需要将消耗量数据的物理单元(如单位为t)转换成常用能源单元，非能源产品的缺省净热值见附录中表F-4。

3. 排放因子

非能源产品的碳含量缺省值见附录中表F-9。

其中，润滑油、油脂和润滑剂的缺省氧化比例见表4-41。石蜡缺省值取20.0 kg/GJ，ODU因子取0.2。

表4-41 润滑油、油脂和润滑剂的缺省氧化比例

润滑剂/使用类型	总润滑剂中的缺省比例	ODU因子
润滑油(机油/工业油)	90%	0.2
油脂	10%	0.5
IPCC润滑剂总缺省值	—	0.2

(二)臭氧损耗物质氟化替代物

按照《关于消耗臭氧层物质的蒙特利尔议定书》中的要求，HFC和PFC正在逐步替代消耗臭氧层物质(ODS)，由此产生的温室气体排放主要来自以下几方面：制冷和空调、灭火和防爆、气溶胶、清洁溶剂及发泡剂等。HFC和PFC排放源及物质种类见表4-42。

表 4-42　HFC 和 PFC 排放源及物质种类

化学物质	制冷和空调	灭火和防爆	气溶胶		清洁溶剂	发泡剂	其他应用
			助剂	溶剂			
HFC-23	√	√					
HFC-32	√						
HFC-125	√	√					
HFC-134a	√	√	√			√	√
HFC-143a	√						
HFC-152a	√		√			√	
HFC-227ea	√	√	√			√	√
HFC-236fa	√	√					
HFC-245fa				√		√	
HFC-365mfc				√	√	√	
HFC-43-10mee				√	√		
PFC-14（CF_4）		√					
PFC-116（C_2F_6）							√
PFC-218（C_3F_8）							
PFC-31-10（C_4F_{10}）		√					
PFC-51-14[4]（C_6F_{14}）					√		

1. 计算方法

ODS 替代物的排放计算基于不同种类化学物质数据获取程度，可分为低级分类和高级分类两种方法（不包括监控和测量法）。本节主要介绍运用更为广泛、分类层级较低且数据不太密集的低级分类法。其中，低级分类法又分为排放因子法和质量平衡法。

方法一：排放因子法。该方法基于产量、进出口量等应用级的基本活动数据，而非设备或产品类型（子应用）级的数据，计算方法见式（4-85）和式（4-86）。

$$E_{排放量}=净消耗量\times组合排放因子_{FY}+库存化学物质总量\times组合排放因子_{B} \quad (4-85)$$

$$净消耗量=产量+进口量-去除量 \quad (4-86)$$

式中，　净消耗量——应用的净消耗量；

组合排放因子$_{FY}$——第一年应用的组合排放因子；

库存化学物质总量——应用中化学物质的库存；

组合排放因子$_{B}$——库存应用的组合排放因子（如可获取各台设备或产品类型排放因子，应采用加权平均值，权重为消耗量）。

如果出现库存或库存数据缺失，则式（4-85）可简化，即去除库存化学物质对应排放量。

方法二：质量平衡法。该方法基于不同种类化学物质量的消耗，包括组装、运行和处理等环节，计算方法见式（4-87）。

$$E_{排放量}=化学物质年销售量-(新设备的充填总量-退役设备的原始充填总量) \quad (4-87)$$

2. 活动数据

化学物质销售数据通常是按照每个物质进行分类的，而市场数据往往按照子应用级的设备或产品销售的形式出现，此数据通常需要配合采用特定技术来估算市场份额。

对于ODS替代物，活动数据包括应用、子应用或更详细的设备/产品类型中某个国家每年消耗的每种化学物质的净数量。如果化学物质库存出现，还必须了解有关历史上每年净消耗的信息，可以从引进化学物质的年份算起，也可以采用该应用或子应用内的产品或设备的整个平均寿命。

3. 排放因子

一般情况下，排放因子可以是两种不同的类型：一种是在产品或设备生命周期（特定国家）的各个阶段，取自国家级产品或设备实际测量的排放因子；另一种是从更广的区域或全球子应用经验中推断出的排放因子。

第三节　农业、林业和其他土地利用

本节主要介绍了《2006 IPCC国家温室气体清单指南》中农业、林业和其他土地利用（AFOLU）部门清单的基本核算方法，同时融入了《土地利用、土地利用变化和林业优良做法指南》(GPG-LULUCF)和《2006 年 IPCC 国家温室气体清单指南·2013 年：湿地》的要求与最新方法。

一、概述

如图 4-3 所示，土地利用和管理会影响多种生态系统过程，进而对温室气体流量产生影响，如光合作用、呼吸作用、分解作用、硝化/反硝化作用、肠道发酵和燃烧等。这些碳和氮转换的过程由微生物过程(微生物、植物和动物的活动)和物理过程(燃烧、淋溶和径流)引起。清单中报告的温室气体包括 CO_2、N_2O 和 CH_4。

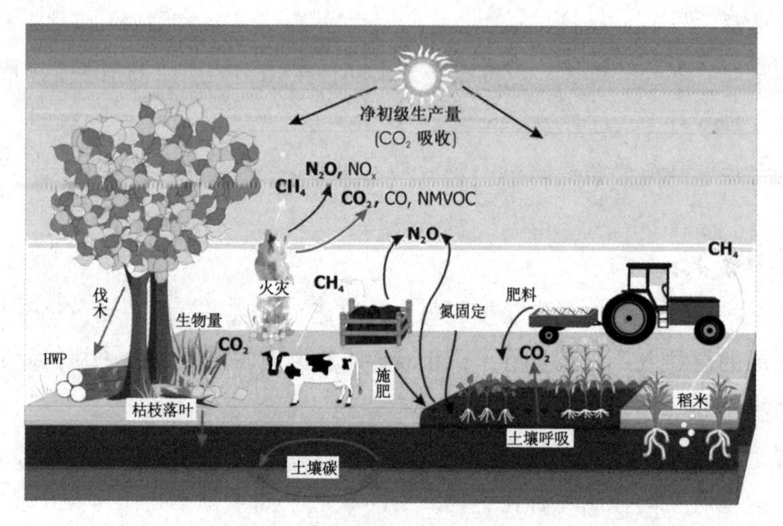

图 4-3 管理生态系统中的主要温室气体排放源/清除的过程

农业、林业和其他土地利用部门温室气体变化的计算原理主要有两种：一种是基于碳库变化，另一种是基于大气层气体浓度变化。对于第一种方法，可以理解为碳库总量随时间的增加量等于大气中 CO_2 的净清除量，而总碳库的减少量(很少转变为其他形式的池，如采伐的木材产品)等于 CO_2 的净排放量。

在不同土地利用方面，温室气体变化取决于来自碳库的变化和非 CO_2 温室气体的排放。其中，碳库变化是基于三种碳汇的总计，分别是生物量、死有机物质(DOM)和土壤，又可细分为地上部生物量、地下部生物量、死木、枯枝落叶及土壤有机质，见表 4-43。

表 4-43　不同土地利用类别的碳汇与定义

池		说明
生物量	地上部生物量	土壤以上的所有草本活体植物和木本活体植物生物量，包括茎、树桩、枝、树皮、籽实和叶
	地下部生物量	活根的全部生物量。直径不足（建议 2 mm）的细根有时不计算在内，因为往往不能凭经验将它们与土壤有机质或枯枝落叶相区分
死有机物质	死木	包括不含在枯枝落叶中的所有非活性的木材生物量，无论是直立的、横躺在地面上的，还是在土壤中的。死木包括横躺在地表的木材、死根和直径大于或等于 10 cm（或者国内特定的直径）的树桩
	枯枝落叶	包括直径大于对土壤有机质的限定（建议 2 mm）而小于国家选定的最小直径（如 10 mm）、躺在矿质土或有机质土上或已经死亡的、腐朽状况各不相同的所有非活生物量。包括通常定义在土壤类型中的枯枝落叶层。在凭经验不能加以区分时，矿质土或有机土上的活细根（小于建议的地下部生物量直径限度）包括在枯枝落叶中
土壤	土壤有机质	包括达到国家选择的规定深度的矿质土中的有机碳，并在时间序列中统一使用。在凭经验不能加以区分时，土壤中的活细根、死细根和死有机物质，小于针对根和死有机物质的最小直径限度（建议 2 mm）包括在土壤有机质中

AFOLU 清单由畜禽、土地及土地累计源和非 CO_2 排放源三部分构成。其中，土地根据面积、气候等条件划分为林地、农田、草地、湿地、聚居地、其他土地六种类别。农业、林业和其他土地利用部门报告内容及结构见图 4-4。

本节所述方法涉及大量排放因子，由于篇幅所限，不在本书中逐一介绍，有相关需求者可自行查阅《2006 年 IPCC 国家温室气体清单指南》或相关国家、组织公布的最新数据。

二、土地

本节主要介绍适用于多个土地利用类别生物量、死有机物质和土壤的碳库变化（及相关的 CO_2 排放量和清除量），以及火烧引起的非 CO_2 温室气体排放计算的基本方法。

（一）概述

农业、林业和其他土地利用部门的年度碳库变化等于所有土地利用类别的

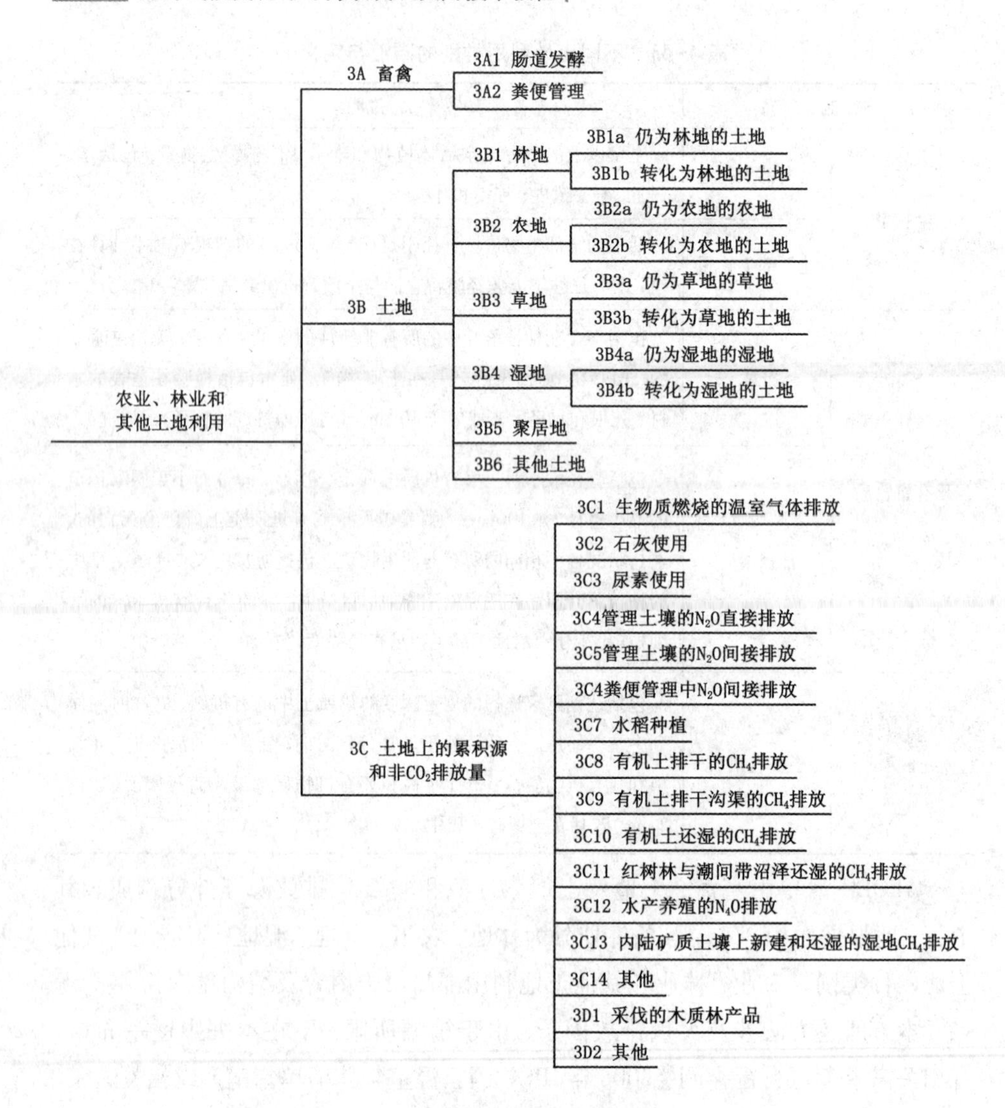

图 4-4　农业、林业和其他土地利用部门报告内容及结构

变化总和，见式(4-68)。

$$\Delta C_{\mathrm{AFOLU}}=\Delta C_{\mathrm{FL}}+\Delta C_{\mathrm{CL}}+\Delta C_{\mathrm{GL}}+\Delta C_{\mathrm{WL}}+\Delta C_{\mathrm{SL}}+\Delta C_{\mathrm{OL}} \tag{4-88}$$

式中，AFOLU，FL，CL，GL，WL，SL，OL——农林和其他土地利用、林地、农田、草地、湿地、聚居地、其他土地；

ΔC——碳库变化。

对于每种土地利用类别，需要计算这个土地利用类别中所选的土地面积内所有碳层（又译“碳池”）或亚类的碳库变化，见式(4-70)。

$$\Delta C_{LU} = \sum_{i} \Delta C_{LUi} \tag{4-89}$$

式中，ΔC_{LU}——式(4-88)中的某一种土地利用(LU)类别的碳库变化；

i——土地利用类别内一种特定的碳层或亚类。

某种土地利用类别中一个碳层的变化ΔC_{LU_i}等于地上部生物量(AB)、地下部生物量(BB)、死木(DW)、枯枝落叶(LI)、土壤(SO)及采伐的木材产品(HWP)之和，如式(4-90)所示。

$$\Delta C_{LUi} = \Delta C_{AB} + \Delta C_{BB} + \Delta C_{DW} + \Delta C_{LI} + \Delta C_{SO} + \Delta C_{HWP} \tag{4-90}$$

上述碳库变化的计算包括增长、内部转移和排放，均以碳为单位。其中，增加通常标记为正号(+)，损失通常标记为负号(-)，任意池的年碳库变化见式(4-91)。

$$\Delta C = \Delta C_{G} - \Delta C_{L} \tag{4-91}$$

式中，ΔC——碳层的年度碳库变化，t/a；

ΔC_{G}——碳的年增加，t/a；

ΔC_{L}——碳的年损失，t/a。

非CO_2排放包括土壤、畜禽(包括粪便)及生物量、死木和枯枝落叶燃烧产生的排放。与生物量碳库变化不同，非CO_2温室气体排放计算的重要参数是源直接排入大气的排放速率，因此，常用的计算方法为排放因子法，见式(4-92)。

$$E_{mission} = A \times EF \tag{4-92}$$

式中，$E_{mission}$——非CO_2排放量，t；

A——与排放源相关的活动数据，如面积、动物数量或质量单位；

EF——特定气体和源类别的排放因子。

(二)生物量

植物生物量是构成许多生态系统的一种重要碳库。其中，一年生和多年生植物的地上部分和地下部分均含生物量。根据式(4-91)可知，生物量的年度碳库变化等于增加量减去损失量。

1. 增加量

其中，增加量(ΔC_{G})取决于各碳层面积和年平均生物增长量，具体见式(4-93)。

$$\Delta C_{G} = \sum_{i,j} A_{i,j} \times G_{总和i,j} \times CF_{i,j} \tag{4-93}$$

式中，ΔC_G——保持相同土地利用类别（按照植被类型和气候带分类）的土地中，由生物量生长引起的生物量碳库年增加量，t/a；

A——保持相同土地利用类别的土地面积，ha；

$G_{总和}$——年平均增长生物量，t/ha；

i——生态带；

j——气候域；

CF——干物质的碳比例。

其中，$G_{总和}$是从地上部生物量（G_W）扩展到包含地下部生物量增长的生物量增长总量，计算方法见式（4-94）。

$$G_{总和}=I_V \times BCEF_I \times (1+R) \tag{4-94}$$

式中，$G_{总和}$——地上部和地下部年均生物量增长量，t/ha；

I_V——一种特定植被类型的年均净增量，m^3/ha；

$BCEF_I$——将一种特定植被类型的材积（包括树皮）年度净增量转换成地上部生物量增长的生物量换算和扩展系数，t/m^3；

R——一种特定植被类型的地下部生物量与地上部生物量的比例，如果地下部生物量分配方式没有变化，R 必须设为 0。

如果 $BCEF_I$ 值不可获取，可通过生物量扩展系数（BEF）和基本木材密度（D）进行计算，见式（4-95）。

$$BCEF_I=BEF_I \times D \tag{4-95}$$

此外，如 I_V和 $BCEF_I$不可获取，也可以采用特定木本植被类型的年均地上部生物量增长量（G_w）替代二者乘积。

2. 损失量

损失量（ΔC_L）来自木材清除（采伐）、燃木及扰乱（如火烧、暴风雨和病虫害）引起的其他损失之和，见式（4-96）。

$$\Delta C_L=L_{木材清除}+L_{燃木}+L_{扰乱} \tag{4-96}$$

其中，木材清除引起的生物量和碳损失见式（4-97）。

$$L_{木材清除}=H \times BCEF_R \times (1+R) \times CF \tag{4-97}$$

式中，$L_{木材清除}$——由于木材清除引起的年度碳损失，t/a；

H——年度木材清除量，m^3/a；

$BCEF_R$——将木材材积的清除换算为总生物量清除（包括树皮）的生物量转换和扩展系数，t/m^3；

R——地下部生物量与地上部生物量的比例，如果假设地下部生物量分配方式没有变化，R 必须设为 0；

CF——干物质的碳比例。

如果 $BCEF_R$ 值可获取，可参照式(4-95)进行计算。

燃木清除引起的生物量和碳损失见式(4-98)。

$$L_{燃木}=[FG_{树}\times BCEF_R\times(1+R)+FG_{部分}\times D]\times CF \tag{4-98}$$

式中，$L_{燃木}$——由燃木清除引起的年度碳损失，t/a；

$FG_{树}$——整棵树燃木的年清除量，m^3/a；

$FG_{部分}$——部分树燃木的年清除量，m^3/a；

D——基本木密度，t/m^3。

扰乱引起的生物量和碳损失见式(4-99)。

$$L_{扰乱}=A_{扰乱}\times B_W\times(1+R)\times CF\times fd \tag{4-99}$$

式中，$L_{扰乱}$——由扰乱引起的年度碳损失，t/a；

$A_{扰乱}$——受扰乱影响地区的面积，ha/a；

B_W——受扰乱影响土地地区的平均地上部生物量，t/ha；

fd——扰乱中生物量损失的比例（林分替换扰乱会清除所有生物量，则 $fd=1$；虫害扰乱可能仅清除部分平均生物量碳密度，则 $fd=0.3$）。

（三）死有机物质

如表 4-43 所示，死有机物质包含死木和枯枝落叶，因此，死有机物质的年度碳库变化等于二者碳库变化之和，单位为 t/a，计算方法见式(4-100)。

$$\Delta C_{DOM}=\Delta C_{死木}+\Delta C_{枯枝落叶} \tag{4-100}$$

其中，一个地区中的死木和枯枝落叶池的碳库变化可采用“增加-损失法”计算，具体方法见式(4-101)。

$$\Delta C_{DOM,i}=A\times(DOM_{进}-DOM_{出})\times CF \tag{4-101}$$

式中，$\Delta C_{DOM,i}$——死木和枯枝落叶池中的年度碳库变化，t；

A——管理土地的面积，ha；

$DOM_{进}$——由于每年的过程和扰乱引起的转移到死木和枯枝落叶池的年均生物量，t/ha；

$DOM_{出}$——死木和枯枝落叶池的年均衰减量和扰乱碳损失量，t/ha；

CF——干物质的碳比例。

其中，DOM 的计算方法见式(4-102)。

$$DOM = L_{死亡} + L_{残余物} + L_{扰乱} \times f_{BLol} \quad (4-102)$$

式中，DOM——转移到死有机物质中的生物量碳总量，t/a；

$L_{死亡}$——由于死亡引起的转移到死有机物质中的年度生物量碳量，t/a；

$L_{残余物}$——以残余物形式转移到死有机物质中的年度生物量碳量，t/a；

$L_{扰乱}$——由扰乱引起的年度生物量碳损失，t/a；

f_{BLol}——生物量中留在地面上衰减的部分(转移到死有机物质中)，这些是扰乱引起的损失。

式(4-102)中，$L_{死亡}$的计算公式为

$$L_{死亡} = \sum A \times G_W \times CF \times m \quad (4-103)$$

式中，A——保持土地利用类别不变的土地的面积，ha；

G_W——地上部生物量生长量，其中，当死亡率数据以木材蓄积量比例表示时，G_W 应该被蓄积量代替；

CF——干物质的碳比例；

m——以地上部生物量生长比例表示的死亡率。

式(4-102)中，$L_{残余物}$的计算公式为

$$L_{残余物} = [H \times BCEF_R \times (1+R) - H \times D] \times CF \quad (4-104)$$

式中，H——年度木材采伐(木材或燃木清除)，m^3/a：

$BCEF_R$——适用于木材清除的生物量换算和扩展系数，t/m^3；

R——地下部生物量与地上部生物量的比例，如果不包括根部生物量增量，必须设定 $R=0$；

CF——干物质的碳比例。

(四)土壤

土壤中包括有机碳和无机碳，因为土地利用和管理一般对有机碳库产生重大影响，所以 AFOLU 清单中的土壤碳库是指有机碳。

从土壤类型看，土地利用和管理对土壤有机碳的影响在矿质土壤和有机土壤上表现出明显的不同。其中，矿质土壤主要表现为产生碳汇，而排水和相关管理活动引起的微生物分解作用会导致有机土壤中的 CO_2 排放。因此，土壤中的年度碳库变化取决于矿质土壤中的年度有机碳库变化、排水有机土壤中的年

度碳损失及土壤中的年度无机碳库变化，计算方法见式(4-105)。

$$\Delta C_{土壤}=\Delta C_{矿质}-L_{有机}+\Delta C_{无机} \tag{4-105}$$

式中，$\Delta C_{土壤}$——土壤中的年度碳库变化，t/a；

$\Delta C_{矿质}$——矿质土壤中的年度有机碳库变化，t/a；

$L_{有机}$——排水有机土壤中的年度碳损失，t/a；

$\Delta C_{无机}$——土壤中的年度无机碳库变化(除特殊方法要求，该值可默认为0)，t/a。

其中，矿质土壤中的年度有机碳库变化的计算方法见式(4-106)至式(4-107)。

$$\Delta C_{矿质}=\frac{SOC_0-SOC_{0-T}}{D} \tag{4-106}$$

$$SOC=\sum_{c,s,i} SOC_{参考_{c,s,i}} \times F_{\mathrm{LU}_{c,s,i}} \times F_{\mathrm{MG}_{c,s,i}} \times F_{\mathrm{I}_{c,s,i}} \times A_{c,s,i} \tag{4-107}$$

式中，SOC_0——清查时期最后一年的土壤有机碳库，t；

SOC_{0-T}——清查初期的土壤有机碳库，t；

T——一个单独清查时期的年数，a；

D——库变化系数的时间依赖，即平衡的 SOC 值间转移的缺省时间段，a(如果 T 超过 D，使用 T 值获得清查时期的年度变化率，即 $0-T$)；

$SOC_{参考}$——参考碳库，t/ha；

F_{LU}——特定土地利用中土地利用系统或亚系统的库变化因子，无量纲(在森林土壤碳计算中用 F_{ND} 代替 F_{LU})；

F_{MG}——管理制度的库变化因子，无量纲；

F_{I}——有机质投入的库变化因子，无量纲；

A——正在被估算的层次中的土地面积，ha；

c——表示气候带；

s——土壤类型；

i——一国存在的管理体系。

有机土壤中的年度碳排放的计算方法为每种气候类别下排水和管理的有机土壤的面积乘以排放系数，见式(4-108)。

$$L_{有机}=\sum_{c} A_c \times EF_c \tag{4-108}$$

式中，A_c——气候类型为 c 的排水有机土壤面积，ha；

EF_c——气候类型为 c 的土壤的排放因子，t/(ha·a)。

(五)非 CO_2 排放

土地利用变化部分涉及的非 CO_2 排放主要是由火烧引起的，对应的温室气体包括 CO_2、CH_4 和 N_2O，基本计算方法见式(4-109)。

$$L_{火烧} = \frac{A \times M_B \times C_f \times G_{ef}}{10^3} \tag{4-109}$$

式中，$L_{火烧}$——火烧中的温室气体排放量，如 CH_4 和 N_2O 等，t；

A——烧除面积，ha；

M_B——可以燃烧的燃料质量，包括生物量、地上枯枝落叶和死木，t/ha；

C_f——燃烧因子，无量纲；

G_{ef}——排放因子，g/kg。

三、畜禽及其他

(一)畜禽肠道发酵

畜禽生长可导致肠道发酵中产生的 CH_4 排放。一般来说，反刍家畜(如家牛、绵羊)是 CH_4 的主要排放源，而非反刍家畜(如猪、马)产生中等数量的 CH_4。在排放量计算前，首先要合理划分畜禽类别，然后收集每一类牲畜的年饲养量、采食量等信息。

源自畜禽肠道发酵的总排放量等于各类别和亚类的排放量之和，其中，某一畜禽类别的肠道发酵排放量计算方法见式(4-110)。

$$E_{肠道} = EF_T \times \frac{N_T}{10^6} \tag{4-110}$$

式中，$E_{肠道}$——肠道发酵中的 CH_4 排放量，Gg/a；

EF_T——圈养的畜禽种群的排放因子；

N_T——国内畜禽种类/类别 T 的数量[其中，对于奶牛、种猪、蛋鸡等静态动物种群，该值可从统计数据直接获取；但是，对于肉鸡、火鸡等存活不到一年的家禽，则需计算年均数量，见式(4-111)]，头；

T——畜禽的种类/类别。

$$N_{AAP} = D_{alive} \times \frac{N_{APA}}{365} \tag{4-111}$$

式中，N_{AAP}——年均饲养量，头或只；

D_{alive}——某类畜禽的生长期，d；

N_{APA}——每年生产的畜禽数量，头或只。

（二）畜禽粪便

1. CH_4 排放

影响 CH_4 排放的主要因素是生产的粪便量和粪便无氧降解的比例。前者取决于每头畜禽的废物产生率和畜禽的数量，而后者取决于如何进行粪便管理。其中，当粪便以液体形式储存或管理（如在化粪池、池塘、粪池或粪坑中）时，粪便无氧降解，可产生大量的甲烷；当粪便以固体形式处理（如堆积或堆放）或者在牧场和草场堆放时，粪便趋于在更加耗氧的条件下进行降解，产生的 CH_4 较少。

源自粪便管理中的 CH_4 排放量的计算方法见式（4-112）。

$$E_{\text{粪便}CH_4} = \sum_T \frac{EF_T \times N_T}{10^6} \tag{4-112}$$

式中，$E_{\text{粪便}CH_4}$——来自某种限定种群粪便管理中的 CH_4 排放量，Gg/a；

EF_T——来自某种限定畜禽种群的 CH_4 排放因子，千克/（头·年）；

N_T——国内畜禽品种/类别 T 的数量，头；

T——畜禽的品种/类别。

2. N_2O 排放

本部分所述 N_2O 排放是由施入土壤或用作饲料、燃料及建筑目的之前粪肥储存和管理所产生的，包括直接排放和间接排放。

（1）直接排放

N_2O 的直接排放通过粪肥中所含氮素共同的硝化和反硝化作用发生，计算方法见式（4-113）。

$$E_{\text{粪便}} = \sum_S \left(\sum_T N_T \times Nex_T \times MS_{T,S} \right) \times EF_S \times \frac{44}{28} \tag{4-113}$$

式中，$E_{\text{粪便}}$——源自国内粪便管理的 N_2O 直接排放量，kg/a；

N_T——国内畜禽品种/类别 T 的数量，头或只；

Nex_T——国内种类/类别 T 每头/只畜禽的年均 N 排泄量，kg；

$MS_{T,S}$——源自国内粪便管理系统 S 所管理的每一畜禽种类/类别 T 总年 N 排泄的比例，无量纲；

EF_S——源自国内家畜粪便管理系统 S 中的 N_2O 直接排放的排放因子；

S——粪便管理系统；

T——畜禽的品种/类别；

$\frac{44}{28}$——CO_2 与 N_2O 的相对分子质量换算系数。

(2)间接排放

粪便的现场管理可能会引起其他形式的氮损失(如 NH_3 和 NO_x)。其中，挥发性 NH_3 中的氮可能沉积在粪便处理地区下方场地，造成 N_2O 的间接排放，具体计算方法见式(4-114)。

$$E_{粪便_{N_2O}} = N_{挥发} \times EF \times \frac{44}{28} \quad (4-114)$$

式中，$E_{粪便_{N_2O}}$——国内粪便管理系统中 N 挥发引起的 N_2O 间接排放量，kg/a；

$N_{挥发}$——NH_3 和 NO_x 挥发引起的粪肥氮的损失量，kg/a；

EF——土壤和水面大气氮沉积中产生的 N_2O 排放的排放因子，缺省值为 0.01。

其中，粪便管理系统中 NH_3 和 NO_x 形式氮挥发的计算方法见式(4-115)。

$$N_{挥发} = \sum_S \left(\sum_T N_T \times Nex_T \times MS_{T,S} \right) \times \left(\frac{Frac_{gasMS}}{100} \right)_{T,S} \quad (4-115)$$

式中，$N_{挥发}$——NH_3 和 NO_x 挥发引起的粪肥氮的损失量，kg/a；

N_T——国内畜禽品种/类别 T 的数量，头或只；

Nex_T——国内种类/类别 T 每头/只畜禽的年均 N 排泄量，kg；

$MS_{T,S}$——国内粪便管理系统 S 所管理的每一畜禽种类/类别 T 总年 N 排泄的比例，无量纲；

$Frac_{gasMS}$——粪便管理系统 S 中畜禽类别 T 的管理粪肥氮通过 NH_3 和 NO_x 挥发的比例。

(三)其他

1. 管理土壤中的 N_2O 排放

管理土壤指土地上被管理的包括林地在内的所有土壤。管理土壤中的 N_2O

排放包括直接排放和间接排放，主要排放源包括化肥（F_{SN}）、作为肥料施用的有机氮（如堆肥、污水污泥及其他有机添加物等）（F_{ON}）、放牧畜禽排泄的尿液和粪便（F_{PRP}）、作物残余物（地上部和地下部）中的氮（F_{CR}）、与土地利用或矿质土壤管理变化引起的土壤有机质损失所相关的氮矿化（F_{SOM}），以及有机土壤的管理（F_{OS}）。

（1）直接排放

直接排放的计算方法见式（4-116）。

$$E_{N_2O}=(N_2O_{投入}+N_2O_{OS}+N_2O_{PRP})\times\frac{44}{28} \tag{4-116}$$

式中，E_{N_2O}——管理土壤中产生的年度直接排放量，kg；

$N_2O_{投入}$——管理土壤中的氮投入引起的年度直接排放量，kg；

N_2O_{OS}——管理有机土壤中产生的年度直接排放量，kg；

N_2O_{PRP}——尿液和粪便投入土壤中引起的年度直接排放量，kg。

其中：

$$N_2O_{投入}=(F_{SN}+F_{ON}+F_{CR}+F_{SOM})\times EF_1+(F_{SN}+F_{ON}+F_{CR}+F_{SOM})_{FR}\times EF_{1FR}$$

$$N_2O_{OS}=F_{OS,CG,Temp}\times EF_{2CG,Temp}+F_{OS,CG,Trop}\times EF_{2CG,Trop}+F_{OS,F,Temp,NR}\times EF_{2F,Temp,NR}+F_{OS,F,Temp,NR}\times EF_{2F,Temp,NP}+F_{OS,F,Trop}\times EF_{2F,Trop}$$

$$N_2O_{PRP}=F_{PRP,CPP}\times EF_{3PRP,CPP}+F_{PRP,SO}\times EF_{3PRP,SO}$$

式中，F_{SN}——土壤中人造氮肥的年施用量，kg；

F_{ON}——土壤中动物粪肥、堆肥、污水污泥和其他有机添加氮的年添加量，kg；

F_{CR}——作物残余物（地上部和地下部）中的年氮量，包括氮固定作物和从饲草/牧草更新返回土壤中的氮量，kg；

F_{SOM}——矿质土壤中矿化的年氮量，与土地利用或管理变化引起的土壤有机质中土壤碳的损失相关联，kg；

F_{OS}——管理/排水有机土壤的年度面积，ha（注：下标 CG，F，Temp，Trop，NR，NP 分别指农田及草地、林地、温带、热带、富营养和贫营养）；

F_{PRP}——放牧畜禽每年排泄堆积在牧场、草原和围场上的尿液及粪便氮量，kg（注：下标 CPP 指家牛、家禽及猪，SO 指绵羊及其他动物）；

EF_1——氮投入引起的 N_2O 排放的排放因子，kg/kg；

EF_{1FR}——氮投入稻田引起的 N_2O 排放的排放因子，kg/kg；

EF_2——排水/管理有机土壤中 N_2O 排放的排放因子，kg/(ha·a)；

EF_{3PRP}——放牧畜禽排泄堆积在草场、牧场和围场上所引起的 N_2O 排放的排放因子，kg/kg。

关于 F_{ON}、F_{PRP} 和 F_{OS} 等活动数据的计算方法可参阅《2006 年 IPCC 国家温室气体清单指南》第 4 卷 11.2 章进行详细了解。

(2)间接排放

管理土壤 N_2O 的间接排放总量等于管理土壤中挥发氮大气沉积中的 N_2O 排放量与溶淋(含径流)发生地区管理土壤氮溶淋产生的 N_2O 排放量之和，计算方法分别见式(4-117)、式(4-118)。

$$E_{N_2O-ATD}=(F_{SN}\times Frac_{GASF}+(F_{ON}+F_{PRP})\times Frac_{GASM})\times EF\times\frac{44}{28} \tag{4-117}$$

式中，E_{N_2O-ATD}——每年管理土壤中挥发氮大气沉积产生的 N_2O 的量，kg；

F_{SN}——每年施用于土壤的化肥氮量，kg；

$Frac_{GASF}$——以 NH_3 和 NO_x 形式挥发的化肥氮比例；

F_{ON}——每年施用于土壤的处理畜禽粪肥、堆肥、污水污泥和其他添加的有机氮量，kg；

F_{PRP}——放牧畜禽每年排泄在草场、牧场和围场上的尿液和粪便氮量，kg；

$Frac_{GASM}$——以 NH_3 和 NO_x 形式挥发的、施用的有机氮肥物质(F_{ON})和放牧畜禽排泄的尿液和粪便氮(F_{PRP})；

EF——土壤和水面氮大气沉积的 N_2O 排放的排放因子。

$$E_{N_2O-L}=(F_{SN}+F_{ON}+F_{PRP}+F_{CR}+F_{SOM})\times Frac\times EF\times\frac{44}{28} \tag{4-118}$$

式中，E_{N_2O-L}——溶淋/径流发生地区每年施加到管理土壤中氮溶淋和径流产生的 N_2O 的量，kg；

F_{SN}——溶淋/径流发生地区每年施用到土壤中的合成氮肥量，kg；

F_{ON}——溶淋/径流发生地区每年施用到土壤中的处理畜禽粪肥、堆肥、污水污泥和添加的其他有机氮量，kg；

F_{PRP}——溶淋/径流发生地区放牧畜禽每年排泄的尿液和粪便氮量，kg；

F_{CR}——溶淋/径流发生地区每年返回土壤中的作物残余物(地上部和地下部)中的氮量，包括固氮作物和饲草/牧草更新中的氮量，kg；

F_{SOM}——溶淋/径流发生地区每年矿质土壤中与土地利用或管理引起的土壤有机质中与土壤碳损失相关联的氮矿化量，kg；

$Frac$——溶淋/径流发生地区管理土壤中通过溶淋和径流损失的所有施加氮/矿化氮的比例；

EF——氮溶淋和径流引起的 N_2O 排放的排放因子。

2. *石灰施用中的 CO_2 排放*

本节所述石灰泛指碳酸盐类物质（如石灰岩、白云岩）。此类物质施加在土壤中，一方面可减弱土壤酸性并促进管理系统中植物的生长；另一方面随着碳酸盐石灰溶解和释放重碳酸盐，将演化为 CO_2 和水，产生 CO_2 排放。

石灰施用中产生的年度排放量的计算方法见式（4-119）。

$$E_{石灰}=M_{石灰岩}\times EF_{石灰岩}+M_{白云岩}\times EF_{白云岩} \tag{4-119}$$

式中，$E_{石灰}$——石灰施用中产生的年度碳排放量，t；

M——每年施用的含钙石灰岩或白云岩的量，t；

EF——排放因子，t/t。

注：石灰岩排放因子（EF）缺省值可取0.12，白云岩可取0.13，碳排放量换算成 CO_2 排放量乘以（44/12）。

第四节 废弃物

一、概述

废弃物清单中的排放源主要包括固体废弃物处理、固体废弃物的生物处理、废弃物的焚化和露天燃烧、废水处理和排放及其他，如图4-5所示。其中，废弃物处理场所（SWDS）的 CH_4 排放是废弃物部门中最大的温室气体排放来源；化石碳（如塑料）在内的废弃物焚化和露天燃烧是废弃物部门中最重要的 CO_2 排放来源。此外，来自废弃物部门的 NO_x 和 NH_3 排放会造成间接的 N_2O 排放。

固体废弃物类型包括城市固体废弃物、污泥、工业废弃物及其他废弃物（见表4-44）。同时，废弃物构成是影响源自固体废弃物处理产生排放的一个重要因素，因为不同废弃物类型包含的可降解有机碳（DOC）量和化石碳量不同。

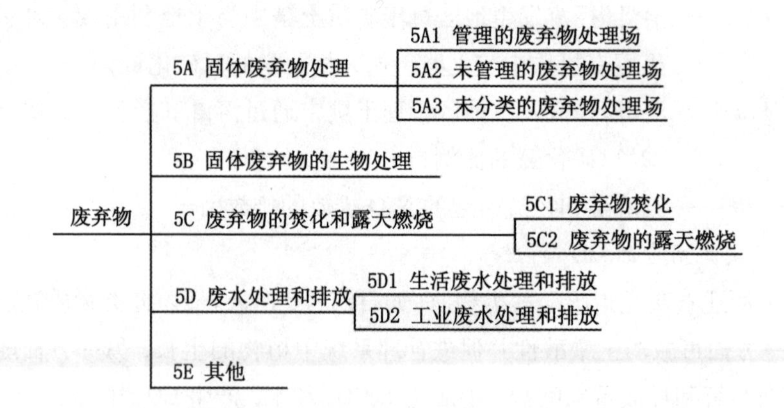

图 4-5　废弃物部门中排放源及构成

表 4-44　固体废弃物类型与说明

类型	说明
城市固体废弃物	市政部门收集的废弃物，包括生活垃圾、花园（庭院）和公园垃圾、商业/公共机构垃圾
污泥	包括生活和工业废水处理厂产生的污泥
工业废弃物	包括制造工业和建筑业的废弃物
其他废弃物	包括医疗废弃物、危险废弃物、农业废弃物

二、固体废弃物处理

固体废弃物处理过程中 CH_4 排放量的计算普遍采用一阶衰减（FOD）法。该方法的基本原理：CH_4 产生率完全取决于废弃物的含碳量。在沉积之后的最初若干年里，在处理场沉积的废弃物产生的 CH_4 排放量最高，随着废弃物中可降解有机碳被细菌消耗（造成衰减），该排放量也逐渐下降。

单个年份固体废弃物处理产生的 CH_4 排放量计算方法见式（4-120）。

$$E_{CH_4排放} = \left(\sum_{x} CH_{4产生x} - R\right) \times (1 - OX) \tag{4-120}$$

式中，$E_{CH_4排放}$——CH_4 排放量，Gg；

$CH_{4产生x}$——CH_4 产生量，Gg；

x——废弃物类别或类型/材料；

R——回收的 CH_4 量，Gg；

OX——氧化因子（比例）。

CH_4产生量计算的关键是获取处理到 SWDS 的废弃物中的可分解可降解有机碳(DDOC)的数量。其中，DDOC 是有机碳的一部分，是在 SWDS 厌氧条件下降解的碳，其计算方法见式(4-121)。

$$DDOC=W\times DOC\times DOC_f\times MCF \tag{4-121}$$

式中，$DDOC$——沉积的可分解 DOC 质量，Gg；

W——沉积的废弃物质量，Gg：

DOC——沉积年份的可降解有机碳(比例形式)；

DOC_f——可分解的 DOC 比例；

MCF——沉积年份有氧分解的 CH_4修正因子(比例形式)。

基于 FOD 法，如果知道起始年份 SWDS 中分解材料的数量，那么每一年皆可视为估算方法中的第一年，T 年末 SWDS 累积的 $DDOC$ 量见式(4-122)，T 年末分解的 $DDOC$ 见式(4-12)。

$$DDOC_T=DDOC_T+DDOC_{T-1}\times e^{-k} \tag{4-122}$$

$$DDOC_{decompT}=DDOC_{T-1}\times(1-e^{-k}) \tag{4-123}$$

式中，　T——计算年份；

$DDOC_{aT}$——T 年末 SWDS 累积的 $DDOC$，Gg；

$DDOC_{aT-1}$——T-1 年年终时 SWDS 累积的 $DDOC$，Gg；

$DDOC_{dT}$——T 年沉积到 SWDS 的 $DDOC$，Gg；

$DDOC_{decompT}$——T 年 SWDS 分解的 $DDOC$，Gg；

k——反应常量，$k=\ln^{(2)}\div t_{1/2}\div$年；

$t_{1/2}$——半衰期时间，y。

最后，根据 $DDOC_{a_{T-1}}$ 计算 CH_4产生量，见式(4-124)。

$$CH_{4产生量T}=DDOC_{decomp\,T}\times F\times\frac{16}{12} \tag{4-124}$$

式中，$CH_{4产生量T}$——可分解材料产生的 CH_4量，Gg；

$DDOC_{decomp_T}$——T 年分解的 $DDOC$，Gg；

F——产生的垃圾填埋气体中的 CH_4比例(体积比例)；

$\frac{16}{12}$——CH_4与 C 的相对分子质量换算系数。

三、固体废弃物的生物处理

生物处理的优点：减少废弃材料的体积，稳定废弃物，灭除废弃材料中的病原体，以及生产作为能源的沼气。根据其性质，生物处理的最终产物可以回收用作肥料和土地改良或处理到SWDS。

生物处理产生的温室气体包括 CH_4 和 N_2O，计算方法见式(4-125)、式(4-126)。

$$E_{CH_4} = \frac{\sum_i M_i \times EF_i}{10^{-3}} - R \tag{4-125}$$

式中，E_{CH_4}——计算年份的 CH_4 排放总量，Gg；

M_i——生物处理类型 i 处理的有机废弃物质量，Gg；

EF_i——处理 i 的排放因子；

i——堆肥处理或厌氧分解；

R——清单年份回收的 CH_4 总量，Gg。

$$E_{N_2O} = \frac{\sum_i M_i \times EF_i}{10^{-3}} \tag{4-126}$$

式中，E_{N_2O}——计算年份的 N_2O 排放总量，Gg；

M_i——生物处理类型 i 处理的有机废弃物质量，Gg；

EF_i——处理 i 的排放因子；

i——堆肥处理或厌氧分解。

四、废弃物的焚化和露天燃烧

废弃物焚化是指固体和液体废弃物在可控的焚化设施中燃烧。废弃物露天燃烧是指在自然界(露天)或露天垃圾场燃烧多余的可燃物质，燃烧时烟和其他排放物直接释放到空气中，而不通过烟囱或堆垛排放。

废弃物的焚化和露天燃烧排放的温室气体包括 CO_2、CH_4 和 N_2O。通常情况下，废弃物焚烧产生的 CO_2 排放多于 CH_4 和 N_2O 排放。

(一) CO_2 排放

废弃物焚化和露天燃烧产生的 CO_2 排放量的基本计算方法是，根据燃烧的废弃物中矿物碳含量的估值，乘以氧化因子，再将乘积转换成 CO_2 排放量。

1. 固体废弃物焚化/露天燃烧

基于已燃烧废弃物总量的 CO_2 排放量计算方法见式(4-127)。

$$E_{CO_2} = \sum_i SW_i \times DM_i \times CF_i \times FCF_i \times OF_i \times \frac{44}{12} \tag{4-127}$$

式中，E_{CO_2}——CO_2 排放量，Gg；

SW_i——焚化或露天燃烧的固体废弃物类型 i 的总量(湿重)，Gg；

DM_i——焚化或露天燃烧的废弃物中的干物质含量(湿重)，比例形式；

CF_i——干物质中的碳比例(总的碳含量)，比例形式；

FCF_i——矿物碳在碳的总含量中的比例，比例形式；

OF_i——氧化因子，比例形式；

i——焚化/露天燃烧废弃物类型，包括城市固体废弃物(MSW)、工业固体废弃物(ISW)、污泥(SS)、危险废弃物(HW)、医疗废弃物(CW)和农业废弃物。

式(4-127)中，如果基于干物质的废弃物活动数据可以获取，可运用同样的公式而无须分别标明干物质含量和湿重。另外，如果国家有干物质中矿物碳的比例数据，就不需要分别提供 CF_i 和 FCF_i，而应将二者合并为一项成分。

此外，式(4-127)扩展后可用于计算 MSW 排放量，见式(4-128)。

$$E_{CO_2-MSW} = MSW \times \sum_j (WF_j \times DM_j \times CF_j \times FCF_j \times OF_j) \times \frac{44}{12} \tag{4-128}$$

式中，MSW——作为湿重焚化或露天燃烧的城市固体废弃物类型总量，Gg；

WF——MSW 中废弃物类型/材料成分 j 的比例；

j——MSW 焚化/露天焚烧的成分，如纸张/纸板、纺织物、食品废弃物、木材、花园(庭院)和公园废弃物、可处理尿布、橡胶皮革、塑料、金属、玻璃和其他惰性废弃物。

2. *液态矿物废弃物焚化*

本部分所指液态矿物废弃物是指基于矿物油(含废弃物溶剂和润滑剂)、天然气或其他化石燃料的工业和城市残余物，不包括废水。

液态矿物废弃物焚化产生的 CO_2 排放量计算方法见式(4-129)。

$$E_{CO_2} = \sum_i (AL_i \times CL_i \times OF_i) \times \frac{44}{12} \tag{4-129}$$

式中，E_{CO_2}——CO_2 排放量，Gg；

AL_i——液态矿物废弃物类型 i 的焚化量，Gg；

CL_i——液态矿物废弃物类型 i 的碳含量，比例形式；

OF_i——液态矿物废弃物类型 i 的氧化因子，比例形式。

（二）CH_4 排放

废弃物焚化和露天燃烧产生的 CH_4 排放由不完全燃烧造成，影响排放的重要因素有温度、停留时间和空气比率（即空气体积与废弃物量的比例）。通常情况下，大型的高效焚化炉中产生的 CH_4 排放量很小，而露天燃烧产生的 CH_4 排放量较大，原因是废弃物中很大比例的碳未被氧化。此外，如果废弃物储仓中氧气量少发生厌氧过程，那么焚化炉的废弃物储仓中也会产生 CH_4。

CH_4 排放量的计算基于废弃物焚化/露天燃烧的量和相关排放因子，计算方法见式（4-130）。

$$E_{CH_4} = \frac{\sum_i IW_i \times EF_i}{10^6} \tag{4-130}$$

式中，E_{CH_4}——CH_4 排放量，Gg；

IW_i——焚化/露天燃烧的固体废弃物类型 i（湿重）的质量，Gg；

EF_i——综合排放因子，kg/kg；

i——焚化/露天燃烧废弃物的类型或类别。

（三）N_2O 排放

N_2O 排放于燃烧温度相对低（500～950 ℃）的燃烧过程。除了温度，影响 N_2O 排放的因素还有空气污染控制设备的类型、废弃物的类型、氮的含量及过剩空气的比例。

N_2O 排放量的计算同样基于废弃物焚化/露天燃烧的量和相关排放因子，计算方法见式（4-131）。

$$E_{N_2O} = \frac{\sum_i IW_i \times EF_i}{10^6} \tag{4-131}$$

式中，E_{N_2O}——N_2O 排放量，Gg；

IW_i——焚化或露天燃烧的固体废弃物类型 i（湿重）的质量，Gg；

EF_i——排放因子，kg/kg；

i——焚化/露天燃烧废弃物的类型或类别。

除式（4-131）外，N_2O 排放量还可以通过烟气浓度进行计算，相关方法可参考《2006 年 IPCC 国家温室气体清单指南》第 5 卷内容。

五、废水的处理和排放

废水经无氧(厌氧)处理会产生 CH_4 和 N_2O 排放。废水处理也会产生一定量的 CO_2 排放。由于这些排放是生物成因，在《2006 年 IPCC 国家温室气体清单指南》中不纳入国家排放总量，因此本节不对这些排放的计算方法进行介绍。

废水产生于各种生活、商业和工业源，一般情况是通过下水管道排放到集中设施(收集)或在其附近经由排水口未加处理而排放的。生活废水指源自家庭用水的废水，而工业废水仅源于工业活动。

(一)CH_4排放

废水及其淤渣成分如果进行无氧降解，就会产生 CH_4。CH_4生成量主要取决于废水中的可降解有机材料量、温度及处理系统的类型。其中，用于测量废水有机成分的常见参数有生化需氧量(BOD)和化学需氧量(COD)。

BOD 浓度仅表示有氧环境下可生物降解的碳量。COD 测量可用于化学氧化过程(生物降解和非生物降解)的材料总量。通常情况下，BOD 经常用于计算生活废水，而 COD 主要用于计算工业废水。

1. 生活废水

生活废水中的 CH_4排放量计算方法见式(4-132)。

$$E_{CH_4生活} = \left(\sum_{i,j}(U_i \times T_{i,j} \times EF_j)\right) \times (TOW - S) - R \qquad (4-132)$$

式中，$E_{CH_4生活}$——CH_4 排放量，kg；

U_i——收入群体 i 的人口比例；

$T_{i,j}$——每个收入群体比例 i 利用处理/排放途径或系统 j 中的程度；

i——收入群体，如乡村、城市高收入和城市低收入；

j——各个处理/排放途径或系统；

EF_j——CH_4 排放因子；

TOW——废水中有机物总量，kg；

S——以污泥清除的有机成分，kg；

R——清单年份回收的 CH_4 量，kg。

其中，CH_4排放因子取决于修正因子(MCF)和最大产生能力(Bo)，计算方法见式(4-133)。

$$EF_j = Bo \times MCF_j \tag{4-133}$$

式中，j——各个处理/排放途径或系统；

Bo——最大的 CH_4 产生能力，如果特定国家数据不可获取，可取缺省值 0.6；此外，对于生活废水，基于 COD 的 Bo 值乘以因子 2.4，便能转化成基于 BOD 的值；

MCF_i——CH_4 修正因子，比例形式。

废水中有机可降解材料总量（TOW）的计算方法见式（4-134）。

$$TOW = \frac{P \times BOD \times I \times 365}{10^3} \tag{4-134}$$

式中，P——人口数量，人；

BOD——人均 BOD，g；

I——排入下水道的附加工业 BOD 修正因子（收集的缺省值是 1.25，未收集的缺省值是 1.00）。

2. 工业废水

源自工业废水的 CH_4 排放量与排放因子的计算方法类似于对生活废水所用的方法，详见式（4-131）和式（4-132）。与生活废水以人口数量计算活动数据不同，工业废水中有机可降解材料总量的计算基于工业产品总量和废水量，计算方法见式（4-135）。

$$TOW_i = P_i \times W_i \times COD_i \tag{4-135}$$

式中，i——工业部门；

P_i——工业部门 i 的工业产品总量，t；

W_i——生成的废水量，m^3/t；

COD_i——化学需氧量（废水中的工业可降解有机成分），kg/m^3。

（二）N_2O 排放

N_2O 排放与废水的氮成分降解有关，如尿素、硝酸盐和蛋白质。氮的硝化作用和反硝化作用均可能产生 N_2O 排放，其排放可出现于处理厂直接排放或将废水排入下水道、湖泊或海洋后产生的间接排放。

N_2O 排放量的计算普遍采用排放因子法，见式（4-136）。

$$E_{N_2O} = N_{污水} \times EF_{污水} \times \frac{44}{28} \tag{4-136}$$

式中，E_{N_2O}——N_2O 排放量，kg；

$N_{污水}$——排放到水生环境的污水中的氮含量，kg；

$EF_{污水}$——源自排放废水的 N_2O 排放的排放因子；

$\frac{44}{28}$——CO_2 与 N_2O 的相对分子质量换算系数。

其中，污水中的氮含量主要取决于人口数量和每年人均蛋白质产生的平均值，计算方法见式(4-137)。

$$N_{污水}=P\times\rho_r\times F_{NPR}\times F_{NON-CON}\times F_{IND-COM}-N_{污泥} \quad (4-137)$$

式中，P——人口数量，人；

ρ_r——人均蛋白质消耗量，kg；

F_{NPR}——蛋白质中氮的比例，缺省值为0.16；

$F_{NON-CON}$——填加到废水中的非消耗蛋白质因子；

$F_{IND-COM}$——共同排放到下水道系统的工业和商业废水中的蛋白质因子；

$N_{污泥}$——随污泥清除的氮(缺省值为0)，kg。

第五章　企业温室气体排放

确保“双碳”目标顺利实现的重要基础之一就是对企业层面碳排放量进行精准科学的核算。国家发展和改革委员会组织从2013年起，分两批发布了24个重点行业温室气体排放核算方法与报告指南(以下简称指南)，规定了重点排放单位温室气体排放报告的核查原则和依据、核查程序和要点、核查复核及信息公开等内容。

本章将结合指南要求重要介绍发电企业、造纸和纸制品生产企业、钢铁生产企业、石油化工企业、化工生产企业、电解铝生产企业、水泥生产企业、平板玻璃生产企业的核算方法。

第一节　发电企业

一、概述

发电设施温室气体排放核算和报告工作内容包括核算边界和排放源确定、数据质量控制计划编制与实施、化石燃料燃烧排放核算、购入使用电力排放核算、排放量计算、生产数据信息获取、定期报告、信息公开和数据质量管理等相关要求。工作程序见图5-1。

核算边界为发电设施，主要包括燃烧系统、汽水系统、电气系统、控制系统、除尘及脱硫脱硝等装置，不包括厂区内其他辅助生产系统及附属生产系统。发电设施温室气体核算边界如图5-2所示。

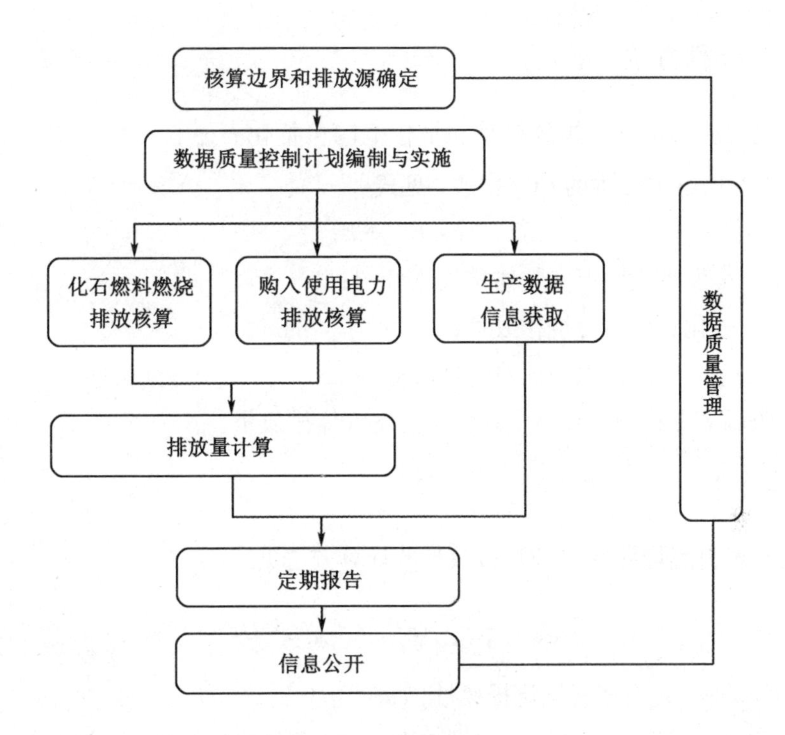

图 5-1　工作程序

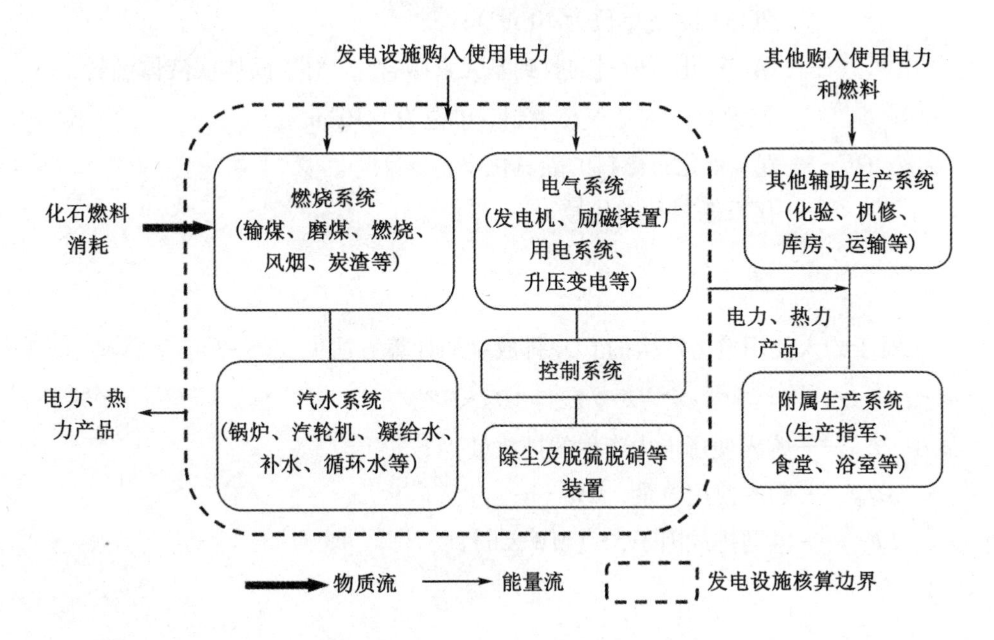

图 5-2　发电设施温室气体核算边界示意图

二、计算方法

发电设施温室气体排放核算和报告范围包括化石燃料燃烧产生的 CO_2 排放、购入使用电力产生的 CO_2 排放，见式(5-1)。

$$E=E_{燃烧}+E_{电} \tag{5-1}$$

式中，E——发电设施温室气体排放总量，t；

$E_{燃烧}$——化石燃料燃烧排放量，t；

$E_{电}$——净购入的电力消费的排放量，t。

按照以下方法分别核算上述各类温室气体排放量。

（一）化石燃料燃烧

化石燃料燃烧导致的 CO_2 排放量的计算方法见式(5-2)。

$$E_{燃烧}=\frac{44}{12}\sum_{i=1}^{n}FC_i\times C_{ar,i}\times OF_i \tag{5-2}$$

式中，$E_{燃烧}$——化石燃料燃烧排放量，t；

FC_i——第 i 种化石燃料的消耗量（对于固体或液体燃料，单位为t；对于气体燃料，单位为 10^4m^3）；

$C_{ar,i}$——第 i 种化石燃料的收到基元素碳含量（对于固体或液体燃料，单位为t/t，对于气体燃料，单位为 $t/10^4m^3$）；

OF_i——第 i 种化石燃料的碳氧化率；

i——化石燃料种类代号。

（二）购入使用电力

对于购入使用电力产生的 CO_2 排放量的计算方法见式(5-3)。

$$E_{电}=AD_{电}\times EF_{电} \tag{5-3}$$

式中，$E_{电}$——购入使用电力产生的排放量，t；

$AD_{电}$——购入使用电量，MW · h；

$EF_{电}$——电网排放因子，t/(MW · h)；

三、活动数据

化石燃料燃烧产生的 CO_2 排放一般包括发电锅炉（含启动锅炉）、燃气轮机等主要生产系统消耗的化石燃料燃烧产生的 CO_2 排放，以及脱硫脱硝等装置使用化石燃料加热烟气的 CO_2 排放，不包括应急柴油发电机组、移动源、食堂等其他设施消耗化石燃料产生的 CO_2 排放。对于掺烧化石燃料的生物质发电机组、垃圾（含污泥）焚烧发电机组等产生的 CO_2 排放，仅统计燃料中化石燃料的 CO_2 排放。对于掺烧生物质（含垃圾、污泥）的化石燃料发电机组，应计算掺烧生物质热量占比。

燃煤消耗量应优先采用经校验合格后的皮带秤或耐压式计量给煤机的入炉煤测量结果，采用生产系统记录的计量数据。皮带秤须采用皮带秤实煤或循环链码每月校验一次，或至少每季度对皮带秤进行实煤计量比对。不具备入炉煤测量条件的，根据每日或每批次入厂煤盘存测量数值统计，采用购销存台账中的消耗量数据。

燃油、燃气消耗量应优先采用每月连续测量结果。不具备连续测量条件的，通过盘存测量得到购销存台账中的月度消耗量数据。

轨道衡、汽车衡等计量器具的准确度等级应符合《火力发电企业能源计量器具配备和管理要求》（GB/T 21369—2008）或相关计量检定规程的要求；皮带秤的准确度等级应符合《连续累计自动衡器（皮带秤）》（GB/T 7721—2017）的相关规定；耐压式计量给煤机的准确度等级应符合《耐压式计量给煤机》（GB/T 28017—2011）的相关规定。计量器具应确保在有效的检验周期内。

四、排放因子

燃煤元素碳含量可采用以下三种方式获取，应与燃煤消耗量状态一致（均为入炉煤或入厂煤），并确保采样、制样、化验和换算符合方法标准。

1. 每日检测

采用每日入炉煤检测数据加权计算得到月度平均收到基元素碳含量，权重为每日入炉煤消耗量。

2. 每批次检测

采用每月各批次入厂煤检测数据加权计算得到入厂煤月度平均收到基元素碳含量，权重为每批次入厂煤接收量。

3. 每月缩分样检测

每日采集入炉煤样品，每月将获得的日样品混合，用于检测基元素碳含量。混合前，每日样品的质量应正比于该日入炉煤消耗量且基准保持一致。

燃油、燃气的元素碳含量至少进行每月检测，可自行检测、委托检测或由供应商提供。对于天然气等气体燃料，元素碳含量的测定应遵循《天然气的组成分析　气相色谱法》(GB/T 13610—2020)、《气体中一氧化碳、二氧化碳和碳氢化合物的测定　气相色谱法》(GB/T 8984—2008)等相关标准，并根据每种气体组分的体积浓度及该组分化学分子式中碳原子的数目计算元素碳含量。若某月有多于一次实测数据时，取算术平均值为该月数值。

对于开展燃煤元素碳实测的，其收到基元素碳含量计算方法见式(5-4)。

$$C_{ar}=C_{ad}\times\frac{100-M_{ar}}{100-M_{ad}}\text{或}C_{ar}=C_{d}\times\frac{100-M_{ar}}{100} \tag{5-4}$$

式中，C_{ar}——收到基元素碳含量，t/t；

C_{ad}——空气干燥基元素碳含量，t/t；

C_{d}——干燥基元素碳含量，t/t；

M_{ar}——收到基水分，采用重点排放单位测量值；

M_{ad}——空气干燥基水分，采用检测样品数值。

对于未开展元素碳实测的或实测不符合指南要求的，其收到基元素碳含量的计算方法见式(5-5)。

$$C_{ar,\,i}=NCV_{ar,\,i}\times CC_{i} \tag{5-5}$$

式中，$C_{ar,\,i}$——第 i 种化石燃料的收到基元素碳含量(对于固体或液体燃料，单位为 t/t；对于气体燃料，单位为 $t/10^4m^3$)；

$NCV_{ar,\,i}$——第 i 种化石燃料的收到基低位发热量(对于固体或液体燃料，单位为 GJ/t；对于气体燃料，单位为 $GJ/10^4m^3$)；

CC_{i}——第 i 种化石燃料的单位热值含碳量，t/GJ。

重点排放单位可自行检测或委托外部有资质的检测机构/实验室进行检测。

其中，燃煤收到基低位发热量的测定应与燃煤消耗量数据获取状态一致(均为入炉煤或入厂煤)。应优先采用每日入炉煤检测数值方法，不具备入炉煤检测条件的，采用每日或每批次入厂煤检测数值方法。已有入炉煤检测设备设施的重点排放单位，一般不应改用入厂煤检测结果。

燃煤的年度平均收到基低位发热量由月度平均收到基低位发热量加权平均

计算得到，其权重是燃煤月消耗量。入炉煤月度平均收到基低位发热量由每日/班所耗燃煤的收到基低位发热量加权平均计算得到，其权重是每日/班入炉煤消耗量。入厂煤月度平均收到基低位发热量由每批次平均收到基低位发热量加权平均计算得到，其权重是该月每批次入厂煤接收量。

当某日或某批次燃煤收到基低位发热量无实测时，或测定方法均不符合要求时，该日或该批次的燃煤收到基低位发热量应取26.7 GJ/t。生态环境部另有规定的，按照其规定执行。

燃油、燃气的低位发热量应至少每月检测，可自行检测、委托检测或由供应商提供，遵循《火力发电厂燃料试验方法　第8部分：燃油发热量的测定》(DL/T 567.8—2016)、《天然气的组成分析　气相色谱法》(GB/T 13610—2020)、《天然气　发热量、密度、相对密度和沃泊指数的计算方法》(GB/T 11062—2020)等相关标准。检测天然气低位发热量的压力和温度依据《名词术语　电力节能》(DL/T 1365—2014)采用101.325 kPa，20 ℃的燃烧和计量参比条件，或参照《天然气　发热量、密度、相对密度和沃泊指数的计算方法》(GB/T 11062—2020)中的换算系数计算。燃油、燃气的年度平均低位发热量由每月平均低位发热量加权平均计算得到，其权重为每月燃油、燃气消耗量。某月有多于一次实测数据时，取算术平均值为该月数值。无实测数据时，采用各燃料品种对应的缺省值。

对于掺烧生物质(含垃圾、污泥)的，其热量占比采用式(5-6)进行计算。

$$P_{\text{biomass}} = \frac{Q_{\text{cr}}/\eta_{\text{gl}} - \sum_{i=1}^{n} FC_i \times NCV_{\text{ar}, i}}{Q_{\text{cr}}/\eta_{\text{gl}}} \times 100\% \tag{5-6}$$

式中，P_{biomass}——机组的生物质掺烧热量占机组总燃料热量的比例；

η_{gl}——锅炉效率；

FC_i——第 i 种化石燃料的消耗量(对于固体或液体燃料，单位为t；对于气体燃料，单位为 $10^4 m^3$)；

$NCV_{\text{ar}, i}$——第 i 种化石燃料的收到基低位发热量(对于固体或液体燃料，单位为GJ/t；对于气体燃料，单位为GJ/$10^4 m^3$)。

第二节　造纸和纸制品生产企业

一、概述

报告主体应以企业法人或视同法人的独立核算单位为边界，核算和报告其生产系统产生的温室气体排放。生产系统包括主要生产系统、辅助生产系统及直接为生产服务的附属生产系统。其中，辅助生产系统包括动力、供电、供水、化验、机修、库房、运输、废水处理系统等；附属生产系统包括生产指挥系统（厂部）和厂区内为生产服务的部门和单位（如职工食堂、车间浴室、保健站等）。造纸和纸制品生产企业温室气体核算边界见图5-3。

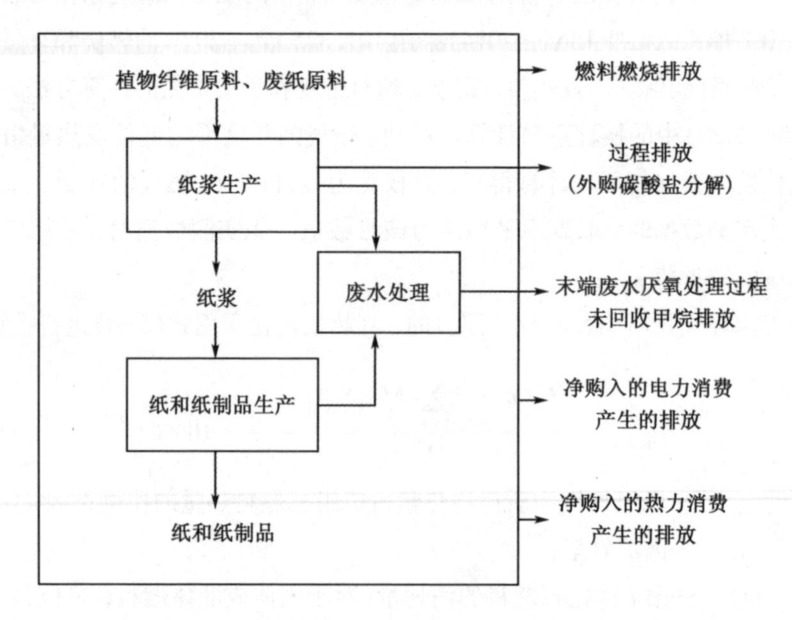

图5-3　造纸和纸制品生产企业温室气体核算边界示意图

二、计算方法

造纸和纸制品生产企业的温室气体排放总量等于企业边界内所有生产系统的化石燃料燃烧排放量、过程排放量、企业净购入的电力和热力消费的排放量、废水厌氧处理产生的排放量之和，见式（5-7）。

$$E=E_{燃烧}+E_{过程}+E_{电和热}+E_{废水} \tag{5-7}$$

式中，E——企业温室气体排放总量，t；

$E_{燃烧}$——企业所有化石燃料燃烧排放量，t；

$E_{过程}$——企业工业生产过程产生的过程排放量，t；

$E_{电和热}$——企业净购入的电力和热力消费的排放量，t；

$E_{废水}$——废水厌氧处理产生的排放量，t。

（一）化石燃料燃烧

化石燃料燃烧导致的 CO_2 排放量计算方法见式（5-8）。

$$E_{燃烧} = \sum_{i=1}^{n} AD_i \times EF_i \tag{5-8}$$

式中，AD_i——核算和报告年度内第 i 种化石燃料的活动水平，GJ；

EF_i——第 i 种化石燃料的 CO_2 排放因子，t/GJ；

i——化石燃料类型代号。

（二）工业生产过程

过程排放量是企业外购并消耗的石灰石（主要成分为碳酸钙）发生分解反应导致的 CO_2 排放量，计算方法见式（5-9）。

$$E_{过程}=L\times EF_{石灰} \tag{5-9}$$

式中，L——核算和报告年度内的石灰石原料消耗量，t；

$EF_{石灰}$——煅烧石灰石的 CO_2 排放因子，t/t。

（三）电和热

净购入的生产用电力、热力（如蒸汽）隐含产生的排放量的计算方法见式（5-10）。

$$E_{电和热}=AD_{电}\times EF_{电}+AD_{热力}\times EF_{热力} \tag{5-10}$$

式中，$AD_{电}$，$AD_{热}$——年度内净购入电量和热力量，MW·h 和 GJ；

$EF_{电}$，$EF_{热}$——电力和热力（如蒸汽）的 CO_2 排放因子，t/（MW·h）和 t/GJ。

（四）废水处理

废水厌氧处理产生的排放量或热力排放因子的计算方法见式（5-11）。

$$E_{GHG废水}=\frac{E_{CH_4废水}\times GWP_{CH_4}}{10^3} \tag{5-11}$$

式中，$E_{GHG废水}$——废水厌氧处理过程产生的 CO_2 排放量，t；

GWP_{CH_4}——CH_4 的全球变暖潜势(GWP)值，根据《省级温室气体清单编制指南(试行)》，取 21(最新缺省值以国家主管部门发布要求为准)。

其中，废水产生 CH_4 排放量的计算方法见式(5-12)。

$$E_{CH_4废水}=(TOW-S)\times EF-R \tag{5-12}$$

式中，$E_{CH_4废水}$——废水厌氧处理过程 CH_4 排放量，kg；

TOW——废水厌氧处理去除的有机物总量，kg；

S——以污泥方式清除掉的有机物总量，kg；

EF——CH_4 排放因子，kg/kg；

R——CH_4 回收量，kg。

三、活动数据

造纸和纸制品生产所涉及的过程排放量中，石灰石原料消耗量取自企业计量数据。对于废水厌氧处理所产生的排放量中废水厌氧处理去除的有机物总量(TOW)数据，如果企业有废水厌氧处理系统去除的 COD 统计，可直接作为 TOW 的数据；如果没有去除的 COD 统计数据，可采用式(5-13)进行计算。

$$TOW=W\times(COD_{in}-COD_{out}) \tag{5-13}$$

式中，W——厌氧处理过程产生的废水量(采用企业计量数据)，m^3；

COD_{in}——厌氧处理系统进口废水中的化学需氧量浓度(采用企业检测值的平均值)，kg/m^3；

COD_{out}——厌氧处理系统出口废水中的化学需氧量浓度(采用企业检测值的平均值)，kg/m^3。

以污泥方式清除掉的有机物总量(S)数据应首先采用企业计量数据。若企业无法统计以污泥方式清除掉的有机物总量，可使用缺省值为零。甲烷回收量(R)数据应采用企业计量数据，或根据企业台账、统计报表来确定。

造纸和纸制品生产企业的温室气体排放量计算时所涉及的其他活动数据与之前介绍的其他企业排放量计算方法类似，可参照前文发电企业的相关介绍。

四、排放因子

造纸和纸制品所涉及的过程排放量中煅烧石灰石的 CO_2 排放因子采用推荐值 0.405 t/t，CH_4 排放因子 EF 采用式（5-14）计算。

$$EF=B_0\times MCF \tag{5-14}$$

式中，B_0——厌氧处理废水系统的 CH_4 最大生产能力，kg/kg；

MCF——CH_4 修正因子，无量纲，表示不同处理和排放的途径或系统达到的 CH_4 最大产生能力 B_0 的程度，也反映了系统的厌氧程度。对于废水厌氧处理系统的 CH_4 最大生产能力 B_0，优先使用国家最新公布的数据；如果没有，采用指南的推荐值 0.25 kg/kg。

对于 CH_4 修正因子 MCF，具备条件的企业可开展实测，或委托有资质的专业机构进行检测，或采用推荐值 0.5。

第三节 钢铁生产企业

一、概述

报告主体应核算和报告其所有设施和业务产生的温室气体排放。设施和业务范围包括直接生产系统、辅助生产系统及直接为生产服务的附属生产系统。其中，辅助生产系统包括动力、供电、供水、化验、机修、库房、运输等；附属生产系统包括生产指挥系统（厂部）和厂区内为生产服务的部门和单位（如职工食堂、车间浴室、保健站等）。钢铁生产企业温室气体排放及核算边界见图 5-4。

二、计算方法

钢铁生产企业的温室气体排放总量等于企业边界内所有的化石燃料燃烧排放量、工业生产过程产生的过程排放量及企业净购入的电力和热力隐含产生的排放量之和，还应扣除固碳产品的排放量，见式（5-15）。

$$E=E_{燃烧}+E_{过程}+E_{电和热}-R_{固碳} \tag{5-15}$$

式中，E——企业温室气体排放总量，t；

$E_{燃烧}$——企业所有化石燃料燃烧排放量，t；

$E_{过程}$——企业工业生产过程产生的过程排放量，t；

$E_{电和热}$——企业净购入的电力和热力隐含产生的排放量，t；

$R_{固碳}$——企业固碳产品的排放量，t。

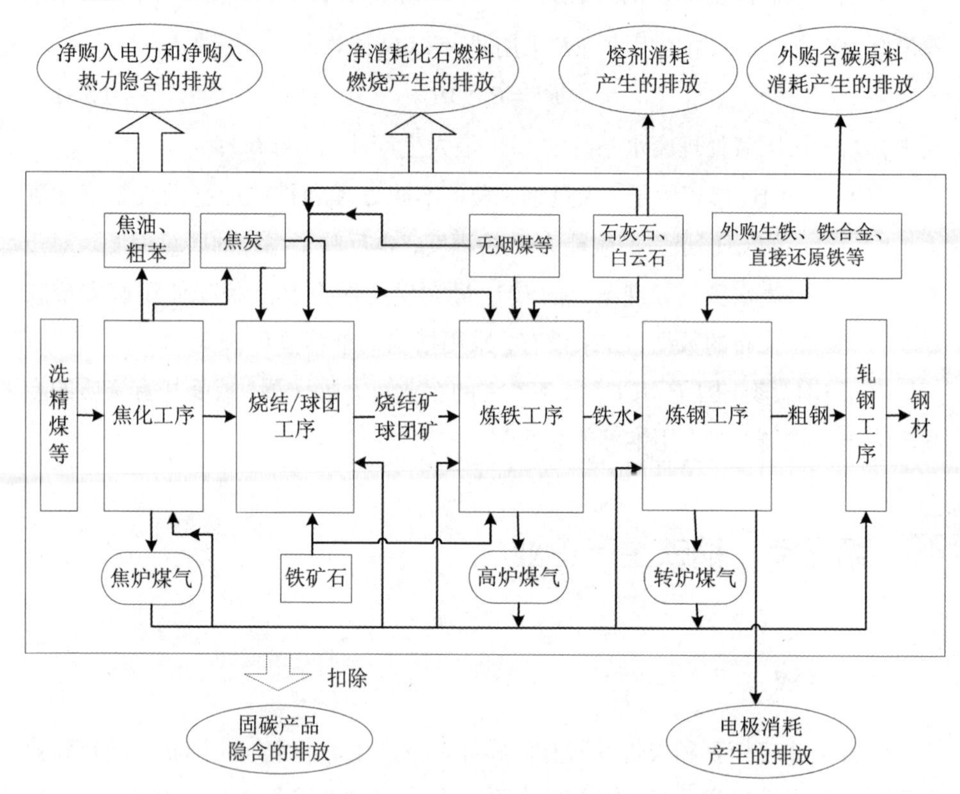

图 5-4　钢铁生产企业温室气体核算边界示意图

(一)化石燃料燃烧

化石燃料燃烧导致的 CO_2 排放量的计算方法见式(5-16)。

$$E_{燃烧} = \sum_{i=1}^{n} AD_i \times EF_i \tag{5-16}$$

式中，$E_{燃烧}$——核算和报告年度内化石燃料燃烧产生的 CO_2 排放量，t；

AD_i——核算和报告年度内第 i 种化石燃料的活动水平，GJ；

EF_i——第 i 种化石燃料的 CO_2 排放因子，t/GJ；

i——化石燃料类型代号。

（二）工业生产过程

工业生产过程中产生的过程排放量的计算方法见式(5-17)。

$$E_{过程}=E_{熔剂}+E_{电极}+E_{原料} \tag{5-17}$$

式中，$E_{过程}$——核算和报告年度内的过程排放量，t；

$E_{熔剂}$——熔剂消耗产生的排放量，t；

$E_{电极}$——电极消耗产生的排放量，t；

$E_{原料}$——外购生铁等含碳原料消耗产生的排放量，t。

其中，熔剂消耗产生的排放量的计算方法见式(5-18)。

$$E_{溶剂}=\sum_{i=1}^{n} P_i \times EF_i \tag{5-18}$$

式中，P_i——核算和报告期内第 i 种熔剂的净消耗量；

EF_i——第 i 种熔剂的 CO_2 排放因子，t/t；

i——消耗熔剂的种类（白云石、石灰石等）。

其中，电极消耗产生的排放量的计算方法见式(5-19)。

$$E_{电极}=P_{电极}\times EF_{电极} \tag{5-19}$$

式中，$P_{电极}$——核算和报告期内电炉炼钢及精炼炉等消耗的电极量，t；

$EF_{电极}$——电炉炼钢及精炼炉等所消耗电极的 CO_2 排放因子，t/t。

其中，外购生铁等含碳原料消耗而产生的排放量的计算方法见式(5-20)。

$$E_{原料}=\sum_{i=1}^{n} M_i \times EF_i \tag{5-20}$$

式中，M_i——核算和报告期内第 i 种含碳原料的购入量，t；

EF_i——第 i 种购入含碳原料的 CO_2 排放因子，t/t；

i——外购含碳原料类型（如生铁、铁合金、直接还原铁等）。

（三）电和热

净购入的生产用电力、热力（如蒸汽）隐含产生的排放量的计算方法见式(5-21)。

$$E_{电和热}=AD_{电}\times EF_{电}+AD_{热力}\times EF_{热力} \tag{5-21}$$

式中，$AD_{电}$，$AD_{热}$——年度内净购入电量和热力量，MW·h 和 GJ；

$EF_{电}$，$EF_{热}$——电力和热力（如蒸汽）的 CO_2 排放因子，t/(MW·h) 和 t/GJ。

（四）固碳

固碳产品的排放量的计算方法见式(5-22)。

$$R_{固碳} = \sum_{i=1}^{n} AD_{固碳} \times EF_{固碳} \tag{5-22}$$

式中，$AD_{固碳}$——第 i 种固碳产品的产量，t；

$EF_{固碳}$——第 i 种固碳产品的 CO_2 排放因子，t/t。

三、活动数据

根据各种化石燃料购入量、外销量、库存变化量及除钢铁生产之外的其他消耗量来确定各自的净消耗量。化石燃料购入量、外销量采用采购单或销售单等结算凭证上的数据，库存变化量采用计量工具读数或其他符合要求的方法来确定，钢铁生产之外的其他消耗量依据企业能源平衡表获取。净消耗量的计算公式如下：

净消耗量=购入量+(期初库存量-期末库存量)-钢铁生产之外的其他消耗量外销量 (5-23)

熔剂和电极的净消耗量采用盘库量计算，含碳原料的购入量采用采购单等结算凭证上的数据。

根据核算和报告期内电力(或热力)供应商、钢铁生产企业存档的购售结算凭证及企业能源平衡表，可知净购入电量(热力量)的计算公式为

净购入电量(热力量)=购入量-钢铁生产之外的其他用电量(热力量)-外销量 (5-24)

四、排放因子

采用《国际钢铁协会二氧化碳排放数据收集指南》(第六版)中的相关缺省值作为熔剂、电极、生铁、直接还原铁和部分铁合金的 CO_2 排放因子。具备条件的企业也可委托有资质的专业机构进行检测或采用与相关方结算凭证中提供的检测值。石灰石及白云石排放因子检测应遵循《石灰石及白云石化学分析方法　第9部分:二氧化碳量的测定 烧碱石棉吸收重量法》(GB/T 3286.9—2014)；含铁物质排放因子可由相对应的含碳量换算而得，含铁物质含碳量检测应遵循《钢铁及合金　碳含量的测定　管式炉内燃烧后气体容量法》(GB/T

223.69—2008)、《钢铁及合金　总碳含量的测定　感应炉燃烧后红外吸收法》(GB/T 223.86—2009)、《铬铁和硅铬合金碳　含量的测定　红外线吸收法和重量法》(GB/T 4699.4—2008)、《钒铁　碳含量的测定　红外线吸收法及气体容量法》(GB/T 8704.1—2009)等相关标准。

企业可采用《国际钢铁协会二氧化碳排放数据收集指南》(第六版)中的缺省值作为生铁的 CO_2 排放因子。粗钢的 CO_2 排放因子可采用缺省值。固碳产品的排放因子采用理论摩尔质量比计算得出，如甲醇(CH_4O)的 CO_2 排放因子为 1.375 t/t。

第四节　石油化工企业

一、概述

报告主体应以独立法人企业或视同法人的独立核算单位为企业边界，核算和报告在运营上受其控制的所有生产设施产生的温室气体排放。设施范围包括基本生产系统、辅助生产系统、直接为生产服务的附属生产系统。其中，辅助生产系统包括厂区内的动力、供电、供水、采暖、制冷、机修、化验、仪表、仓库(原料场)、运输等；附属生产系统包括生产指挥管理系统(厂部)及厂区内为生产服务的部门和单位(如职工食堂、车间浴室等)。

二、计算方法

石油化工企业的温室气体排放总量等于燃料燃烧的 CO_2 排放量，加上企业净购入电力和热力隐含的 CO_2 排放量、火炬燃烧的 CO_2 排放量及工业生产过程产生的 CO_2 排放量，再减去企业 CO_2 回收利用量，见式(5-25)。

$$E=E_{燃烧}+E_{火炬}+E_{电}+E_{热}+E_{过程}-R_{回收} \tag{5-25}$$

式中，E——企业温室气体排放总量，t；

$E_{燃烧}$——企业所有化石燃料燃烧的 CO_2 排放量，t；

$E_{过程}$——企业工业生产过程产生的过程排放量，t；

$E_{火炬}$——企业火炬燃烧导致的 CO_2 排放量，t；

$E_{电}$——企业净购入电力隐含的 CO_2 排放量，t；

$E_{热}$——企业净购入的热力隐含的 CO_2 排放量，t；

$R_{回收}$——企业的 CO_2 回收利用量，t。

（一）化石燃料燃烧

化石燃料燃烧导致的 CO_2 排放量的计算方法见式(5-26)。

$$E_{燃烧} = \sum_j \sum_i \left(AD_{i,j} \times CC_{i,j} \times OF_{i,j} \times \frac{44}{12} \right) \tag{5-26}$$

式中，AD_i——燃烧设施 j 内燃烧的化石燃料品种 i 消费量（对于固体或液体燃料及炼厂干气，单位为 t；对于其他气体燃料，以气体燃料标准状况下的体积为单位，即 10^4m^3，非标准状况下的体积需转化成标准状况下进行计算）；

$CC_{i,j}$——设施 j 内燃烧的化石燃料 i 的含碳量（对于固体和液体燃料，单位为 t/t；对于气体燃料，单位为 t/m^3），

$OF_{i,j}$——燃烧的化石燃料 i 的碳氧化率，取值范围为 0~1。

（二）火炬燃烧

火炬燃烧导致的 CO_2 排放量的计算方法见式(5-27)。

$$E_{火炬} = E_{正常火炬} + E_{事故火炬} \tag{5-27}$$

式中，$E_{正常火炬}$——正常工况下火炬气燃烧产生的 CO_2 排放量，t；

$E_{事故火炬}$——由于事故导致的火炬气燃烧产生的 CO_2 排放量，t。

$$E_{正常火炬} = \sum_i \left[Q_{正常火炬} \times \left(CC_{非CO_2} \times OF \times \frac{44}{12} \times V_{CO_2} \times 19.7 \right) \right]_i \tag{5-28}$$

式中，i——火炬系统序号；

$Q_{正常火炬}$——核算和报告为正常工况下第 i 号火炬系统的火炬气流量，10^4m^3；

$CC_{非CO_2}$——火炬气中除 CO_2 外其他含碳化合物的总含碳量，t/m^3；

OF——第 i 号火炬系统的碳氧化率，如无实测数据，可取缺省值 0.98；

V_{CO_2}——火炬气中 CO_2 的体积浓度；

19.7——CO_2 气体在标准状况下的密度，$t/10^4m^3$。

$$E_{事故火炬} = \sum_j \left(GF_{事故火炬,j} \times T_{事故火炬,j} \times CN_{n,j} \times \frac{44}{22.4} \times 10 \right) \tag{5-29}$$

式中，j——事故次数；

$GF_{事故火炬,j}$——报告期内第 j 次事故状态时的平均火炬气流速度，$10^4m^3/h$；

$T_{事故火炬,j}$——报告期内第 j 次事故的持续时间，h；

$CN_{n,j}$——第 j 次事故火炬气气体摩尔组分的平均碳原子数目；

44——CO_2 的摩尔质量，g/mol。

（三）电和热

净购入电力、热力隐含的排放量的计算方法见式（5-30）和式（5-31）。

$$E_{电} = AD_{电} \times EF_{电} \tag{5-30}$$

式中，$E_{电}$——报告主体净购入电力隐含的 CO_2 排放量，t；

$AD_{电}$——核算和报告年度内的净外购电量，MW·h；

$EF_{电}$——区域电网年平均供电排放因子，t/(MW·h).

$$E_{热} = AD_{热} \times EF_{热} \tag{5-31}$$

式中，$E_{热}$——报告主体净购入热力隐含的 CO_2 排放量，t；

$AD_{热}$——核算和报告年度内的净外购热量，GJ；

$EF_{热}$——热力 CO_2 排放因子，t/GJ。

（四）工业生产过程

石油化工企业生产运营边界内涉及的工业生产过程排放装置主要包括催化裂化装置、催化重整装置、制氢装置、焦化装置、石油焦煅烧装置、氧化沥青装置、乙烯裂解装置、乙二醇/环氧乙烷生产装置等。企业的工业生产过程 CO_2 排放量应等于各装置工业生产过程的 CO_2 排放量之和。

1. 催化裂化装置

催化裂化装置生产过程产生的 CO_2 排放量的计算方法见式（5-32）。

$$E_{烧焦} = \sum_{j=1}^{n} \left(MC_j \times CF_j \times OF \times \frac{44}{12} \right) \tag{5-32}$$

式中，$E_{烧焦}$——催化裂化装置烧焦产生的过程排放量，t；

j——催化裂化装置序号；

MC_j——第 j 套催化裂化装置烧焦量，t；

CF_j——第 j 套催化裂化装置催化剂结焦的平均含碳量，t/t；

OF——烧焦过程的碳氧化率。

其中，催化重整装置过程排放量的计算方法见式（5-33）。

$$E_{烧焦} = \sum_{j=1}^{n} \left[MC_j \times (1 - CF_j) \times \left(\frac{CF_{前,j}}{1 - CF_{前,j}} - \frac{CF_{后,j}}{1 - CF_{后,j}} \right) \times \frac{44}{12} \right] \tag{5-33}$$

式中，$E_{烧焦}$——催化剂间歇烧焦再生导致的过程排放量，t；

j——催化重整装置序号；

MC_j——第 j 套催化重整装置在整个报告期内待再生的催化剂量，t；

$CF_{前,j}$——第 j 套催化重整装置再生前催化剂上的含碳量；

$CF_{后,j}$——第 j 套催化重整装置再生后催化剂上的含碳量；

石油炼制与石油化工生产过程中还存在其他需要用到催化剂并可能进行烧焦再生的装置。如果这些烧焦过程发生在企业内部，需计算烧焦过程的 CO_2 排放量。其中，对于连续烧焦过程，参考式(5-32)；对于间歇烧焦再生过程，参考式(5-33)。

2. 制氢装置

制氢装置生产过程产生的 CO_2 排放量的计算方法见式(5-34)。

$$E_{制氢} = \sum_{j=1}^{n} [AD_r \times CC_r - (Q_{sg} \times CC_{sg} + Q_w \times CC_w)] \times \frac{44}{12} \tag{5-34}$$

式中，$E_{制氢}$——制氢装置产生的过程排放量，t；

j——制氢装置序号；

AD_r——第 j 个制氢装置原料投入量，t；

CC_r——第 j 个制氢装置原料的平均含碳量，t/t；

Q_{sg}——第 j 个制氢装置产生的合成气的量，$10^4 m^3$；

CC_{sg}——第 j 个制氢装置产生的合成气的含碳量，$t/10^4 m^3$；

Q_w——第 j 个制氢装置产生的残渣量，t；

CC_w——第 j 个制氢装置产生的残渣含碳量，t/t。

3. 焦化装置

炼油厂使用的焦化装置可以分为延迟焦化装置、流化焦化装置和灵活焦化装置三种形式。延迟焦化装置不计算工业生产过程排放。流化焦化装置中流化床燃烧器烧除附着在焦炭粒子上的多余焦炭所产生的排放量，可参照式(5-32)进行计算。灵活焦化装置也不计算工业生产过程排放，因为附着在焦炭粒子上的焦炭在气化器中气化生成的低热值燃料气没有直接排放到大气中，所以该部分排放量应包括在燃料燃烧产生的排放量部分。

4. 石油焦煅烧装置

石油焦煅烧装置过程排放量的计算方法见式(5-35)。

$$E_{煅烧} = \sum_{j=1}^{n} [MC_{RC,j} \times CC_{RC,j} - (M_{PC,j} + M_{ds,j}) \times CC_{PC,j}(1 - CF_j)] \times \frac{44}{12} \tag{5-35}$$

式中，$E_{煅烧}$——石油焦煅烧装置的过程排放量，t；

j——石油焦煅烧装置序号；

$MC_{RC,j}$——进入第j套石油焦煅烧装置的生焦的质量，t；

$CC_{RC,j}$——进入第j套石油焦煅烧装置的生焦的平均含碳量，t/t；

$M_{PC,j}$——第j套石油焦煅烧装置产出的石油焦成品的质量，t；

$M_{ds,j}$——第j套石油焦煅烧装置的粉尘收集系统收集的石油焦粉尘的质量，t；

$CC_{PC,j}$——第j套套石油焦煅烧装置产出的石油焦成品的平均含碳量，t/t。

其中，氧化沥青装置过程排放量的计算方法见式(5-36)。

$$E_{沥青} = \sum_{j=1}^{n} M_{oa,j} \times EF_{oa,j} \tag{5-36}$$

式中，$E_{沥青}$——沥青氧化装置的过程排放量，t；

j——氧化沥青装置序号；

$M_{oa,j}$——第j套氧化沥青装置的氧化沥青产量，t；

$EF_{oa,j}$——第j套装置沥青氧化过程的 CO_2 排放系数，t/t。

5. 乙烯裂解装置

乙烯裂解装置过程排放量的计算方法见式(5-37)。

$$E_{裂解} = \sum_{j=1}^{n} [Q_{wg,j} \times T_j \times (Con_{CO_2,j} + Con_{CO,j}) \times 19.7 \times 10^{-4}] \tag{5-37}$$

式中，$E_{裂解}$——乙烯裂解装置炉管烧焦产生过程排放量，t；

j——乙烯裂解装置序号；

$Q_{wg,j}$——第j套乙烯裂解装置的炉管烧焦尾气平均流量，需折算成标准状况下气体体积，m^3/h；

T_j——第j套乙烯裂解装置的年累计烧焦时间，h/a；

$Con_{CO_2,j}$——第j套乙烯裂解装置炉管烧焦尾气中 CO_2 的体积浓度；

$Con_{CO,j}$——第j套乙烯裂解装置炉管烧焦尾气中 CO 的体积浓度。

6. 乙二醇/环氧乙烷生产装置

乙二醇/环氧乙烷生产装置过程排放量的计算方法见式(5-38)。

$$E_{乙二醇} = \sum_{j=1}^{n} \left[(RE_j \times REC_j - EO_j \times EOC_j) \times \frac{44}{12} \right] \tag{5-38}$$

式中，$E_{乙二醇}$——乙二醇生产装置产生的过程排放量，t；

j——乙二醇生产装置序号；

RE_j——第 j 套乙二醇装置乙烯原料用量，t；

REC_j——第 j 套乙二醇装置乙烯原料的含碳量，t/t；

EO_j——第 j 套乙二醇装置的当量环氧乙烷产品产量，t；

EOC_j——第 j 套乙二醇装置环氧乙烷的含碳量，t/t。

7. 其他生产装置

其他生产装置过程排放量的计算方法见式(5-39)。

$$E_{其他} = [\sum_r AD_r \times CC_r - (\sum_p Y_p \times CC_p + \sum_w Q_w \times CC_w)] \times \frac{44}{12} \tag{5-39}$$

式中，$E_{其他}$——某个其他产品生产装置产生的过程排放量，t；

AD_r——该装置生产原料 r 的投入量，对固体或液体原料，t，对气体原料，$10^4 m^3$；

CC_r——原料 r 的含碳量(对于固体或液体原料，单位为 t/t；对于气体原料，单位为 $t/10^4 m^3$)；

Y_p——该装置产出的产品 p 的产量(对于固体或液体原料，单位为 t；对于气体原料，单位为 $10^4 m^3$)；

CC_p——产品 p 的含碳量(对固体或液体原料，单位为 t/t；对于气体原料，单位为 $t/10^4 m^3$)；

Q_w——该装置产出的含碳废弃物 w 的量，t；

CC_w——含碳废弃物 w 的含碳量，t/t。

(五)回收

CO_2 回收量的计算方法见式(5-40)。

$$R_{回收} = (Q_{外供} \times PUR_{外供} + Q_{自用} \times PUR_{自用}) \times 19.7 \tag{5-40}$$

式中，$R_{回收}$——报告主体的 CO_2 回收利用量，t；

$Q_{外供}$——报告主体回收且外供的 CO_2 气体体积，$10^4 m^3$；

$PUR_{外供}$——CO_2 气体纯度，取值范围 0~1；

$Q_{自用}$——报告主体回收且自用作生产原料的 CO_2 气体体积，$10^4 m^3$；

$PUR_{自用}$——CO_2 气体纯度，取值范围 0~1；

19.7——标准状况下 CO_2 气体密度，$t/10^4 m^3$。

三、活动数据

各燃烧设备分品种的化石燃料燃烧量应根据企业能源消费原始记录或统计台账确定，指明确送往各类燃烧设备作为燃料燃烧的化石燃料部分，并应包括进入这些燃烧设备燃烧的企业自产及回收的能源。化石燃料燃烧量不包括石油化工生产过程中作为原料或材料使用的能源消费量。

对于正常工况下的火炬系统，可根据流量监测系统、工程计算或类似估算方法获得报告期内火炬气流量。事故火炬的持续时间及平均气体流量应参考事故调查报告取值。对石油炼制系统的事故火炬气体组分按 C5 组分计，对石油化工系统的事故火炬气体组分按 C3 组分计。

企业净购入的电力消费量，以企业和电网公司结算的电表读数、企业能源消费台账或统计报表为据，等于购入电量与外供电量的净差。企业净购入的热力消费量，以热力购售结算凭证、企业能源消费台账或统计报表为据，等于购入蒸汽、热水的总热量与外供蒸汽、热水的总热量之差。

四、排放因子

有条件的企业可自行或委托有资质的专业机构定期检测燃料的含碳量，燃料含碳量的测定应遵循《煤中碳和氢的测定方法》（GB/T 476—2008）、《石油产品及润滑剂中碳、氢、氮测定　元素分析仪法》（NB/SH/T 0656—2017）、《天然气的组成分析　气相色谱法》（GB/T 13610—2020）、《气体中一氧化碳、二氧化碳和碳氢化合物的测定　气相色谱法》（GB/T 8984—2008）等相关标准。其中，对煤炭应在每批次燃料入厂时或每月至少进行一次检测，并根据燃料入厂量或月消费量加权平均作为该煤种的含碳量；对油品可在每批次燃料入厂时或每季度进行一次检测，取算术平均值作为该油品的含碳量；对天然气等气体燃料可在每批次燃料入厂时或每半年至少检测一次气体组分，然后根据每种气体组分的体积浓度及该组分化学分子式中碳原子的数目计算含碳量。

燃料低位发热量的测定应遵循《煤的发热量测定方法》（GB/T 213—2008）、《石油产品热值测定法》（GB/T 384—81）、《天然气能量的测定》（GB/T 22723—2008）等相关标准。其中，对煤炭应在每批次燃料入厂时或每月至少进行一次检测，以燃料入厂量或月消费量加权平均作为该燃料品种的低位发热量；对油品可在每批次燃料入厂时或每季度进行一次检测，取算术平均值作为该油品的低位发热量；对天然气等气体燃料可在每批次燃料入厂时或每半年进行一次检测，取算术平均值作为低位发热量。

液体燃料的碳氧化率可取缺省值 0.98；气体燃料的碳氧化率可取缺省值 0.99；固体燃料可参考附录中表 F-2 按品种取缺省值。

电力供应的 CO_2 排放因子等于企业生产场地所属区域电网的平均供电 CO_2 排放因子，应根据主管部门的最新发布数据进行取值。热力供应的 CO_2 排放因子应优先采用供热单位提供的 CO_2 排放因子，若不能提供，则按 0.11 t/GJ 计。

第五节　化工生产企业

一、概述

报告主体应以企业法人为边界，核算和报告边界内所有生产设施产生的温室气体排放。生产设施范围包括直接生产系统、辅助生产系统、直接为生产服务的附属生产系统。其中，辅助生产系统包括动力、供电、供水、化验、机修、库房、运输等；附属生产系统包括生产指挥系统（厂部）和厂区内为生产服务的部门和单位（如职工食堂、车间浴室、保健站等）。化工生产企业温室气体核算边界如图 5-5 所示。

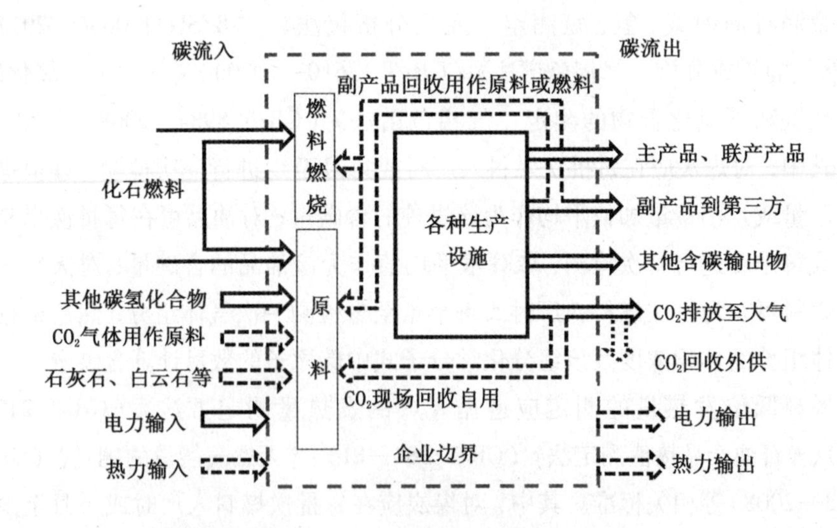

图 5-5　化工生产企业温室气体核算边界示意图

二、计算方法

企业的温室气体排放总量应等于燃料燃烧的 CO_2 排放量，加上工业生产过程产生的 CO_2 当量、企业净购入的电力和热力隐含的 CO_2 排放量，再减去企业回收且外供的 CO_2 量，见式(5-41)。

$$E = E_{燃烧} + E_{电} + E_{热} + E_{过程} - R_{回收} \tag{5-41}$$

式中，E——企业温室气体排放总量，t；

$E_{燃烧}$——企业所有化石燃料燃烧的 CO_2 排放量，t；

$E_{过程}$——企业工业生产过程产生的过程排放量，t；

$E_{电}$——企业净购入电力隐含的 CO_2 排放量，t；

$E_{热}$——企业净购入热力隐含的 CO_2 排放量，t；

$R_{回收}$——企业回收且外供的 CO_2 量，t。

(一)化石燃料燃烧

化石燃料燃烧导致的 CO_2 排放量的计算方法见式(5-42)。

$$E_{燃烧} = \sum_i \left(AD_i \times CC_i \times OF_i \times \frac{44}{12} \right) \tag{5-42}$$

式中，AD_i——化石燃料品种用作燃料燃烧消费量(对于固体或液体燃料及炼厂干气，单位为 t；对于其他气体燃料，以气体燃料标准状况下的体积为准，单位为 $10^4 m^3$，非标准状况下的体积需转化成标准状况下的体积进行计算)；

CC_i——燃烧的化石燃料 i 的含碳量(对于固体和液体燃料，单位为 t/t；对于气体燃料，单位为 $t/10^4 m^3$)；

OF_i——燃烧的化石燃料 i 的碳氧化率，取值范围为 0~1。

(二)工业生产过程

工业生产过程中温室气体排放量等于工业生产过程中不同种类的温室气体排放折算成 CO_2 当量后的和，见式(5-43)。

$$E_{过程} = E_{CO_2过程} + E_{NO_2过程} \times GWP_{N_2O} \tag{5-43}$$

其中，

$$E_{CO_2过程} = E_{CO_2原料} + E_{CO_2碳酸盐} \tag{5-44}$$

$$E_{N_2O过程}=E_{N_2O硝酸}+E_{N_2O己二酸} \quad (5-45)$$

式中，$E_{CO_2原料}$——化石燃料和其他碳氢化合物用作原材料产生的过程排放量，t；

$E_{CO_2碳酸盐}$——碳酸盐使用过程产生的过程排放量，t；

$E_{N_2O硝酸}$——硝酸生产过程的 NO_2 排放量，t；

$E_{N_2O己二酸}$——己二酸生产过程的 NO_2 排放量，t。

其中，N_2O 全球变暖潜势(GWP)值等于 310(以国家发布最新数据为准)。

此外，化石燃料和其他碳氢化合物用作原材料产生的 CO_2 排放，根据原材料输入的碳量及产品输出的碳量，按照碳质量平衡法计算，见式(5-46)。

$$E_{原料}=\left[\sum_r AD_r\times CC_r-\left(\sum_p AD_p\times CC_p+\sum_w AD_w\times CC_w\right)\right]\times\frac{44}{12} \quad (5-46)$$

式中，$E_{原料}$——化石燃料和其他碳氢化合物用作原材料产生的过程排放量，t；

r——进入企业边界的原材料种类，如具体品种的化石燃料、具体名称的碳氢化合物、碳电极及 CO_2 原料；

AD_r——原材料 r 的投入量(对于固体或液体燃料及炼厂干气，单位为 t；对于其他气体燃料，以气体燃料标准状况下的体积为准，单位为 10^4 m^3)；

CC_r——原材料 r 的含碳量(对于固体和液体燃料，单位为 t/t；对于气体燃料，单位为 t/10^4 m^3)；

p——流出企业边界的含碳产品种类，包括各种具体名称的主产品、联产产品、副产品等；

AD_p——含碳产品 p 的产量(对于固体或液体产品，单位为 t；对于其他气体产品，以气体燃料标准状况下的体积为准，单位为 10^4 m^3)；

CC_p——产品 p 的含碳量(对于固体和液体产品，单位为 t/t；对于气体产品，单位为 t/10^4 m^3)；

w——流出企业边界且没有计入产品范畴的其他含碳输出物种类，如炉渣、粉尘、污泥等含碳的废物；

AD_w——含碳废物 w 的输出量，t；

CC_w——产品 w 的含碳量，t/t。

碳酸盐使用过程产生的 CO_2 排放量应根据每种碳酸盐的使用量及其 CO_2 排放因子计算，见式(5-47)。

$$E_{碳酸盐} = \sum_{i} AD_i \times EF_i \times PUR_i \tag{5-47}$$

式中，$E_{碳酸盐}$——碳酸盐使用过程产生的过程排放量，t；

i——碳酸盐种类；

AD_i——碳酸盐 i 用于原材料、助熔剂和脱硫剂的总消费量，t；

EF_i——CO_2 排放因子，t/t；

PUR_i——碳酸盐 i 纯度。

硝酸生产过程中，氨气高温催化氧化会生成副产品 N_2O。N_2O 排放量根据硝酸产量、不同生产技术的 N_2O 生成因子、所安装的 NO_x/N_2O 尾气处理设备的 N_2O 去除效率，以及尾气处理设备使用率计算，见式(5-48)。

$$E_{N_2O硝酸} = \sum_{j,k} AD_j \times EF_j \times (1 - \eta_k \times \mu_k) \times 10^{-3} \tag{5-48}$$

式中，j——硝酸生产技术类型；

k——NO_x/N_2O 尾气处理设备类型；

AD_j——生产工艺 j 的硝酸产量，t；

EF_j——生产技术类型 j 的 N_2O 生成因子，kg/t；

η_k——尾气处理设备类型的使用率；

μ_k——尾气处理设备类型的 N_2O 去除效率。

环已酮/环已醇混合物经硝酸氧化制取已二酸会生成副产品 N_2O。N_2O 排放量可根据已二酸产量、不同生产工艺的 N_2O 生成因子、所安装的 NO_x/N_2O 尾气处理设备的 N_2O 去除效率，以及尾气处理设备使用率计算，见公式(5-49)。

$$E_{N_2O己二酸} = \sum_{j,k} AD_j \times EF_j \times (1 - \eta_k \times \mu_k) \times 10^{-3} \tag{5-49}$$

式中，j——已二酸生产技术类型；

k——NO_x/N_2O 尾气处理设备类型；

AD_j——生产工艺 j 的已二酸产量，t；

EF_j——生产技术类型 j 的 N_2O 生成因子，kg/t；

η_k——尾气处理设备类型的 N_2O 去除效率；

μ_k——尾气处理设备类型的使用率。

（三）电和热

净购入电力、热力隐含的排放量的计算方法见式(5-50)和式(5-51)。

$$E_{电}=AD_{电}\times EF_{电} \tag{5-50}$$

式中，$E_{电}$——报告主体净购入电力隐含的 CO_2 排放量，t；

$AD_{电}$——核算和报告年度内的净外购电量，MW·h；

$EF_{电}$——区域电网年平均供电 CO_2 排放因子，t/(MW·h)。

$$E_{热}=AD_{热}\times EF_{热} \tag{5-51}$$

式中，$E_{热}$——报告主体净购入热力隐含的 CO_2 排放量，t；

$AD_{热}$——核算和报告年度内的净外购热量，GJ；

$EF_{热}$——热力 CO_2 排放因子，t/GJ。

（四）回收

报告主体回收且外供的 CO_2 量的计算方法见式(5-52)。

$$R_{回收}=Q\times PUR_{CO_2}\times 19.7 \tag{5-52}$$

式中，Q——报告主体回收且外供的 CO_2 气体体积，10^4 m^3；

PUR_{CO_2}——CO_2 外供气体的纯度；

19.7——CO_2 外供气体的密度，t/10^4 m^3。

三、活动数据

分品种的化石燃料燃烧活动水平数据应根据企业能源消费台账或统计报表来确定，等于流入企业边界且明确送往各类燃烧设备作为燃料燃烧的化石燃料部分，不包括工业生产过程产生的副产品或可燃废气被回收并作为能源燃烧的部分。

企业应结合碳源流的识别和划分情况，以企业台账或统计报表为据，分别确定原材料投入量、含碳产品产量及其他含碳输出物的活动水平数据。

四、排放因子

有条件的企业可自行或委托有资质的专业机构定期检测燃料的含碳量，燃料含碳量的测定应遵循《煤中碳和氢的测定方法》（GB/T 476—2008）、《石油产品及润滑剂中碳、氢、氮测定法　元素分析仪法》（NB/SH/T 0656—2017）、《天然气的组成分析　气相色谱法》（GB/T 13610—2010）、《气体中一氧化碳、二氧化碳和碳氢化合物的测定　气相色谱法》（GB/T 8984—2008）等相关标准。其中，对煤炭应在每批次燃料入厂时或每月至少进行一次检测，并根据燃料入厂量或月消费量加权平均作为该煤种的含碳量；对油品可在每批次燃料入厂时或每季度进行一次检测，取算术平均值作为该油品的含碳量；对天然气等气体燃料可在每批次燃料入厂时或每半年至少检测一次气体组分，然后根据每种气体组分的体积浓度及该组分化学分子式中碳原子的数目计算含碳量。

燃料低位发热量的测定应遵循《煤的发热量测定方法》（GB/T 213—2008）、《石油产品热值测定法》（GB/T 384—81）、《天然气能量的测定》（GB/T 22723—2008）等相关标准。其中，对煤炭应在每批次燃料入厂时或每月至少进行一次检测，以燃料入厂量或月消费量加权平均作为该燃料品种的低位发热量；对油品可在每批次燃料入厂时或每季度进行一次检测，取算术平均值作为该油品的低位发热量；对天然气等气体燃料可在每批次燃料入厂时或每半年进行一次检测，取算术平均值作为低位发热量。用作原材料的化石燃料的含碳量获取方法参见本节“二、计算方法”中的“（一）化石燃料燃烧”部分。

对其他原材料、含碳产品或含碳输出物的含碳量，可以根据物质成分或纯度及每种物质的化学分子式和碳原子的数目来计算。有条件的企业，还可以自行或委托有资质的专业机构定期检测各种原材料和产品的含碳量。其中，对于固体或液体，企业可按照每天每班取一次样，每月将所有样本混合缩分后进行一次含碳量检测，并以分月的活动水平数据加权平均作为含碳量；对于气体，可定期测量或记录气体组分，并根据每种气体组分的摩尔浓度及该组分化学分子式中碳原子的数目计算得到。

液体燃料的碳氧化率可取缺省值 0.98；气体燃料的碳氧化率可取缺省值 0.99；固体燃料可参考附录中表 F-2 按品种取缺省值。

碳酸盐的 CO_2 排放因子数据可以根据碳酸盐的化学组成、分子式及 CO_3^{2-} 离子的数目计算得到。有条件的企业，可自行或委托有资质的专业机构定期检测碳酸盐的化学组成、纯度和 CO_2 排放因子数据，或采用供应商提供的商品性状数据。

硝酸生产技术类型分类及每种技术类型的 N_2O 生成因子可参考缺省值；NO_x/N_2O 尾气处理设备类型分类及其 N_2O 去除率可参考缺省值。有条件的企业，可自行或委托有资质的专业机构定期检测 N_2O 生成因子和 N_2O 去除率。

尾气处理设备使用率等于尾气处理设备运行时间与硝酸生产装置运行时间的比率，应根据企业实际生产记录来确定。

硝酸氧化制取己二酸的 N_2O 排放因子可取默认值 300 kg/t，其他生产工艺

的 N_2O 排放因子可设为0；NO_x/N_2O 尾气处理设备类型分类及其 N_2O 去除率可参考《IPCC 国家温室气体清单指南》《IPCC 国家温室气体清单优良作法指南和不确定性管理》。有条件的企业，可自行或委托有资质的专业机构定期检测 N_2O 生成因子和 N_2O 去除率。尾气处理设备使用率等于尾气处理设备运行时间与己二酸生产装置运行时间的比率，应根据企业实际生产记录来确定。

电力供应的 CO_2 排放因子等于企业生产场地所属区域电网的平均供电 CO_2 排放因子，应根据主管部门的最新发布数据进行取值。热力供应的 CO_2 排放因子应优先采用供热单位提供的 CO_2 排放因子，若不能提供，则按 0.11 t/GJ 计。

第六节　电解铝生产企业

一、概述

报告主体应以企业法人或视同法人的独立核算单位为边界，核算和报告其生产系统产生的温室气体排放。生产系统包括直接生产系统、辅助生产系统、直接为生产服务的附属生产系统。其中，辅助生产系统包括动力、供电、供水、化验、机修、库房、运输等；附属生产系统包括生产指挥系统（厂部）和厂区内为生产服务的部门和单位（如职工食堂、车间浴室、保健站等）。企业厂界内生活能耗导致的排放原则上不在核算范围内。

二、计算方法

电解铝生产企业的温室气体排放总量等于企业边界内所有生产系统的化石燃料燃烧排放量、原材料与生产过程排放量、企业净购入的电力和热力消费的排放量之和，见式（5-53）。

$$E=E_{燃烧}+E_{原材料}+E_{过程}+E_{电和热} \tag{5-53}$$

式中，E——企业温室气体排放总量，t；

$E_{燃烧}$——企业所有化石燃料燃烧排放量，t；

$E_{原材料}$——能源作为原材料用途的排放量，t；

$E_{过程}$——企业工业生产过程产生的过程排放量，t；

$E_{电和热}$——企业净购入的电力和热力消费的排放量，t。

(一)化石燃料燃烧

其中，化石燃料燃烧导致的 CO_2 排放量的计算方法见式(5-54)。

$$E_{燃烧} = \sum_{i=1}^{n} AD_i \times EF_i \tag{5-54}$$

式中，AD_i——核算和报告年度内第 i 种化石燃料的活动水平，GJ；

EF_i——第 i 种化石燃料的 CO_2 排放因子，t/GJ；

i——化石燃料类型代号。

(二)原材料与工业生产过程

能源作为原材料用途(炭阳极消耗)的 CO_2 排放量的计算方法见式(5-55)。

$$E_{原材料} = EF_{炭阳极} \times P \tag{5-55}$$

式中，$E_{原材料}$——核算和报告年度内，炭阳极消耗导致的 CO_2 排放量，t；

$EF_{炭阳极}$——炭阳极消耗的 CO_2 排放因子，t/t；

P——活动水平，即核算和报告年度内的原铝产量，t。

其中，电解铝企业工业生产过程排放量是其阳极效应排放量与煅烧石灰石排放量之和，见式(5-56)至式(5-58)。

$$E_{过程} = E_{PFCs} + E_{石灰石} \tag{5-56}$$

式中，$E_{过程}$——核算和报告年度内的过程排放量，t；

E_{PFCs}——核算和报告年度内的阳极效应全氟化碳排放量，t；

$E_{石灰石}$——核算和报告年度内的煅烧石灰石排放量，t。

$$E_{PFCs} = \frac{(6500 \times EF_{CF_4} + 9200 \times EF_{C_2F_6}) \times P}{1000} \tag{5-57}$$

式中，E_{PFCs}——核算和报告年度内的阳极效应全氟化碳排放量，t；

6500——CF_4的 GWP 值；

EF_{CF_4}——阳极 CF_4的排放因子，kg/t；

9200——C_2F_6的 GWP 值；

$EF_{C_2F_6}$——阳极 C_2F_6的排放因子，kg/t；

P——阳极效应的活动水平，即核算和报告年度内的原铝产量，t。

$$E_{石灰石} = L \times EF_{石灰石} \tag{5-58}$$

式中，$E_{石灰石}$——石灰石煅烧分解所导致的 CO_2 排放量，t；

L——核算和报告年度内的石灰石原料消耗量，t；

$EF_{石灰石}$——煅烧石灰石的 CO_2 排放因子，t/t。

（三）电和热

净购入电力、热力消费产生的排放量的计算方法见式（5-59）。

$$E_{电和热}=AD_{电}\times EF_{电}+AD_{热}\times EF_{热} \tag{5-59}$$

式中，$E_{电和热}$——购入的电力、热力消费所对应的 CO_2 排放量，t；

$AD_{电}$——核算和报告年度内的净外购电量，MW·h；

$EF_{电}$——区域电网年平均供电 CO_2 排放因子，t/（MW·h）；

$AD_{热}$——核算和报告年度内的净外购热量，GJ；

$EF_{热}$——热力消费的 CO_2 排放因子，t/GJ。

三、活动数据

计算能源作为原材料用途的阳极效应排放所需的活动水平是指核算和报告年度内的原铝产量，计算能源作为原材料用途的煅烧石灰石所需的活动水平是核算和报告年度内的石灰石原料消耗量，均采用企业计量数据。

四、排放因子

能源作为原材料用途的排放中炭阳极消耗的 CO_2 排放因子在采用式（5-60）计算：

$$EF_{炭阳极}=NC_{炭阳极}\times(1-S_{炭阳极}-A_{炭阳极})\times\frac{44}{12} \tag{5-60}$$

式中，$EF_{炭阳极}$——炭阳极消耗的 CO_2 排放因子，t/t；

$NC_{炭阳极}$——吨铝炭阳极净耗，t/t（可采用中国有色金属工业协会的推荐值0.42；具备条件的企业可以按月称重检测，取年度平均值）；

$S_{炭阳极}$——核算和报告年度内的炭阳极平均含硫量，%，［可采用中国有色金属工业协会的推荐值2%；具备条件的企业可以按照《铝用炭素材料检测方法　第20部分：硫分的测定》（YS/T 63.20—2006），对每个批次的炭阳极进行抽样检测，取年度平均值］；

$A_{炭阳极}$——核算和报告年度内的炭阳极平均灰分含量，[可采用中国有色金属工业协会的推荐值0.4%；具备条件的企业可以按照《铝用炭素材料检测方法　第19部分：灰分含量的测定》(YS/T 63.19—2021)，对每个批次的炭阳极进行抽样检测，取年度平均值]。

阳极效应的排放因子与电解槽的技术类型密切相关。目前，我国电解铝生产主要采用点式下料预焙槽技术(PFPB)，属于国际先进技术，中国有色金属工业协会推荐的 CH_4 排放因子、C_2F_6 排放因子数值为0.034 kg/t、0.0034 kg/t。具备条件的企业可采用国际通用的斜率法经验公式测算本企业的阳极效应排放因子。

煅烧石灰石的 CO_2 排放因子采用中国有色金属工业协会推荐值0.405 t/t。

第七节　水泥生产企业

一、概述

报告主体应以企业为边界，核算和报告边界内所有生产设施产生的温室气体排放。生产设施范围包括直接生产系统、辅助生产系统、直接为生产服务的附属生产系统。其中，辅助生产系统包括动力、供电、供水、检验、机修、库房、运输等；附属生产系统包括生产指挥系统(厂部)和厂区内为生产服务的部门和单位(如职工食堂、车间浴室、保健站等)。

如果水泥生产企业还生产其他产品，且生产活动存在温室气体排放，应按照相关行业的企业温室气体排放核算和报告指南一并核算和报告。如果没有相关的核算方法，就只核算这些产品生产活动中化石燃料燃烧引起的排放。

二、计算方法

水泥生产企业的温室气体排放总量等于企业边界内所有生产系统的化石燃料燃烧排放量、过程排放量、企业净购入的电力和热力消费的排放量之和，见式(5-61)。

$$E=E_{燃烧1}+E_{燃烧2}+E_{过程1}+E_{过程2}+E_{电和热} \tag{5-61}$$

式中，E——企业温室气体排放总量，t；

$E_{燃烧1}$——企业所有化石燃料燃烧排放量，t；

$E_{燃烧2}$——企业所消耗的替代燃料或废弃物燃烧产生的排放量，t；

$E_{过程1}$——企业在生产过程中原料碳酸盐分解产生的过程排放量，t；

$E_{过程2}$——企业在生产过程中生料中的非燃料碳煅烧产生的过程排放量，t；

$E_{电和热}$——企业净购入的电力和热力消费的排放量，t。

（一）化石燃料燃烧

化石燃料燃烧导致的 CO_2 排放量的计算方法见式(5-62)。

$$E_{燃烧1} = \sum_{i=1}^{n} AD_i \times EF_i \tag{5-62}$$

式中，AD_i——核算和报告年度内第 i 种化石燃料的活动水平，GJ；

EF_i——第 i 种化石燃料的 CO_2 排放因子，t/GJ；

i——化石燃料类型代号。

其中，替代燃料或废弃物中非生物质碳燃烧导致的 CO_2 排放量的计算方法见式(5-63)。

$$E_{燃烧2} = \sum_{i} Q_i \times HV_i \times EF_i \times \alpha_i \tag{5-63}$$

式中，$E_{燃烧2}$——核算报告期内替代燃料或废弃物中非生物质碳燃烧所产生的 CO_2 排放量，t；

Q_i——各种替代燃料或废弃物的用量，t；

HV_i——各种替代燃料或废弃物的加权平均低位发热量，GJ/t；

EF_i——各种替代燃料或废弃物燃烧的 CO_2 排放因子，t/GJ；

α_i——各种替代燃料或废弃物中非生物质碳的含量，%；

i——替代燃料或废弃物的种类。

（二）生产过程排放

原料碳酸盐分解导致的 CO_2 排放量的计算方法见式(5-64)。

$$E_{过程1} = \left(\sum_{i} Q_i + Q_{ckd} + Q_{bpd}\right) \times \left[(FR_1 - FR_{10}) \times \frac{44}{56} + (FR_2 - FR_{20}) \times \frac{44}{40}\right] \tag{5-64}$$

式中，$E_{过程1}$——原料碳酸盐分解产生的 CO_2 排放量，t；

Q_i——生产的水泥熟料产量，t；

Q_{ckd}——窑炉排气筒(窑头)粉尘的重量，t；

Q_{bpd}——窑炉旁路放风粉尘的重量，t；

FR_1——熟料中 CaO 的含量，%；

FR_{10}——熟料中不是来源于碳酸盐分解的 CaO 的含量，%；

FR_2——熟料中氧化镁(MgO)的含量，%；

FR_{20}——熟料中不是来源于碳酸盐分解的氧化镁(MgO)的含量，%；

$\frac{44}{56}$——CO_2 与 CaO 的相对分子质量换算系数；

$\frac{44}{40}$——CO_2 与 MgO 的相对分子质量换算系数。

其中，生料中非燃料碳煅烧导致的 CO_2 排放量的计算方法见式(5-65)。

$$E_{过程2}=Q\times FR_0\times\frac{44}{12} \tag{5-65}$$

式中，$E_{过程2}$——核算和报告期内生料中非燃料碳煅烧所产生的 CO_2 排放量，t；

Q——生料的数量，t；

FR_0——生料中非燃料碳含量，%，[如缺少测量数据，可取 0.1%～0.3%(干基)，生料采用煤矸石、高碳粉煤灰等配料时取高值，否则取低值]；

$\frac{44}{12}$——CO_2 与 C 的相对分子质量换算系数。

(三)电和热

净购入电力、热力消费产生的排放量的计算方法见式(5-66)。

$$E_{电和热}=AD_{电}\times EF_{电}+AD_{热}\times EF_{热} \tag{5-66}$$

式中，$E_{电和热}$——购入的电力、热力消费所对应的 CO_2 排放量，t；

$AD_{电}$——核算和报告年度内的净外购电量，MW・h；

$EF_{电}$——区域电网年平均供电 CO_2 排放因子，t/(MW・h)；

$AD_{热}$——核算和报告年度内的净外购热量，GJ；

$EF_{热}$——热力消费的 CO_2 排放因子，t/GJ。

三、活动数据

各种化石燃料的净消耗量应根据各种化石燃料消耗的计量数据来确定。企业可选择采用指南提供的化石燃料平均低位发热量数据。具备条件的企业可开展实测，或委托有资质的专业机构进行检测，也可采用与相关方结算凭证中提供的检测值。如选择实测，化石燃料低位发热量检测应遵循《煤的发热量测定方法》(GB/T 213—2008)、《石油产品热值测定法》(GB/T 384—81)、《天然气能量的测定》(GB/T 22723—2008)等相关标准。

水泥企业生产的水泥熟料产量，采用核算和报告期内企业的生产记录数据。窑炉排气筒(窑头)粉尘的重量、窑炉旁路放风粉尘的重量，可以采用企业的生产记录，根据物料衡算的方法获取；也可以采用企业测量的数据。

熟料中 CaO 和 MgO 的含量、熟料中不是来源于碳酸盐分解的 CaO 和 MgO 的含量，采用企业测量的数据。

四、排放因子

各种替代燃料或废弃物的平均低位发热量、CO_2 排放因子、非生物质碳的含量，可选择采用指南提供的数据缺省值。

第八节　平板玻璃生产企业

一、概述

报告主体应以企业为边界，核算和报告边界内所有生产设施产生的温室气体排放。生产设施范围包括直接生产系统、辅助生产系统、直接为生产服务的附属生产系统。其中，辅助生产系统包括动力、供电、供水、检验、机修、库房、运输等；附属生产系统包括生产指挥系统(厂部)和厂区内为生产服务的部门和单位(如职工食堂、车间浴室、保健站等)。

二、计算方法

平板玻璃生产企业的温室气体排放总量等于企业边界内所有生产系统的化

石燃料燃烧排放量、过程排放量、企业净购入的电力和热力消费的排放量之和，见式(5-67)。

$$E=E_{燃烧}+E_{过程}+E_{电和热} \tag{5-67}$$

式中，E——企业温室气体排放总量，t；

$E_{燃烧}$——企业所有化石燃料燃烧排放量，t；

$E_{过程}$——企业在生产过程中产生的过程排放量，t；

$E_{电和热}$——企业净购入的电力和热力消费的排放量，t。

(一)化石燃料燃烧

化石燃料燃烧导致的 CO_2 排放量的计算方法见式(5-68)。

$$E_{燃烧} = \sum_{i=1}^{n} AD_i \times EF_i \tag{5-68}$$

式中，AD_i——核算和报告年度内第 i 种化石燃料的活动水平，GJ；

EF_i——第 i 种化石燃料的 CO_2 排放因子，t/GJ；

i——化石燃料类型代号。

(二)工业生产过程

原料配料中碳粉氧化的排放导致的 CO_2 排放量的计算方法见式(5-69)。

$$E_{过程1}=Q_c \times C_c \times \frac{44}{12} \tag{5-69}$$

式中，$E_{过程1}$——核算和报告期内碳粉燃烧产生的 CO_2 排放量，t；

Q_c——各种替代燃料或废弃物的用量，t；

C_c——碳粉含碳量的加权平均值(如缺少测量数据，可按照 100%计算)；

$\frac{44}{12}$——CO_2 与 C 的相对分子质量换算系数。

其中，原料碳酸盐分解导致的 CO_2 排放量的计算方法见式(5-70)。

$$E_{过程2} = \sum_i M_i \times EF_i \times F_i \tag{5-70}$$

式中，$E_{过程2}$——核算和报告年度内原料碳酸盐分解产生的 CO_2 排放量，t；

M_i——消耗的碳酸盐 i 的重量，t；

EF_i——为第 i 种碳酸盐特定的 CO_2 排放因子，t/t；

F_i——第 i 种碳酸盐的煅烧比例(如缺少测量数据，可按照 100%计算)；

i——碳酸盐的种类。

（三）电和热

净购入电力、热力消费产生的排放量的计算方法见式(5-71)。

$$E_{电和热}=AD_{电}\times EF_{电}+AD_{热}\times EF_{热} \tag{5-71}$$

式中，$E_{电和热}$——购入的电力、热力消费所对应的 CO_2 排放量，t；

$AD_{电}$——净外购电量，MW·h；

$EF_{电}$——区域电网年平均供电 CO_2 排放因子，t/(MW·h)；

$AD_{热}$——净外购热量，GJ；

$EF_{热}$——热力消费的 CO_2 排放因子，t/GJ。

三、活动数据

各种化石燃料的净消耗量应根据各种化石燃料消耗的计量数据来确定。企业可选择采用指南提供的化石燃料平均低位发热量数据。具备条件的企业可开展实测，或委托有资质的专业机构进行检测，也可采用与相关方结算凭证中提供的检测值。如选择实测，化石燃料低位发热量检测应遵循《煤的发热量测定方法》(GB/T 213—2008)、《石油产品热值测定法》(GB/T 384—81)、《天然气能量的测定》(GB/T 22723—2008)等相关标准。

平板玻璃生产企业原材料的消耗量，应按照生产操作记录的数据；碳酸盐的煅烧比例，可采用企业测量的数据，也可以取100%。

四、排放因子

电力排放因子应根据企业生产所在地及目前我国东北、华北、华东、华中、西北、南方电网划分，选用国家主管部门最近年份公布的相应区域电网排放因子。供热 CO_2 排放因子暂按0.11 t/GJ计，并根据政府主管部门发布的官方数据保持更新。

第三篇

温室气体减排量核算方法

第六章　造林项目

围绕林业设计的减排方法学有很多，中国核证自愿减排量(CCER)已备案的方法学包括《碳汇造林项目方法学》《森林经营碳汇项目方法学》《竹子造林碳汇项目方法学》《竹林经营碳汇项目方法学》，以及《可持续草地管理温室气体减排计量与监测方法学》。

本章对应方法学为国家发展和改革委员会备案的《碳汇造林项目方法学》(版本号 V01)，其中所指造林项目并非一般意义的造林活动，而是特指以增加森林碳汇为主要目标之一，对造林和林木生长全过程实施碳汇计量和监测而进行的有特殊要求的项目活动。

第一节　概述

因为具备了碳汇属性，所以并非所有造林活动都符合方法学要求，必须满足项目适用性、土地合格性、项目额外性三方面要求。

一、项目适用性

碳汇造林项目须满足表 6-1 所列要求。

表 6-1　碳汇造林项目适用条件

序号	基本要求
1	项目活动的土地是 2005 年 2 月 16 日以来的无林地。造林地权属清晰，具有县级以上人民政府核发的土地权属证书
2	项目活动的土地不属于湿地和有机土的范畴
3	项目活动不违反任何国家有关法律、法规和政策措施，且符合国家造林技术规程
4	项目活动对土壤的扰动符合水土保持的要求，如沿等高线进行整地、土壤扰动面积比例不超过地表面积的 10%，且 20 年内不重复扰动

表6-1(续)

序号	基本要求
5	项目活动不采取烧除的林地清理方式(炼山)及其他人为火烧活动
6	项目活动不移除地表枯落物，不移除树根、枯死木及采伐残余物
7	项目活动不会造成项目开始前农业活动(作物种植和放牧)的转移

二、土地合格性

碳汇造林项目边界内的土地须满足表6-2所列要求。

表6-2　碳汇造林项目所在土地要求

序号	基本要求
1	自2005年2月16日起，项目活动所涉及的每个地块上的植被状况达不到我国政府规定的标准，即植被状况不能同时满足下列所有条件：(1)连续面积不小于0.0667 ha；(2)郁闭度不小于0.20；(3)成林后树高不低于2 m
2	如果地块上有天然或人工幼树，其继续生长不会达到我国政府规定的森林的阈值标准

为证明项目每个地块的土地合格性，项目业主或参与方须提供相应的证据，可以是：经过地面验证的高分辨率的地理空间数据(如卫星影像、航片)，或森林分布图、林相图或其他林业调查规划空间数据，或土地权属证或其他可用于证明的书面文件。如果没有上述资料，须呈交通过参与式乡村评估(PRA)方法获得的书面证据。

三、项目额外性

碳汇造林项目须识别基线情景，并从障碍、投资、普遍性做法三个维度对其额外性进行论证，如某一环节不具备额外性，该方法学就不适用。碳汇造林项目额外性须满足表6-3所列要求。

表6-3　项目额外性要求

项目条件	基本要求
基线情景	不止1个土地利用情景
障碍	除拟议项目活动外，至少1个土地利用情景，不具备投资、制度、技术、生态条件、社会条件及其他障碍

表6-3(续)

项目条件	基本要求
投资	如拟议项目不具有投资障碍，则拟议项目非净收益最高的土地利用情景
普遍性做法	拟议的项目活动不属于普遍性做法

第二节 项目范围

一、边界

项目边界是指由拥有土地所有权或使用权的项目参与方实施的造林项目活动的地理范围，包括以造林项目产生的产品为原材料生产的木产品的使用地点。

项目边界包括事前项目边界和事后项目边界。其中，事前项目边界是在项目设计和开发阶段确定的项目边界，是计划实施造林项目活动的地理边界。事后项目边界是在项目监测时确定的、项目核查时核实的、实际实施的项目活动的边界。

二、碳库

如表6-4所列，造林项目活动的碳库包括地上生物量、地下生物量、枯死木、枯落物、土壤有机碳和木产品。其中，地上生物量和地下生物量碳库必须要选择；其他碳库可以根据实际数据的可获得性、成本有效性、保守性原则，选择是否忽略。

表6-4 碳库种类及必要性

碳库种类	必要性	解释
地上生物量	必要	项目活动产生的主要碳库
地下生物量	必要	项目活动产生的主要碳库
枯死木	非必要	项目活动的实施会增加这个碳库，如数据不可获取，则可保守忽略该碳库

表6-4(续)

碳库种类	必要性	解释
枯落物	非必要	项目活动的实施会增加这个碳库，如数据不可获取，则可保守忽略该碳库
土壤有机碳	非必要	项目活动的实施会增加这个碳库，如数据不可获取，则可保守忽略该碳库
木产品	非必要	项目活动的实施会增加这个碳库，如数据不可获取，则可保守忽略该碳库

三、排放源

项目活动除了产生碳汇，还可能产生温室气体排放。需要纳入核算的温室气体排放源及气体种类见表6-5。

表6-5 温室气体排放源及气体种类

温室气体排放源	温室气体种类	是否纳入	说明
生物质燃烧	CO_2	否	生物质燃烧导致的 CO_2 排放已在碳储量变化中考虑
	CH_4	是	有森林火灾发生，会导致生物质燃烧产生 CH_4 排放
		否	没有森林火灾发生
	N_2O	是	有森林火灾发生，会导致生物质燃烧产生 N_2O 排放
		否	没有森林火灾发生

第三节 核算方法

一、项目减排量

项目活动所产生的减排量等于项目碳汇量减去基线碳汇量，计算方法见式(6-1)。

$$\Delta C_{AR,\ t}=\Delta C_{ACTURAL,\ t}-\Delta C_{BSL,\ t} \tag{6-1}$$

式中，$\Delta C_{AR,\ t}$——第 t 年时的项目减排量，t;

$\Delta C_{ACTURAL,t}$——第 t 年时的项目碳汇量，t；

$\Delta C_{BSL,t}$——第 t 年时的基线碳汇量，t；

t——自项目开始以来的年数，$t=1, 2, 3, \cdots$。

二、基线碳汇量

基线碳汇量是指在基线情景下项目边界内各碳库的碳储量变化量之和。以无林地造林项目为例，基线情景下的枯死木、枯落物、土壤有机碳和木产品碳库的变化量可以忽略不计，统一视为零。因此，基线碳汇量只考虑林木和灌木生物质碳储量的变化，见式(6-2)。

$$\Delta C_{BSL,t}=\Delta C_{TREE\_BSL,t}+\Delta C_{SHRUB\_BSL,t} \tag{6-2}$$

式中，$\Delta C_{BSL,t}$——第 t 年的基线碳汇量，t；

$\Delta C_{TREE\_BSL,t}$——第 t 年时，项目边界内基线林木生物质碳储量的变化量，t；

$\Delta C_{SHRUB\_BSL,t}$——第 t 年时，项目边界内基线灌木生物质碳储量的变化量，t。

1. 基线林木生物质碳储量的变化

根据划分的基线碳层，基线林木生物质碳储量的变化量($\Delta C_{TREE\_BSL,t}$)等于各基线碳层的林木生物质碳储量的变化量之和，见式(6-3)。

$$\Delta C_{TREE\_BSL,t} = \sum_{i=1} \Delta C_{TREE\_BSL,i,t} \tag{6-3}$$

式中，$\Delta C_{TREE\_BSL,i,t}$——第 t 年时，第 i 基线碳层林木生物质碳储量的变化量，t；

i——基线碳层，$i=1, 2, 3, \cdots$；

t——自项目开始以来的年数，$t=1, 2, 3, \cdots$。

假定一段时间内(第 t_1 至 t_2 年)基线林木生物量的变化是线性的，基线林木生物质碳储量的变化量计算方法见式(6-4)。

$$\Delta C_{TREE\_BSL,i,t}=\frac{C_{TREE\_BSL,i,t_2}-C_{TREE\_BSL,i,t_1}}{t_2-t_1} \tag{6-4}$$

式中，$\Delta C_{TREE\_BSL,i,t}$——第 t 年时，第 i 基线碳层林木生物质碳储量的变化量，t；

$C_{TREE\_BSL,i,t}$——第 t 年时，第 i 基线碳层林木生物质碳储量，t；

t——自项目开始以来的年数，$t=1, 2, 3, \cdots$；

t_1，t_2——项目开始以后的第 t_1 年和第 t_2 年，且 $t_1 \leqslant t \leqslant t_2$。

林木生物质碳储量是利用林木生物量含碳率将林木生物量转化为碳含量，再利用 CO_2 与 C 的相对分子质量比将碳含量转换为 CO_2 当量，见式(6-5)。

$$C_{\mathrm{TREE\_BSL},\,i,\,j,\,t}=\frac{44}{12}\sum_{j=1}B_{\mathrm{TREE\_BSL},\,i,\,j,\,t}\times CF_{\mathrm{TREE\_BSL},\,j} \tag{6-5}$$

式中，$C_{\mathrm{TREE\_BSL},\,i,\,j,\,t}$——第 t 年时，第 i 基线碳层树种 j 的生物质碳储量，t；

$B_{\mathrm{TREE\_BSL},\,i,\,j,\,t}$——第 t 年时，第 i 基线碳层树种 j 的生物量，t；

$CF_{\mathrm{TREE\_BSL},\,j}$——树种 j 的生物量中的含碳率。

其中，$B_{\mathrm{TREE_BSL},\,i,\,j,\,t}$的计算方法有生物量方程法和生物量扩展因子法，优良做法是采用生物量方程法，在数据不可获取的情况下可使用生物量扩展因子法，见式(6-6)和式(6-7)。

方法一：生物量方程法。

$$B_{\mathrm{TREE\_BSL},\,i,\,j,\,t}=f_{j(x_{1_{i,j,t}},\,x_{2_{i,j,t}},\,x_{3_{i,j,t}},\cdots)}\times(1+R_{\mathrm{TREE\_BSL},\,j})\times N_{\mathrm{TREE\_BSL},\,i,\,j,\,t}\times A_{\mathrm{TREE\_BSL},\,i} \tag{6-6}$$

式中，$B_{\mathrm{TREE\_BSL},\,i,\,j,\,t}$——第 t 年时，第 i 基线碳层树种 j 的生物量，t；

$f_{j(x_{1_{i,j,t}},\,x_{2_{i,j,t}},\,x_{3_{i,j,t}},\cdots)}$——将第 t 年第 i 基线碳层树种 j 的测树因子(x_1，x_2，x_3，…)转化为地上生物量的回归方程，测树因子(x_1，x_2，x_3，…)可以是胸径、树高等，t/株；

$R_{\mathrm{TREE\_BSL},\,j}$——树种 j 的地下生物量与地上生物量之比，无量纲；

$N_{\mathrm{TREE\_BSL},\,i,\,j,\,t}$——第 t 年时，第 i 基线碳层的树种 j 的株数；

$A_{\mathrm{TREE\_BSL},\,i}$——第 i 基线碳层的面积，ha；

j——树种，$j=1，2，3，\cdots$；

i——基线碳层，$i=1，2，3，\cdots$；

t——自项目开始以来的年数，$t=1，2，3，\cdots$。

方法二：生物量扩展因子法。

$$B_{\mathrm{TREE\_BSL},\,i,\,j,\,t}=V_{\mathrm{TREE\_BSL},\,i,\,j,\,t}\times D_{\mathrm{TREE\_BSL},\,j}\times BEF_{\mathrm{TREE\_BSL},\,j}\times(1+R_{\mathrm{TREE\_BSL},\,j})\times N_{\mathrm{TREE\_BSL},\,i,\,j,\,t}\times A_{\mathrm{TREE\_BSL},\,i} \tag{6-7}$$

式中，$B_{\mathrm{TREE\_BSL},\,i,\,j,\,t}$——第 t 年时，第 i 基线碳层树种 j 的生物量，t；

$V_{\mathrm{TREE\_BSL},\,i,\,j,\,t}$——第 t 年时，第 i 基线碳层树种 j 的材积(通过胸径和/或树高数据查材积表或将数据代入材积方程计算得来，每株的体积)，m^3；

$D_{\mathrm{TREE\_BSL},\,j}$——第 i 基线碳层树种 j 的基本木材密度(带皮)，t/m^3；

$BEF_{\mathrm{TREE\_BSL},\,j}$——第 i 基线碳层树种 j 的生物量扩展因子，用于将树干材积转化为林木地上生物量，无量纲；

$R_{TREE\_BSL,\ j}$——树种 j 的地下生物量与地上生物量之比，无量纲；

$N_{TREE\_BSL,\ i,\ j,\ t}$——第 t 年时，第 i 基线碳层树种 j 的株数；

$A_{TREE\_BSL,\ i}$——第 i 基线碳层的面积，ha；

i——基线碳层，$i=1, 2, 3, \cdots$；

j——树种，$j=1, 2, 3, \cdots$；

t——自项目开始以来的年数，$t=1, 2, 3, \cdots$。

2. 基线灌木生物质碳储量的变化

假定一段时间内（第 t_1 至 t_2 年）灌木生物量的变化是线性的，基线灌木生物质碳储量的变化量见式（6-8）。

$$\Delta C_{SHRUB\_BSL,\ t} = \sum_{i=1} \Delta C_{SHRUB\_BSL,\ i,\ t} = \sum_{i=1} \left(\frac{C_{SHRUB\_BSL,\ i,\ t_2} - C_{SHRUB\_BSL,\ i,\ t_1}}{t_2 - t_1} \right) \tag{6-8}$$

式中，$\Delta C_{SHRB\_BSL,\ t}$——第 t 年时，基线灌木生物质碳储量的变化量，t；

$\Delta C_{SHRUB\_BSL,\ i,\ t}$——第 t 年时，第 i 基线碳层灌木生物质碳储量的变化量，t；

$C_{SHRUB\_BSL,\ i,\ t}$——第 t 年时，第 i 基线碳层灌木生物质碳储量，t；

i——基线碳层，$i=1, 2, 3, \cdots$；

t——自项目开始以来的年数，$t=1, 2, 3, \cdots$；

t_1，t_2——项目开始以后的第 t_1 年和第 t_2 年，且 $t_1 \leqslant t \leqslant t_2$。

第 t 年时，项目边界内基线灌木生物质碳储量计算方法见式（6-9）。

$$C_{SHRUB\_BSL,\ i,\ t} = \frac{44}{12} \times CF_S \times (1+R_S) \times A_{BSL,\ i,\ t} \times B_{SHRUB\_BSL,\ i,\ t} \tag{6-9}$$

式中，$C_{SHRUB\_BSL,\ i,\ t}$——第 t 年时，第 i 基线碳层灌木生物质碳储量，t；

CF_S——灌木生物量中的含碳率，缺省值为 0.47；

R_S——灌木的地下生物量与地上生物量之比，无量纲；

$A_{SHRUB\_BSL,\ i,\ t}$——第 t 年时，第 i 基线碳层的面积，ha；

$B_{SHRUB\_BSL,\ i,\ t}$——第 t 年时，第 i 基线碳层平均每公顷灌木地上生物量，t；

i——基线碳层，$i=1, 2, 3, \cdots$；

t——自项目开始以来的年数，$t=1, 2, 3, \cdots$。

灌木平均每公顷生物量主要采用“缺省值”法进行估算。当灌木盖度小于 5%时，平均每公顷灌木生物量视为 0；当灌木盖度不小于 5%时，按式（6-10）进行估算。

$$B_{SHRUB\_BSL,i,t}=BDR_{SF}\times B_{FOREST}\times CC_{SHRUB\_BSL,i,t} \tag{6-10}$$

式中，$B_{SHRUB\_BSL,i,t}$——第 t 年时，第 i 基线碳层平均每公顷灌木地上生物量，t；

BDR_{SF}——灌木盖度为1.0时的平均每公顷灌木地上生物量，与项目实施区域的平均每公顷森林地上生物量的比值，无量纲；

B_{FOREST}——项目实施区域的平均每公顷森林地上生物量，t；

$CC_{SHRUB\_BSL,i,t}$——第 t 年时，第 i 基线碳层的灌木盖度，以小数表示（如盖度为10%，则 $CC_{SHRUB\_BSL,i,t}=0.10$），无量纲；

i——基线碳层，$i=1, 2, 3, \cdots$；

t——自项目开始以来的年数，$t=1, 2, 3, \cdots$。

三、项目碳汇量

项目碳汇量等于拟议的项目边界内各碳库中碳储量变化之和，再减去项目边界内产生的温室气体排放的增加量，见式(6-11)。

$$\Delta C_{ACTURAL,t}=\Delta C_{P,t}-GHG_{E,t} \tag{6-11}$$

式中，$\Delta C_{ACTURAL,t}$——第 t 年时项目碳汇量，t；

$\Delta C_{P,t}$——第 t 年时，项目边界内所选碳库的碳储量变化量，t；

$GHG_{E,t}$——第 t 年时，由于项目活动的实施所导致的项目边界内非 CO_2 温室气体排放的增加量，项目事前预估时设为0，t。

1. 碳储量变化量

第 t 年时，项目边界内所选碳库的碳储量变化量的计算方法见式(6-12)。

$$\Delta C_{P,t}=\Delta C_{TREE\_PROJ,t}+\Delta C_{SHRUB\_PROJ,t}+\Delta C_{DW\_PROJ,t}+\Delta C_{LI\_PROJ,t}+\Delta SOC_{AL,t}+\Delta C_{HWP\_PROJ,t} \tag{6-12}$$

式中，$\Delta C_{P,t}$——第 t 年时，项目边界内所选碳库的碳储量变化量，t；

$\Delta C_{TREE\_PROJ,t}$——第 t 年时，项目边界内林木生物质碳储量的变化量，t；

$\Delta C_{SHRUB\_PROJ,t}$——第 t 年时，项目边界内灌木生物质碳储量的变化量，t；

$\Delta C_{DW\_PROJ,t}$——第 t 年时，项目边界内枯死木碳储量的变化量，t；

$\Delta C_{LI\_PROJ,t}$——第 t 年时，项目边界内枯落物碳储量的变化量，t；

$\Delta SOC_{AL,t}$——第 t 年时，项目边界内土壤有机碳碳储量的变化量，t；

$\Delta C_{HWP\_PROJ,t}$——第 t 年时，项目情景下收获木产品碳储量的变化量，t。

(1)林木生物质碳储量变化量

林木生物质碳储量变化量计算方法见式(6-13)和式(6-14)。

$$\Delta C_{\mathrm{TREE\_PROJ},\,t}=\sum_{i=1}\Delta C_{\mathrm{TREE\_PROJ},\,i,\,t}=\sum_{i=1}\left(\frac{C_{\mathrm{TREE\_PROJ},\,i,\,t_2}-C_{\mathrm{TREE\_PROJ},\,i,\,t_1}}{t_2-t_1}\right)\tag{6-13}$$

$$C_{\mathrm{TREE\_PROJ},\,i,\,t}=\frac{44}{12}\times\sum_{f=1}\left(B_{\mathrm{TREE\_PROJ},\,i,\,j,\,t}\times CF_{\mathrm{TREE\_PROJ},\,j}\right)\tag{6-14}$$

式中，$\Delta C_{\mathrm{TREE\_PROJ},\,t}$——第 t 年时，项目边界内林木生物质碳储量的变化量，t；

$\Delta C_{\mathrm{TREE\_PROJ},\,i,\,t}$——第 t 年时，第 i 项目碳层林木生物质碳储量的变化量，t；

$C_{\mathrm{TREE\_PROJ},\,i,\,t}$——第 t 年时，第 i 项目碳层林木生物质碳储量，t；

$B_{\mathrm{TREE\_PROJ},\,i,\,j,\,t}$——第 t 年时，第 i 项目碳层树种 j 的生物量，t；

$CF_{\mathrm{TREE\_PROJ},\,j,\,t}$——树种 j 生物量中的含碳率；

t_1，t_2——项目开始以后的第 t_1 年和第 t_2 年，且 $t_1 \leqslant t \leqslant t_2$；

i——项目碳层，$i=1$，2，3，…；

j——树种，$j=1$，2，3，…；

t——自项目开始以来的年数，$t=1$，2，3，…。

(2)灌木生物质碳储量变化量

灌木生物质碳储量变化量与基线灌木生物质碳储量变化量的计算方法相同，采用式(6-8)和式(6-9)进行计算。灌木生物量的计算方法见式(6-10)。

(3)枯死木碳储量变化量

枯死木碳储量变化量采用缺省因子法进行计算。假定一段时间内枯死木碳储量的变化量为线性，则一段时间内枯死木碳储量的平均变化量计算方法见式(6-15)和式(6-16)。

$$\Delta C_{\mathrm{DW\_PROJ},\,t}=\sum_{i=1}\left(\frac{C_{\mathrm{DW\_PROJ},\,i,\,t_2}-C_{\mathrm{DW\_PROJ},\,i,\,t_1}}{t_2-t_1}\right)\tag{6-15}$$

$$C_{\mathrm{DW\_PROJ},\,i,\,t}=C_{\mathrm{TREE\_PROJ},\,i,\,t}\times DF_{\mathrm{DW}}\tag{6-16}$$

式中，$\Delta C_{\mathrm{DW\_PROJ},\,t}$——第 t 年时，项目边界内枯死木碳储量的变化量，t；

$C_{\mathrm{DW\_PROJ},\,i,\,t}$——第 t 年时，第 i 项目碳层的枯死木碳储量，t；

$C_{\mathrm{TREE\_PROJ},\,i,\,t}$——第 t 年时，第 i 项目碳层的林木生物质碳储量，t；

DF_{DW}——保守的缺省因子，是项目所在地区森林中枯死木碳储量与活立木生物质碳储量的比值，无量纲；

t_1，t_2——项目开始以后的第 t_1 年和第 t_2 年，且 $t_1 \leqslant t \leqslant t_2$；

i——项目碳层，$i=1,2,3,\cdots$。

（4）枯落物碳储量变化量

枯落物碳储量变化量采用缺省因子法进行计算。假定一段时间内枯落物碳储量的变化量为线性，则一段时间内枯落物碳储量的平均变化量计算方法见式（6-17）和式（6-18）。

$$\Delta C_{LI\_PROJ,t} = \sum_{i=1}\left(\frac{C_{LI\_PROJ,i,t_2} - C_{LI\_PROJ,i,t_1}}{t_2 - t_1}\right) \tag{6-17}$$

$$C_{LI\_PROJ,i,t} = C_{TREE\_PROJ,i,t} \times DF_{LI} \tag{6-18}$$

式中，$\Delta C_{LI\_PROJ,t}$——第 t 年时，项目边界内枯落物碳储量的变化量，t；

$C_{LI\_PROJ,i,t}$——第 t 年时，第 i 项目碳层的枯落物碳储量，t；

$C_{TREE\_PROJ,i,t}$——第 t 年时，第 i 项目碳层的林木生物质碳储量，t；

DF_{LI}——保守的缺省因子，是项目所在地区森林中枯落物碳储量与活立木生物质碳储量的比值，无量纲；

t_1，t_2——项目开始以后的第 t_1 年和第 t_2 年，且 $t_1 \leqslant t \leqslant t_2$；

i——项目碳层，$i=1,2,3,\cdots$。

（5）土壤有机碳碳储量变化量

理论上讲，造林活动可能会使项目地块的土壤有机碳碳储量增加。但由于土壤有机碳碳储量变化量不确定性较大，基于保守性原则、成本有效性原则和降低不确定性原则，项目参与方对土壤有机碳库的增加量可以选择忽略不计。

2. 温室气体排放量

根据本核算方法的适用条件，项目活动不涉及全面清林和炼山等有控制的火烧，因此，本核算方法主要考虑项目边界内森林火灾引起生物质燃烧造成的温室气体排放。对于项目事前估计，由于通常无法预测项目边界内的火灾发生情况，因此可以不考虑森林火灾造成的项目边界内温室气体排放，即 $GHG_{E,t}=0$。

对于项目事后估计，项目边界内温室气体排放的估算方法见式（6-19）。

$$GHG_{E,t} = GHG_{FF\_TREE,t} + GHG_{FF\_DOM,t} \tag{6-19}$$

式中，$GHG_{E,t}$——第 t 年时，项目边界内温室气体排放的增加量，t；

$GHG_{FF\_TREE,t}$——第 t 年时，项目边界内由于森林火灾引起林木地上生物质燃烧造成的非 CO_2 温室气体排放的增加量，t；

$GHG_{FF\_DOM,t}$——第 t 年时，项目边界内由于森林火灾引起死有机物质燃烧造

成的非 CO_2 温室气体排放的增加量，t；

t——自项目开始以来的年数，$t=1, 2, 3, \cdots$。

森林火灾引起林木地上生物质燃烧造成的非 CO_2 温室气体排放，使用项目最近一次核查时（第 t_L 年）划分的碳层、各碳层林木地上生物量数据和燃烧因子进行计算，见式（6-20）。第一次核查时，无论是自然还是人为原因引起森林火灾造成林木燃烧，其非 CO_2 温室气体排放量都假定为 0。

$$GHG_{FF\_TREE,\ t} = 0.001 \times \sum_{i=1} [A_{BURN,\ i,\ t} \times B_{TREE,\ i,\ t_L} \times COMF_i \times (EF_{CH_4} \times GWP_{CH_4} + EF_{N_2O} \times GWP_{N_2O})] \tag{6-20}$$

式中，$GHG_{FF\_TREE,\ t}$——第 t 年时，项目边界内由于森林火灾引起林木地上生物质燃烧造成的非 CO_2 温室气体排放的增加量，t；

$A_{BURN,\ i,\ t}$——第 t 年时，第 i 项目碳层发生燃烧的土地面积，ha；

$B_{TREE,\ i,\ t_L}$——火灾发生前，项目最近一次核查时（第 t_L 年）第 i 项目碳层的林木地上生物量，t/ha［计算方法参考式（6-13）、式（6-14）；如果只是发生地表火，即林木地上生物量未被燃烧，则 $B_{TREE,\ i,\ t}=0$］；

$COMF_i$——第 i 项目碳层的燃烧指数（针对每个植被类型），无量纲；

EF_{CH_4}——CH_4 排放因子，g/kg；

EF_{N_2O}——N_2O 排放因子，g/kg；

GWP_{CH_4}——CH_4 的全球增温潜势，用于将 CH_4 转换成 CO_2 当量，缺省值为 25；

GWP_{N_2O}——N_2O 的全球增温潜势，用于将 N_2O 转换成 CO_2 当量，缺省值为 298；

i——项目碳层（根据第 t_L 年核查时的分层确定），$i=1, 2, 3, \cdots$；

t——自项目开始以来的年数，$t=1, 2, 3, \cdots$；

0.001——将千克转换成吨的系数。

森林火灾引起死有机物质燃烧造成的非 CO_2 温室气体排放，应使用最近一次核查的死有机物质碳储量来计算。第一次核查时，由于火灾导致死有机物质燃烧引起的非 CO_2 温室气体排放量设定为 0，之后核查时的非 CO_2 温室气体排放量计算方法见式（6-21）。

$$GHG_{FF\_DOM,t} = 0.07 \times \sum_{i=1} A_{BURN,i,t} \times (C_{DW,i,t_L} + C_{LI,i,t_L}) \quad (6-21)$$

式中，$GHG_{FF\_DOM,t}$——第 t 年时，项目边界内由于森林火灾引起死有机物质燃烧造成的非 CO_2 温室气体排放的增加量，t；

$A_{BURN,i,t}$——第 t 年时，第 i 项目碳层发生燃烧的土地面积，ha；

C_{DW,i,t_L}——火灾发生前，项目最近一次核查时（第 t_L 年）第 i 层的枯死木单位面积碳储量，t/ha［使用式（6-15）和式（6-16）的方法计算］；

C_{LI,i,t_L}——火灾发生前，项目最近一次核查时（第 t_L 年）第 i 层的枯落物单位面积碳储量，t/ha［使用式（6-17）和式（6-18）的方法计算］；

i——项目碳层（根据第 t_L 年核查时的分层确定），i=1，2，3…；

t——自项目开始以来的年数，t=1，2，3…；

0.07——非 CO_2 排放量占碳储量的比例，使用 IPCC 缺省值（0.07）。

第七章　焦炉煤气回收制液化天然气项目

本章对应方法学为国家发展和改革委员会备案的《CM-103-V01 焦炉煤气回收制液化天然气(LNG)方法学》(第一版)。

第一节　概述

一、项目适用性

焦炉煤气回收制液化天然气方法学适用于新建液化天然气(LNG)生产厂，回收利用现存焦炭厂的焦炉煤气(COG)生产 LNG 的项目活动，具体项目适用条件见表 7-1。

表 7-1　项目适用条件

序号	适用条件
1	项目活动使用的 COG 来源于现有的焦炭厂
2	拟议项目活动对提供 COG 的焦炭厂的生产活动影响不大时，即在计入期内焦炭厂产焦率、COG 产出率、副产品产出率这三项指标与基准线情景下焦炭厂近三年的同项平均产出率指标变化均不超过±10%
3	焦炭厂产生的 COG(用于焦炭生产过程中的 COG 除外)，在没有本项目活动时将会被点燃后排放或直接排放到大气中
4	如果 CO_2 或 CO 被用作碳源和 COG 一起生产 LNG(补碳工艺)，在没有本项目活动时来自化工厂的碳源将被废弃、点燃或排放
5	项目活动生产的 LNG 的质量应该符合国家或工业标准，并与项目所在国家市场销售的 LNG 具有可比性(如热值、甲烷含量)

二、基准线情景

拟议项目包括无补碳工艺和有补碳工艺两种基准情景。

无补碳工艺：提供 COG 气源的焦炭厂以当前情景继续运行，即 COG 被点火炬或直接排空。

有补碳工艺：提供 COG 气源的焦炭厂和提供碳源的化工厂以当前情景继续运行，即用于项目活动的 COG 和碳源被点火炬或直接排空。

第二节　项目范围

一、项目边界

项目边界的空间包括以下范围：现有焦炭厂所在地；新建 LNG 生产厂（若有运输 COG 车辆，则包括运输 COG 车辆）；当项目活动采用补碳工艺时，项目边界包括碳源所在地；所有与项目活动工厂所连接的电网物理相连的电厂。

二、温室气体种类

项目边界内包含或被排除的温室气体排放源见表 7-2。

表 7-2　项目边界内包含或被排除的温室气体排放源

来源		气体	是否包括	理由/说明
基准线排放	COG 点火炬或排空产生的排放	CO_2	是	点火炬条件下主要排放源
		CH_4	是	排空时保守地估计为 CO_2 排放
		N_2O	否	次要排放源
	碳源的排放	CO_2	是	主要排放源
		CH_4	否	假定可忽略不计
		N_2O	否	假定可忽略不计

表7-2(续)

来源		气体	是否包括	理由/说明
项目活动排放	处理 COG 生产 LNG 消耗电力产生的排放	CO_2	是	项目的主要排放源
		CH_4	否	假定可忽略不计
		N_2O	否	假定可忽略不计
	处理 COG 生产 LNG 消耗化石燃料产生的排放	CO_2	是	项目的主要排放源
		CH_4	否	假定可忽略不计
		N_2O	否	假定可忽略不计
	COG 运输过程逃逸	CO_2	否	假定可忽略不计
		CH_4	是	在项目情景下将 COG 输送到 LNG 厂生产设施时可能会由于 CH_4 逃逸而产生排放
		N_2O	否	假定可忽略不计

第三节 核算方法

一、项目减排量

项目活动产生减排量计算方法见式(7-1)。

$$ER_y = BE_y - PE_y - LE_y \tag{7-1}$$

式中，ER_y——第 y 年的减排量，t；

BE_y——第 y 年的基准线排放量，t；

PE_y——第 y 年的项目排放量，t；

LE_y——第 y 年泄漏量，t。

二、基准线排放量

因 COG 和碳源直接燃烧排空而导致的基准线排放量的计算方法见式(7-2)。

$$BE_y = FC_{\mathrm{LNG},y} \times w_{\mathrm{CH_4}} \times \frac{44}{16} \tag{7-2}$$

式中，$FC_{\mathrm{LNG},y}$——第 y 年项目活动生产的可计入减排量的 LNG 产量，t；

$w_{CH_4, y}$——第 y 年项目活动产生的 LNG 中 CH_4 的质量分数，%；

$\frac{44}{16}$——CO_2 与 CH_4 的相对分子质量换算系数。

其中，第 y 年项目活动生产的可计入减排量的 LNG 产量计算方法见式(7-3)。

$$FC_{LNG, y}=\min\left\{1, \frac{Q_{COG, BL}}{Q_{COG, y}}\right\}\times\min\left\{1, \frac{Q_{CO_2, BL}}{Q_{CO_2, y}}\right\}\times FC_{LNG\_actual, y} \quad (7-3)$$

式中，$Q_{COG, BL}$——项目活动开始前焦炭厂可利用的 COG 的历史产量，m^3；

$Q_{COG, y}$——第 y 年焦炭厂生产的 COG 产量，m^3；

$Q_{CO_2, BL}$——项目活动开始前 CO_2 源可利用的 CO_2 的历史产量，m^3；

$Q_{CO_2, y}$——第 y 年项目活动利用的 CO_2 产量，m^3；

$FC_{LNG\_actual, y}$——第 y 年拟议项目生产的 LNG 的产量，t。

三、项目排放量

项目活动产生的排放量包括化石燃料燃烧导致的排放量、电力消耗导致的排放量、COG 管网泄漏导致的排放量三种情况，见式(7-4)。

$$PE_y=PE_{FC, y}+PE_{EC, y}+PE_{CH_4\_pineline, y} \quad (7-4)$$

式中，PE_y——第 y 年的项目排放量，t；

$PE_{FC, y}$——项目边界内由于化石燃料燃烧导致的项目排放量，t；

$PE_{EC, y}$——项目边界内由于电力消耗而导致的项目排放量，t；

$PE_{CH_4\_pineline, y}$——项目边界内由于 COG 管网泄漏导致的项目排放量，t。

其中，化石燃料燃烧导致的排放量应利用最新版“化石燃料燃烧导致项目排放或泄漏计算工具”进行计算。由电力消耗导致的项目排放量应采用最新版“电力消耗导致的基准线排放、项目排放和/或泄漏计算工具”进行计算。管网泄漏导致的项目 CH_4 排放量的计算方法可参考式(7-5)。

$$PE_{CH_4\_pineline, y}=GWP_{CH_4}\times\frac{1}{1000}w_{CH_4\_pineline, y}\times\sum_{equipment}(EF_{equipment}\times t_{equipment}) \quad (7-5)$$

式中，$PE_{CH_4\_pineline, y}$——第 y 年 COG 管网在输送到 LNG 生产设施过程中 CH_4 的逃逸排放量，t；

GWP_{CH_4}——CH_4 全球增温潜势，t/t；

$w_{CH_4\_pineline, y}$——第 y 年 COG 中 CH_4 的平均质量分数，t/t；

$EF_{equipment}$——相关设备类型的缺省排放因子(见表7-3), kg/h;

$t_{equipment}$——设备的操作时间, h。

表7-3　不同设备类型缺省排放因子

设备类型	用途	缺省排放因子 kg/h
阀门	气体	4.50E-03
泵密封装置		2.40E-03
其他		8.80E-03
连接器		2.00E-04
法兰		3.90E-04
放空		2.00E-03

此外,式(7-3)中所有气体体积数据均应转化为标准状态下数据。在0 ℃、101.325 kPa条件下默认的CH_4密度为7.168×10^{-4} t/m^3。

☞名词解释

COG(coke oven gas):焦炉煤气,焦炭厂生产焦炭时产生的副产品,富含H_2, CH_4, CO_2, CO气体成分。

现存焦炭厂:在项目活动开始之前已经至少运行3年的焦炭厂。

补碳工艺:在回收焦炉煤气制LNG过程中加入碳源,使其和富余的氢气反应,以提高LNG产量。

焦炭厂产焦率:焦炭厂生产焦炭时焦炭与煤的质量比, t/t。

COG产出率:焦炭厂生产时COG产量与煤的质量比, t/t。

副产品产出率:焦炭厂生产时副产品产量与煤的质量比, t/t。

第八章 可再生能源并网发电项目

本章对应方法学为国家发展和改革委员会备案的《CM-001-V02 可再生能源并网发电方法学》（第二版），适用的可再生能源并网发电项目类型包括新建、扩容、改造及替代，对应的清洁能源种类包括水力、风力、地热、太阳能、波浪及潮汐。

第一节 概述

一、项目适用性

满足要求的项目活动是对以下类型之一的发电厂或发电机组进行新建、扩容、改造或替代：

① 水力发电厂/发电机组（附带一个径流式水库或者一个蓄水式水库）；

② 风力发电厂/发电机组；

③ 地热发电厂/发电机组；

④ 太阳能发电厂/发电机组；

⑤ 波浪发电厂/发电机组；

⑥ 潮汐发电厂/发电机组。

对于扩容、改造或替代项目（不包含风能、太阳能、波浪能或者潮汐能的扩容项目），现有发电厂在为期五年的最短历史参考期之前就已经开始商业运行，并且在最短历史参考期及项目活动实施前这段时间内发电厂没有进行扩容或者改造。

对于水力发电厂项目，必须符合下列条件之一：

① 在现有的一个或者多个水库上实施项目活动，但不改变任何水库的库容；

② 在现有的一个或者多个水库上实施项目活动，使任何一个水库的库容增

加，且每个水库的功率密度（在项目排放部分进行了定义）都大于4 W/m^2；

③ 由于项目活动的实施，必须新建一个或者多个水库，且每个水库的功率密度（在项目排放部分进行了定义）都大于4 W/m^2。

如果水力发电厂使用多个水库，并且其中任何一个水库的功率密度小于4 W/m^2，那么必须符合以下所有条件：

① 计算出的整个项目活动的功率密度大于4 W/m^2；

② 多个水库和水力发电厂位于同一条河流，并且它们被设计作为一个项目，共同构成发电厂的发电容量；

③ 不被其他水力发电机组使用的多个水库之间的水流不能算作项目活动的一部分；

④ 用功率密度低于4 W/m^2的水库的水来驱动的发电机组的总装机容量低于15 MW；

⑤ 用功率密度低于4 W/m^2的水库的水来驱动的发电机组的总装机容量低于用多个水库进行发电的项目活动的总装机容量的10%。

此方法不适用于以下条件：

① 在项目活动地，项目活动涉及可再生能源燃料替代化石燃料，因为在这种情况下，基准线可能是在项目地继续使用化石燃料；

② 生物质直燃发电厂；

③ 水力发电厂需要新建一个水库或增加一个现有水库的库容，并且这个现有水库的功率密度小于4 W/m^2。

此外，对于改造、替代或扩容项目，只有在经过基准线情景识别后，确定的最合理的基准线情景是“维持现状，也就是使用在项目活动实施之前就已经投入运行的所有的发电设备并且一切照常运行维护”的情况下，此方法学才适用。

二、项目额外性

采用表8-1中技术并网发电的项目，如果满足以下任一条件，拟议项目自动具备额外性：

一是拟议项目所在省份采用该技术装机容量占并网发电总装机容量的比例小于或等于2%；

二是拟议项目所在省份采用该技术装机容量小于或等于50 MW。

表 8-1　可简化额外性论证技术目录

序号	技术名称
1	太阳能光伏发电技术
2	太阳热发电技术，包括聚光太阳能发电技术
3	海上风电技术
4	波浪能发电技术
5	海洋潮汐发电技术

其他情况应按照最新版“额外性论证与评价工具”等工具进行论证与评价。

第二节　项目范围

项目边界的空间范围包括项目发电厂及与本项目接入的电网中的所有电厂。

项目边界内排放源及温室气体种类如表 8-2 所列。

表 8-2　项目边界内排放源及温室气体种类

情景	排放源	温室气体种类	是否包括	说明理由/解释
基准情景	由于项目活动被替代的化石燃料火电厂发电产生的 CO_2 排放	CO_2	是	主要排放源
		CH_4	否	次要排放源
		N_2O	否	次要排放源
项目活动	对于地热发电厂来说，地热蒸汽中所含的不凝性气体中的 CH_4 和 CO_2 的逸散性排放	CO_2	是	主要排放源
		CH_4	是	主要排放源
		N_2O	否	次要排放源
	太阳能热电厂和地热发电厂所需的化石燃料燃烧产生的 CO_2 排放	CO_2	是	主要排放源
		CH_4	否	次要排放源
		N_2O	否	次要排放源
	对于水力发电厂来说，水库的 CH_4 排放	CO_2	否	次要排放源
		CH_4	是	主要排放源
		N_2O	否	次要排放源

在电力行业的项目活动中，有可能导致泄漏的活动包括电厂建设及上游部门使用化石燃料(如提取、加工和运输)，本方法学中，这些排放源可以忽略不计。

第三节　核算方法

一、项目减排量

项目减排量等于基准线排放量减去项目排放量，见式(8-1)。

$$ER_y = BE_y - PE_y \tag{8-1}$$

式中，ER_y——在 y 年的减排量，t；

BE_y——在 y 年的基准线排放量，t；

PE_y——在 y 年的项目排放量，t。

二、基准线排放量

基准线排放仅包括由项目活动替代的化石燃料火电厂发电所产生的 CO_2 排放，计算方法见式(8-2)。

$$BE_y = EG_{PJ,y} \times EF_{grid,CM,y} \tag{8-2}$$

式中，BE_y——在 y 年的基准线排放量，t；

$EG_{PJ,y}$——在 y 年，由于自愿减排项目活动的实施所产生的净上网电量，MW·h；

$EF_{grid,CM,y}$——在 y 年，利用“电力系统排放因子计算工具”所计算的 y 年并网发电的组合边际 CO_2 排放因子，t/(MW·h)。

其中，组合边际 CO_2 排放因子($EF_{grid,CM,y}$)的计算方法见式(8-3)。

$$EF_{grid,CM,y} = EF_{grid,OM,y} \times W_{OM} + EF_{grid,BM,y} \times W_{BM} \tag{8-3}$$

式中，$EF_{grid,OM,y}$——第 y 年电量边际排放因子(采用国家发展和改革委员会最新公布的区域电网电量边际排放因子)，t/(MW·h)；

$EF_{grid,BM,y}$——第 y 年容量边际排放因子(采用国家发展和改革委员会最新公布的区域电网容量边际排放因子)，t/(MW·h)；

W_{OM}——电量边际排放因子权重(对于风力发电和太阳能发电项目，第一计入期和后续计入期为 $W_{OM}=0.75$；对于其他类型项目，第一计入期为 $W_{OM}=0.50$，第二和第三计入期为 $W_{OM}=0.25$)；

W_{BM}——容量边际排放因子权重(对于风力发电和太阳能发电项目，第一计入期和后续计入期为 $W_{BM}=0.25$；对于其他类型项目，第一计入期为 $W_{BM}=0.50$，第二和第三计入期为 $W_{BM}=0.75$)。

对于自愿减排项目活动的实施所产生的净上网电量($EG_{PJ,y}$)，不同类型项目的计算方法不同，主要包括新建项目、改造或替代项目、扩容项目。

(一)新建项目

项目活动是一个新建可再生能源并网发电厂项目，且在项目活动实施之前，在项目所在地点没有投入运行的可再生能源电厂，则项目活动所产生净上网电量等于发电厂/发电机组的净上网电量，见式(8-4)。

$$EG_{PJ,y}=EG_{facility,y} \tag{8-4}$$

式中，$EG_{facility,y}$——在 y 年，发电厂/发电机组的净上网电量，MW·h。

(二)改造或替代项目

如果项目活动是对现有的可再生能源并网发电厂进行改造或替代，那么基准线情景是现有发电厂继续运行。由于可再生能源(如降水量、风速或太阳辐射)可得性的自然变化特性，可再生能源发电项目每年的发电量可能会迥然不同。因此，利用几个历史年来确定基准线发电量存在显著的不确定性。所以，需要利用标准偏差调整历年发电量的方法来消除这种不确定性。

在现有设备需要被改造或更换的时间点(日期)之前净上网电量的计算方法见式(8-5)；改造或更换后，$EG_{PJ,y}=0$。

$$EG_{PJ,y}=EG_{facility,y}-(EG_{historical}+\sigma_{historical}) \tag{8-5}$$

式中，$EG_{facility,y}$——在 y 年，发电厂/发电机组的净上网电量(发电厂/发电机组的上网电量与下网电量之差)，MW·h；

$EG_{historical}$——在项目活动实施之前，在项目地点已经投入运行的现有可再生能源发电厂的年均历史净上网电量，MW·h；

$\sigma_{historical}$——在项目活动实施之前，在项目地点已经运行的现有可再生能源发电厂的年均历史净上网电量的标准偏差，MW·h。

其中，$EG_{historical}$ 可以在以下两个历史数据时间跨度中进行选择：

一是在项目活动实施之前的5个日历年度；

二是从发电厂/发电机组的商业试运行之后(或发电厂/发电机组的最后一

次扩容或改造)的日历年度，到项目活动实施之前的最后一个日历年度，只要该时间跨度包括5个或5个以上的日历年度即可。

（三）扩容项目

对于水力发电厂或地热发电厂来说，新建一个发电厂/发电机组可能会对现有发电厂/发电机组的发电量产生显著的影响。因此，对于水力发电厂或地热发电厂扩容项目，将采用与改造和替代项目相同的方法计算净上网电量，参考式(8-5)。

对于风能、太阳能、波浪能或潮汐能发电厂，假定新增容量不会对现有发电厂/发电机组的发电量产生显著的影响，在这种情况下，新建发电厂/发电机组的上网电量可以直接测量，参考式(8-4)。

三、项目排放量

对于大多数可再生能源发电项目活动来说，$PE_y=0$。但是，某些项目活动可能会产生显著的排放，即项目排放，计算方法见式(8-6)。

$$PE_y=PE_{EF,y}+PE_{GP,y}+PE_{HP,y} \tag{8-6}$$

式中，PE_y——在y年的项目排放量，t；

$PE_{FF,y}$——在y年，由化石燃料燃烧所产生的项目排放量，t；

$PE_{GP,y}$——在y年，在地热发电厂的运行过程中，由不凝性气体的释放所产生的项目排放量，t；

$PE_{HP,y}$——在y年，水力发电厂的水库所产生的项目排放量，t。

（一）由化石燃料燃烧所产生的项目排放

对于地热发电厂和太阳能热电厂来说，在其运营过程中也会使用化石燃料来生产电力，由这些化石燃料燃烧所产生的CO_2排放被视为项目排放($PE_{FF,y}$)，应用“化石燃料燃烧导致的项目或泄漏CO_2排放计算工具”来计算。

对于所有可再生能源并网发电项目，备用发电机使用化石燃料所导致的排放可以忽略不计。

(二)地热发电厂运行中不凝性气体产生的项目排放

地热储层中的不凝性气体通常主要包含 CO_2 和 H_2S，也包含少量的烃类化合物(主要为 CH_4)。在地热发电项目中，不凝性气体与蒸汽一同进入发电厂，因此，对于地热项目活动应当计算蒸汽生产过程中释放的不凝性气体所产生的 CO_2 和 CH_4 的逸散性排放量，见式(8-7)。

$$PE_{GP,\,y}=(w_{steam,\,CO_2,\,y}+w_{steam,\,CH_4,\,y}\times GWP_{CH_4})\times M_{steam,\,y} \tag{8-7}$$

式中，$w_{steam,\,CO_2,\,y}$——在 y 年，所产生的蒸汽中 CO_2 的平均质量分数，t/t；

$w_{steam,\,CH_4,\,y}$——在 y 年，所产生的蒸汽中 CH_4 的平均质量分数，t/t；

GWP_{CH_4}——CH_4 的全球变暖潜势，t/t；

$M_{steam,\,y}$——在 y 年所产生的蒸汽量，t/a。

(三)水力发电厂的水库所产生的项目排放

对于需要新建一个或多个水库的水力发电项目活动，或者会导致一个或多个现有水库库容增加的水力发电项目活动，应当计算水库的 CH_4 和 CO_2 排放量，计算方法如下。

① 如果一个或多个水库的功率密度(PD)大于 4 W/m^2 但不超过 10 W/m^2，计算方法见式(8-8)。

$$PE_{HP,\,y}=\frac{EF_{Res}\times TEG_y}{1000} \tag{8-8}$$

式中，EF_{Res}——在 y 年，水力发电厂水库产生的排放的默认排放因子，kg/MW·h；

TEG_y——在 y 年，项目活动的总发电量，包括提供给电网的上网电量和提供给内部使用的电量，MW·h。

② 如果项目活动的功率密度(PD)大于 10 W/m^2，则 $PE_{HP,\,y}=0$。

其中，功率密度(PD)计算方法见式(8-9)。

$$PD=\frac{Cap_{PJ}-Cap_{BL}}{A_{PJ}-A_{BL}} \tag{8-9}$$

式中，PD——项目活动的功率密度，W/m^2；

Cap_{PJ}——项目活动实施之后，水力发电厂的装机容量，W；

Cap_{BL}——项目活动实施之前，水力发电厂的装机容量，W(对于新建的水力发电厂，$Cap_{BL}=0$)；

A_{PJ}——在项目活动实施之后，当水库满盈时，一个或多个水库的水体表面积，m^2；

A_{BL}——在项目活动实施之前，当水库满盈时，一个或多个水库的水体表面积，m^2（对于新建水库，$A_{BL}=0$）。

☞名词解释

发电装机容量（装机容量或铭牌容量）：发电机组在设计的额定工况下的发电容量，单位是W。一个发电厂的发电装机容量是所有发电机组的发电装机容量的总和。

扩容：通过在现有发电厂/发电机组旁边建立新的发电厂或在现有发电厂/发电机组上安装新的发电机组方式，增加现有发电厂的发电装机容量项目活动实施之后，现有发电厂/发电机组继续运行。

改造（维修或整改）：为提高现有发电厂的效率、性能和发电能力而对现有发电厂或发电机组投资进行维修或整改，但不包含增加新的发电厂/发电机组或重新运作已经关闭（封存）的发电厂。改造应使得现有装机发电能力恢复或超过原有水平；应当仅包括涉及投资的行为，而不包括常规的维修或内务管理措施。

替代：投资新建发电厂/发电机组来替代现有发电厂中的一个或多个现有发电机组。新建的发电厂或新安装的发电机组应当与被替代的发电厂/发电机组的发电能力相当或更高。

水库：在山谷中建造河坝蓄水形成的水体。

现有水库：在项目活动实施之前，如果水库已经运行了至少三年的时间，那么这个水库将被视为现有水库。

第九章　垃圾填埋气项目

本章对应方法学为国家发展和改革委员会备案的《CM-077-V01 垃圾填埋气项目》(第一版)。

第一节　概述

一、项目适用性

本方法学适用于以下项目活动:

① 在一个新的或现有的垃圾填埋场安装一个新的垃圾填埋气捕集系统;

② 对现有的垃圾填埋气捕集系统追加投资,提高垃圾填埋气回收率,改变捕集垃圾填埋气的利用方式;

③ 焚烧等收集的垃圾填埋气;

④ 在无项目活动情况下,没有减少有机垃圾的回收量。

本方法学不适用于以下项目活动:

① 与其他方法学联合使用;

② 在计入期内,故意改变项目活动中垃圾填埋场的管理来增加(与项目活动实施前相比)CH_4 的产量。

二、基准线情景

基准线情景包括以下两种情况。

一是垃圾填埋场放空垃圾填埋气。

二是若在项目活动中,垃圾填埋气用于发电或在锅炉、空气加热器、玻璃熔化炉、炉窑中产热,则基准线情景是:用于发电,基准线情景是同等电量来自电网或化石燃料自备电厂；用于供热，基准线情景是同等热量来自项目边界内的使用化石燃料的设备。

第二节　项目范围

一、项目边界

项目活动的项目边界须包括垃圾填埋气捕集地点，以及以下范围：

① 垃圾填埋气被焚烧或利用的地点，如火炬、电厂、锅炉、空气加热炉、玻璃熔化炉、炉窑或天然气输配管网；

② 给项目活动提供电力的自备电厂（包括应急的柴油发电机）或并网电源；

③ 基准线情景下提供与项目活动同等发电量的自备电厂（包括应急的柴油发电机）或并网电源；

④ 基准线情景下提供与项目活动同等产热量的产热设备或热源。

项目边界内温室气体种类和来源见表 9-1。

表 9-1　项目边界内温室气体种类和来源

情景	排放源	温室气体种类	是否包括	理由/解释
基准情景	垃圾填埋场分解垃圾产生的排放	CH_4	是	基准线情景下的主要排放源
		N_2O	否	和来自垃圾填埋场的 CH_4 相比，N_2O 的排放量可忽略。这是保守的
		CO_2	否	在项目活动和基准线情景下因垃圾分解产生的 CO_2 排放是相同的，而项目排放中没有考虑相关排放，所以基准线中也没有考虑
	发电产生的排放	CO_2	是	如果项目活动包含发电，CO_2 就是主要排放源
		CH_4	否	为了简化计算而排除。这是保守的
		N_2O	否	为了简化计算而排除。这是保守的

表9-1(续)

情景	排放源	温室气体种类	是否包括	理由/解释
基准情景	供热产生的排放	CO_2	是	如果项目活动包含供热，CO_2 就是主要排放源
		CH_4	否	为了简化计算而排除。这是保守的
		N_2O	否	为了简化计算而排除。这是保守的
	使用天然气产生的排放	CO_2	否	为了简化计算而排除。这是保守的
		CH_4	是	如果项目活动包含将垃圾填埋气输入天然气配送管网的情况，那么 CH_4 就是主要排放源
		N_2O	否	为了简化计算而排除。这是保守的
项目活动	因项目活动导致的除发电和运输以外的其他用途的化石燃料消耗产生的排放	CO_2	是	可能是重要的排放源
		CH_4	否	为了简化计算而排除。假设该排放源非常小
		N_2O	否	为了简化计算而排除。假设该排放源非常小
	项目活动消耗电力产生的排放	CO_2	是	可能是重要的排放源
		CH_4	否	为了简化计算而排除。假设该排放源非常小
		N_2O	否	为了简化计算而排除。假设该排放源非常小

二、现有设备剩余寿命的评估

如果利用垃圾填埋气的设备在项目活动实施前已经运行，就须采用“设备剩余寿命确定工具”对利用垃圾填埋气的每一台原有设备剩余寿命进行评估。在每台设备使用寿命到期时，与发电、供热相关的最合理基准线情景应更新。

第三节　核算方法

一、项目减排量

项目减排量等于基准线排放量减去项目排放量，见式(9-1)。

$$ER_y = BE_y - PE_y \tag{9-1}$$

式中，ER_y——第 y 年的减排量，t；

BE_y——第 y 年的基准线排放量，t；

PE_y——第 y 年的项目排放量，t。

二、基准线排放量

基准线排放包含下列排放源：在没有项目活动的情况下，垃圾填埋场 CH_4 的排放；在没有项目活动的情况下，使用化石燃料发电或由电网供电；在没有项目活动的情况下，使用化石燃料供热；在没有项目活动的情况下，使用管道天然气。

（一）垃圾填埋场 CH_4 的基准线排放

垃圾填埋场 CH_4 的基准线排放是基于项目活动下捕集的 CH_4 量和基准线情景下收集及销毁的 CH_4 量确定的。其中，在基准线情景中发生的但在项目活动中不存在的 CH_4 氧化反应需要在相关计算中予以考虑。其计算方法见式(9-2)。

$$BE_{CH_4,y}=(1-OX_{top\_layer})\times(F_{CH_4,PJ,y}-F_{CH_4,BL,y})\times GWP_{CH_4} \tag{9-2}$$

式中，$BE_{CH_4,y}$——第 y 年垃圾填埋场中垃圾填埋气的基准线排放，t；

OX_{top_layer}——基准线情景下，在垃圾填埋场的垃圾覆盖层氧化的 CH_4 比例；

$F_{CH_4,PJ,y}$——第 y 年垃圾填埋场中项目活动焚烧或利用的 CH_4 量，t；

$F_{CH_4,BL,y}$——第 y 年基准线情景下焚烧的 CH_4 量，t；

GWP_{CH_4}——CH_4的全球温升潜势值，t/t。

1. 项目活动焚烧或利用的 CH_4 量

计入期内，$F_{CH_4,PJ,y}$取决于焚烧的 CH_4 量和在电厂、锅炉、空气加热器、玻璃熔化炉、炉窑和天然气输配管网中消耗的 CH_4 量的总和，见式(9-3)。

$$F_{CH_4,PJ,y}=F_{CH_4,flared,y}+F_{CH_4,EL,y}+F_{CH_4,HG,y}+F_{CH_4,NG,y} \tag{9-3}$$

式中，$F_{CH_4,flared,y}$——第 y 年垃圾填埋场通过焚烧销毁的 CH_4 量，t；

$F_{CH_4,EL,y}$——第 y 年垃圾填埋场中用于发电的 CH_4 量，t；

$F_{CH_4,HG,y}$——第 y 年垃圾填埋气中用于供热的 CH_4 量，t；

$F_{CH_4,NG,y}$——第 y 年垃圾填埋气输入天然气配送管网的 CH_4 量，t。

式(9-3)中，$F_{CH_4,EL,y}$，$F_{CH_4,HG,y}$，$F_{CH_4,NG,y}$使用“气流中温室气体质量流量的确定工具”确定。同时，需监测垃圾填埋气设备的运行时间，不可申请在非工作期间 CH_4 销毁的减排量。焚烧销毁的 CH_4 量（$F_{CH_4,flared,y}$）取决于供焚烧

的 CH_4 量和火炬 CH_4 排放量之间的差值，见式(9-4)。

$$F_{CH_4,\ flared,\ y}=F_{CH_4,\ sent\_flare,\ y}-\frac{PE_{flare,\ y}}{GWP_{CH_4}} \tag{9-4}$$

式中，$F_{CH_4,\ sent\_flare,\ y}$——第 y 年垃圾填埋场送入火炬的 CH_4 量，t；

$PE_{flare,\ y}$——第 y 年焚烧垃圾填埋气的项目排放，t；

GWP_{CH_4}——CH_4的全球温升潜势值，t/t。

式(9-4)中，在气流经由垃圾填埋气输送管道送入火炬的情况下，可直接使用“气流中温室气体质量流量的确定工具”确定 $F_{CH_4,\ sent\_flare,\ y}$。$PE_{flare,\ y}$ 使用“火炬燃烧导致的项目排放计算工具”确定，如果垃圾填埋气不止通过一个火炬焚烧，那么 $PE_{flare,\ y}$ 等于各个火炬的单独排放之和。

此外，在项目前期自愿减排项目设计文件中，需要对拟议项目活动的减排量进行估算，可采用式(9-5)对 $F_{CH_4,\ PJ,\ y}$ 进行估算。

$$F_{CH_4,\ PJ,\ y}=\eta_{PJ}\times\frac{BE_{CH_4,\ SWDS,\ y}}{GWP_{CH_4}} \tag{9-5}$$

式中，$BE_{CH_4,\ SWDS,\ y}$——第 y 年基准线情景下垃圾填埋场产生的垃圾填埋气中的 CH_4 量(可使用“固体废弃物处理场的排放计算工具”确定)。t；

η_{PJ}——项目活动中安装的垃圾填埋气收集系统的效率；

GWP_{CH_4}——CH_4的全球温升潜势值，t/t。

2. 基准线情景下焚烧的 CH_4 量

为遵循有关法规与合同的要求，解决填埋场的安全和异味问题，基准线情景下 CH_4 收集和销毁包括以下四种情景，见表 9-2。

表 9-2　基准线情景下 CH_4 收集和销毁的情景

项目活动开始时的情况	是否要求销毁	是否是现有垃圾填埋气捕集和销毁系统
情景 1	否	否
情景 2	是	否
情景 3	否	是
情景 4	是	是

(1)情景 1

不要求销毁 CH_4 且不存在垃圾填埋气捕集系统，则 $F_{CH_4,\ BL,\ y}=0$。

（2）情景2

要求销毁CH_4且不存在垃圾填埋气捕集系统，则基准线情景下焚烧的CH_4量（$F_{CH_4,BL,y}$）等于基准线情景下垃圾填埋气中被焚烧的CH_4量（$F_{CH_4,BL,R,y}$）。如无法直接获取焚烧的CH_4量，$F_{CH_4,BL,R,y}$可根据垃圾填埋气百分比进行计算，见式（9-6）。

$$F_{CH_4,BL,R,y}=\rho_{reg,y}\times F_{CH_4,PJ,capt,y} \tag{9-6}$$

式中，$F_{CH_4,BL,R,y}$——第y年按照要求，在基准线情景下焚烧的垃圾填埋气中的CH_4量，t；

$\rho_{reg,y}$——第y年按照要求而焚烧的垃圾填埋气比例；

$F_{CH_4,PJ,capt,y}$——第y年项目活动收集的垃圾填埋气中的CH_4量，t。

（3）情景3

不要求销毁CH_4且存在垃圾填埋气捕集系统。在此情况下，基准线情景下焚烧的CH_4量等于被焚烧的垃圾填埋气中的CH_4量（$F_{CH_4,BL,sys,y}$），见式（9-7）。

$$F_{CH_4,BL,y}=F_{CH_4,BL,sys,y} \tag{9-7}$$

式中，$F_{CH_4,BL,sys,y}$——在现有垃圾填埋气捕集系统的情况下，第y年在基准线情景下焚烧的垃圾填埋气中的CH_4量，t；

如果现有设备捕集的CH_4量能独立于项目活动中捕集的CH_4量进行监测，且在计入期内，现有设备的效率不受项目系统的影响，那么等于垃圾填埋场送入火炬的CH_4量，见式（9-8）。

$$F_{CH_4,BL,sys,y}=F_{CH_4,sent\_flare,y} \tag{9-8}$$

式中，$F_{CH_4,sent\_flare,y}$——第y年垃圾填埋场送入火炬的CH_4量，t。

如果监测数据不可得，但是能获得项目活动实施前一年收集的垃圾填埋气量的历史数据，可以通过项目活动实施前一年回收的垃圾填埋气比例进行计算，见式（9-9）。

$$F_{CH_4,BL,sys,y}=F_{CH_4,hist,y}=\frac{F_{CH_4,BL,y-1}}{F_{CH_4,y-1}}\times F_{CH_4,PJ,capt,y} \tag{9-9}$$

式中，$F_{CH_4,hist,y}$——收集并销毁的垃圾填埋气中CH_4量的历史数据，t；

$F_{CH_4,BL,y-1}$——项目活动实施前一年收集并销毁的垃圾填埋气中CH_4量，t；

$F_{CH_4,y-1}$——项目活动实施前垃圾填埋场产生的CH_4量，t；

$F_{CH_4,PJ,capt,y}$——第 y 年项目活动收集的垃圾填埋气中的 CH_4 量，t。

如果没有项目活动实施前一年捕集的 CH_4 量的监测或历史数据，可以采用缺省值计算，见式(9-10)。

$$F_{CH_4,BL,sys,y}=0.2\times F_{CH_4,PJ,y} \tag{9-10}$$

(4)情景 4

要求销毁 CH_4 且存在垃圾填埋气捕集系统。$F_{CH_4,BL,y}$须基于符合法规要求的合同中的信息及与现有垃圾填埋气收集系统关联的数据确定，见式(9-11)。

$$F_{CH_4,BL,y}=\max\{F_{CH_4,BL,R,y}, F_{CH_4,BL,sys,y}\} \tag{9-11}$$

式中，$F_{CH_4,BL,R,y}$——第 y 年按照要求，在基准线情景下焚烧的垃圾填埋气中的 CH_4 量，t；

$F_{CH_4,BL,sys,y}$——在现有垃圾填埋气捕集系统的情况下，第 y 年在基准线情景下焚烧的垃圾填埋气中的 CH_4 量，t。

其中，$F_{CH_4,BL,R,y}$和 $F_{CH_4,BL,sys,y}$须根据上述情景 2 和情景 3 的相关程序确定。

(二)与发电相关的基准线排放

使用“电力消耗导致的基准线、项目和/或泄漏排放计算工具”计算第 y 年和发电相关的基准线排放。采用此工具时需要注意：工具中的电力来源 k 应和在选择最合理的基准线情景时识别出的电源相符；工具中的 $EC_{BL,k,y}$ 相当于第 y 年使用垃圾填埋气所发的电量。

(三)与供热相关的基准线排放

第 y 年与供热相关的基准线排放($BE_{HG,y}$)由项目活动中向供热设备(锅炉、空气加热器、玻璃熔化炉和炉窑)输送的垃圾填埋气中的 CH_4 量确定，见式(9-12)。

$$BE_{HG,y}=NCV_{CH_4}\times\sum_{j=1}^{n}(R_{efficiency,j,y}\times F_{CH_4,HG,dest,j,y}\times EF_{CO_2,BL,HG,j}) \tag{9-12}$$

式中，$BE_{HG,y}$——第 y 年与供热相关的基准线排放量，t；

NCV_{CH_4}——参考条件下 CH_4 的净热值，TJ/t；

$R_{efficiency,j,y}$——第 y 年供热设备 j 在项目活动和基准线情景下效率的比率；

$F_{CH_4, HG, dest, j, y}$——第 y 年在设备 j 中用于供热而销毁的垃圾填埋气中的 CH_4 量，t；

$EF_{CO_2, BL, HG, j}$——基准线情景下设备 j 中用于供热的化石燃料 CO_2 排放因子；

j——供热设备，如空气加热器、锅炉、玻璃熔化炉或炉窑；

n——项目活动中使用的不同供热设备的数量。

1. $R_{efficiency, j, y}$ 的计算方法

空气加热器、锅炉、玻璃熔化炉或炉窑在项目活动和基准线情景下效率的比率见式(9-13)。

$$R_{efficiency, j, y} = \min\left\{1, \frac{\eta_{HG, PJ, j, y}}{\eta_{HG, BL, j}}\right\} \tag{9-13}$$

式中，$R_{efficiency, j, y}$——第 y 年供热设备 j 在项目活动和基准线情景下效率的比率；

$\eta_{HG, BL, j}$——基准线情景下供热设备 j 的效率；

$\eta_{HG, PJ, j, y}$——第 y 年项目活动使用的供热设备 j 的效率；

j——供热设备，如空气加热器、锅炉、玻璃熔化炉或炉窑。

其中，空气加热器、锅炉、玻璃熔化炉或炉窑的基准线情景下效率($\eta_{HG, BL, j}$)应采用“热能或电能生产系统的基准线效率确定工具”估算。

2. $F_{CH_4, HG, dest, j, y}$ 的计算方法

如果垃圾填埋气送入供热设备的种类是锅炉、空气加热器或玻璃熔化炉，被销毁的 CH_4 量采用式(9-14)进行计算。

$$F_{CH_4, HG, dest, j, y} = fd_{CH_4, HG, j, default} \times F_{CH_4, HG, j, y} \tag{9-14}$$

式中，$F_{CH_4, HG, dest, j, y}$——第 y 年在设备 j 中用于供热而销毁的垃圾填埋气中的 CH_4 量，t；

$fd_{CH_4, HG, j, default}$——在供热设备 j 中销毁的 CH_4 比例的默认值；

$F_{CH_4, HG, j, y}$——第 y 年用于供热设备 j 中的垃圾填埋气中的 CH_4 量[其计算方法见式(9-3)，其中 j 代表每种供热设备]，t。

如果供热设备的种类是砖窑，被销毁的 CH_4 量采用式(9-15)进行计算。

$$F_{CH_4, HG, dest, kiln, y} = \sum_{h=1}^{8\,760} fd_{CH_4, kiln, h} \times F_{CH_4, HG, kiln, h} \tag{9-15}$$

如果 $Q_{O_2, kiln, h} > 0$，则 $fd_{CH_4, kiln, h} = 1$；否则，$fd_{CH_4, kiln, h} = 0$。

式中，$F_{CH_4, HG, dest, kiln, y}$——第 y 年通过砖窑供热销毁的垃圾填埋气中的 CH_4 量，t；

$fd_{CH_4, kiln, h}$——第 h 小时通过砖窑供热销毁的 CH_4 的比例；

$F_{CH_4, HG, kiln, h}$——第 h 小时通过砖窑供热销毁的 CH_4 量，t；

$Q_{O_2, kiln, h}$——第 h 小时砖窑尾气中氧气的平均体积比（氧气体积/尾气体积）；

h——第 y 年的小时数。

（四）与天然气使用相关的基准线排放

与天然气使用相关的基准线排放量的计算方法见式（9-16）。

$$BE_{NG, y} = 0.0504 \times F_{CH_4, NG, y} \times EF_{CO_2, NG, y} \tag{9-16}$$

式中，$BE_{NG, y}$——第 y 年与天然气使用相关的基准线排放量，t；

$F_{CH_4, NG, y}$——第 y 年送入天然气输配管网的垃圾填埋气中的 CH_4 量，t；

$EF_{CO_2, NG, y}$——第 y 年天然气输配管网中天然气的平均 CO_2 排放因子（使用"化石燃料燃烧导致的项目或泄漏 CO_2 排放计算工具"确定），t/TJ。

三、项目排放量

项目排放量等于项目活动消耗电力产生的排放量与项目活动中非发电所消耗化石燃料产生的排放量之和，见式（9-17）。

$$PE_y = PE_{EC, y} + PE_{FC, y} \tag{9-17}$$

其中，项目活动消耗电力的项目排放量须使用"电力消耗导致的基准线、项目和/或泄漏排放计算工具"计算。非发电所消耗的化石燃料产生的项目排放量应使用"化石燃料燃烧导致的项目或泄漏二氧化碳排放计算工具"计算。

☞名词解释

现有的垃圾填埋气捕集系统：在项目活动开始前一年已经运行的系统。

垃圾填埋气捕集系统：用来收集垃圾填埋气的系统。这个系统可以是被动系统、主动系统或两种系统的组合。被动系统借助自然压力、浓度和密度梯度收集垃圾填埋气。主动系统通过提供压力梯度，使用机械设备收集垃圾填埋气。捕集的垃圾填埋气可以放空、焚烧或利用。

垃圾填埋气：来源于垃圾填埋场垃圾的分解。垃圾填埋气主要由 CH_4，CO_2，NH_2，H_2S 组成。

固体废弃物处理场（垃圾填埋场）（SWDS）：指定的垃圾最终存储地。

第十章　低排放车辆替代项目

本章对应方法学为国家发展和改革委员会备案的《CMS-053-V01 商用车队中引入低排放车辆/技术》(第一版)。

第一节　概述

一、项目适用性

本章所述方法学适用于项目参与方引入低温室气体排放的车辆，用于商业客运(包括公共交通)、货物运输，且在运输路线上具有可比的操作条件。改装车辆(如使用低排放燃料替代高排放燃料)同样适用于本方法学。

其中，低排放车辆类型包括压缩天然气车辆、电动车、液化石油气车辆、电力及内燃动力系统的混合动力车辆。

车辆类型包括但不限于用于公共交通的公交车、吉普车、通勤车和三轮车，以及用于专线运输的货运卡车、垃圾车或其他服务的车辆。

二、项目边界

项目边界包括：引入低排放车辆的车队；车辆行驶过的线路的地理位置；车辆经过的辅助设施，如加油站、车间、服务站等。

第二节 核算方法

一、项目减排量

项目减排量等于基准线排放量减去项目排放量，见式(10-1)。

$$ER_y = BE_y - PE_y \quad (10\text{-}1)$$

式中，ER_y——第 y 年的减排量，t；

BE_y——第 y 年的基准线排放量，t；

PE_y——第 y 年的项目排放量，t。

二、基准线排放量

基准线排放量计算方法见式(10-2)。

$$BE_y = \sum P_{i,y,k} \times BEF_i \times dp_{i,y} \quad (10\text{-}2)$$

式中，$P_{i,y,k}$——第 y 年线路 k 上运行的每辆项目车辆 i 的年运送乘客总数量或货物总数量；

BEF_i——基准线车辆 i 的运送每位乘客或每吨货物每公里的排放因子；

$dp_{i,y}$——第 y 年项目车辆 i 运送每位乘客或每吨货物所运行的平均距离，km。

其中，基准线车辆运送每位乘客或每吨货物每公里的排放因子(BEF_i)计算方法见式(10-3)。

$$BEF_i = \frac{\sum_j \sum_i D_i \times \eta_{\mathrm{BLVi}} \times NCV_j \times EF_{\mathrm{CO_2},j}}{P_i \times dp_i} \quad (10\text{-}3)$$

式中，P_i——基准线车辆 i 的年运送乘客数或商品数；

dp_i——基准线车辆 i 的年运送每位乘客或每吨货物所运行的的平均距离，km；

D_i——基准线车辆 i 的年运行总里程，km；

η_{BLVi}——基准线车辆 i 使用的燃料的效率，kg/km；

NCV_j——燃料 j 的净热值，MJ/kg；

$EF_{\mathrm{CO_2},j}$——基准线车辆消耗燃料 j 的 CO_2 排放因子(国家文献数据或 IPCC 缺省值)，t/MJ。

此外，如果车辆使用了电力，相关的排放量应根据“电力消耗导致的基准线、项目和/或泄漏排放计算工具”计算；替代车辆的剩余寿命可根据最新政策标准推算；基准线车辆燃料效率(η_{BLV})可根据图 10-1 所示决策树选取。

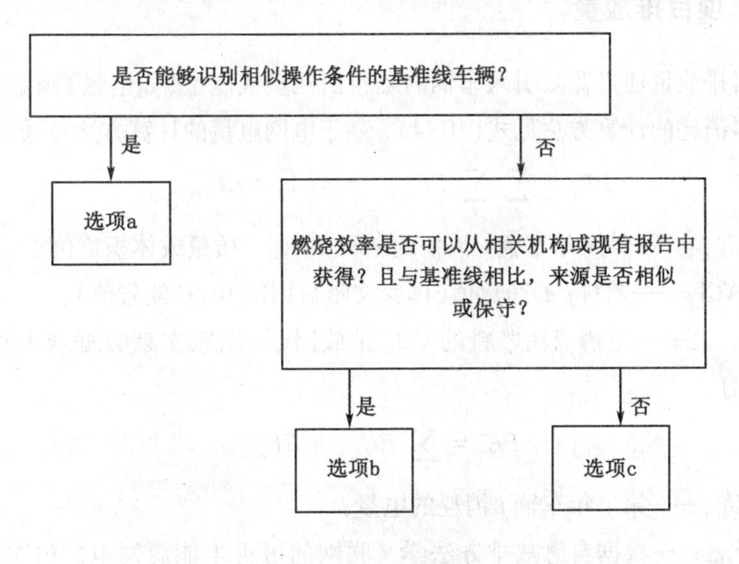

图 10-1　决策树

图 10-1 中，a，b，c 三个选项对应方法如下。

① 选项 a。如果一辆基准线车辆可以被识别，即行使的路线相同，因而具有相似的操作条件，并且这辆车在项目计入期内不会被替代，那么应用下面的方法：基准线操作条件下，用车辆的平均运行数据来确定 η_{BLV}，如果数据可得，最少使用一年的数据；如果数据不可得，燃料效率应从厂商提供的技术说明中获得。

② 选项 b。如果没有可被识别的基准线车辆，或者没有可得的适当的操作数据，那么燃料效率应从统计上的参照小组或现有的统计数据中获得。这些小组或数据来源要在车龄(相等或更小)、交通状况(相等或更好)及空气条件上具有相似或保守的特性。这些可选的机构为(按优先顺序排列)：

- 与项目活动同时进行，且同一公司运行的车队；
- 与项目活动同时进行，且具有相似操作条件的车队；
- 官方统计数据；
- IPCC 或其他国际公用的缺省值。

① 选项 c。如果选项 a 和选项 b 均不适合，那么基准线燃料效率需用项目

开始前车队燃料效率的前20%确定，数据的确定来自最近三年每辆车运行的距离，或者厂商提供的与新基准线车辆有可比性的技术说明。如果这段时期内无可用的数据，那么可缩短所选时间段，但至少需一年。

三、项目排放量

项目排放量通过监测引入车辆的燃料消耗量或能量（如电量）确定。其中，基于燃料消耗的计算方法见式（10-4），基于电网电量的计算方法见式（10-5）。

$$PE_y = \sum_j \sum_i FC_{i,j,y} \times NCV_j \times EF_{CO_2,j,y} \tag{10-4}$$

式中，$FC_{i,j,y}$——第 y 年车辆 i 消耗的燃料 j 的量，质量或体积单位；

NCV_j——燃料 j 的净热值（国家文献数据或 IPCC 缺省值）；

$EF_{CO_2,j,y}$——车辆消耗燃料的 CO_2 排放因子（国家文献数据或 IPCC 缺省值），t/MJ。

$$PE_y = \sum_i EC_{i,y} \times EF_{elec} \tag{10-5}$$

式中，$EC_{i,y}$——第 y 年车辆 i 消耗的电量；

EF_{elec}——根据自愿减排方法学《联网的可再生能源发电》（CMS-002-V01）确定的电力 CO_2 排放因子（或国家发布的最新数据）。

对于项目车辆有空调设施而基准线车辆无空调设施的情况，需要考虑 HFC 的泄漏。如果数据可得，需根据车辆的操作状况，计算空调设施产生的排放；否则，对于每辆车使用默认值 400 kg。

第十一章　废能回收利用项目

废气、废热、废压回收利用可提高能源效率，进而减少碳排放量。本章对应方法学为国家发展和改革委员会发布的《CMS-025-V01 废能回收利用(废气/废热/废压)项目》。

第一节　概述

本章所述方法学适用于利用现有设施的废气、余热并将所识别的废能承载介质流转化为有用能量的项目活动。废能承载介质流包括以下活动的能量来源：热电联产、发电、直接工业用途、基本单元过程的供热、产生机械能。

一、项目适用性

对于申报 CCER 的减排项目需要满足以下要求：

① 废能的回收应为新项目(在项目活动实施之前废能未被回收)；

② 项目活动每年产生的减排量不得超过 6 万 t。

二、方法学适用条件

① 在项目活动实施之前，无法规要求项目设施回收和/或利用废能；

② 项目活动产生的能量可在工业设施内使用，也可输送到(项目边界内的)其他工业设施；

③ 在异常运行条件下(如紧急事件、设施关停等)排放的废能承载介质流在减排量计算中不得考虑；

④ 项目活动中产生的电力可输送至电网，也可自用；

⑤ 如果能量输出到项目边界内的其他设施，项目设施和接受设施的使用者

应签署合同，以避免可能出现的减排量双重计入问题，该过程应在项目设计文件中予以描述；

⑥ 对于在项目活动实施之前（当前情景）已经在现场产生能量（基准线下的能量来源）的设施和接受设施，减排量只能产生于以下时间段中较短者：一是目前使用中设备的剩余寿期，二是项目计入期；

⑦ 本方法学也适用于仅使用余压发电的项目，且由余压所发电量可测；

⑧ 应证明在项目活动中得到利用的废能在项目活动不存在时会被点火炬燃烧或排空。

第二节 项目范围

一、项目边界

地理边界包括项目设施和接受设施（可以与项目设施相同）中相关的废能承载介质流、设备和能量分配系统。其中，相关设备和能量分配系统包括：

① 在项目设施中，废能承载介质流，废能回收和有用能量产生的设备，以及有用能量的分配系统；

② 在接受设施中，接受项目提供的有用能量的设备和有用能量的分配系统。

二、基准线确定

基准线的确定应基于项目活动开始日期之前三年的相关运行数据。对现有设施，如果已有三年运行历史，但缺乏充足的可用于决定基准线的运行数据，所有历史信息应可得（需要至少一年运行数据）。

第三节 核算方法

一、项目减排量

项目减排量等于基准线排放量减去项目排放量，见式（11-1）。

$$ER_y = BE_y - PE_y \tag{11-1}$$

式中，ER_y——第 y 年的减排量，t；

BE_y——第 y 年的基准线排放量，t；

PE_y——第 y 年的项目排放量，t）。

二、基准线排放量

碳排放的基准线情景包括电力的基准线排放、机械能的基准线排放、热能和蒸汽提供的机械能的基准线排放，以及热电厂热电联产的基准线排放。

（一）电力的基准线排放

电力的基准线排放量的计算方法见式（11-2）。

$$BE_{elec,y} = f_{cap} \times f_{wcm} \times \sum_j \sum_i EG_{i,j,y} \times EF_{elec,i,j,y} \tag{11-2}$$

式中，$BE_{elec,y}$——第 y 年由于替代电量所产生的基准线排放量，t；

f_{cap}——用来确定在项目第 y 年使用历史水平的废能所能产生的能量的因子，以使用第 y 年废能来源所产生的总能量所占的比例表示（如果在项目第 y 年所产生的废能小于或等于历史水平，则比值为 1），其数值应根据适用于最新版本的方法学中所规定的项目活动情景的方法之一确定；

f_{wcm}——使用废能在项目活动中产生电量所占的比例（如果纯粹利用废能发电，则该比例为 1），其数值应通过适用于最新版本的方法学中所规定的项目活动情景的程序确定，当该方法需要历史数据时，而且能量输出不能通过技术限制（如废气测量和质量）在化石燃料和废能之间实现分摊时，$f_{wcm}=1$，且在项目排放中考虑由化石燃料的燃烧导致的排放；

$EG_{i,j,y}$——第 y 年在没有项目活动的情况下来自第 i［i 可以是电网（gr）或已识别的现有电源（is）］个来源供给接受设施 j 的电量，MW·h；

$EF_{elec,i,j,y}$——第 y 年被项目活动替代的电力来源 i［i 为电网（gr）或已识别的现有电源（is）］的 CO_2 排放因子，t/（MW·h）。

其中，当项目活动产生电力的接受者只为电网，或者接受设施被替代的电力由相连接的电网系统单独提供，而且电网被证明为电力基准线时，则 CO_2 排

放因子 $EF_{elec,i,j,y}$ 应根据“电力系统排放因子计算工具”确定。否则，如果基准线电力来源为已识别的现有电厂，则 CO_2 排放因子应按照如下方法确定，见式(11-3)。

$$EF_{elec,i,j,y}=\frac{EF_{CO_2,i,j}}{\eta_{plant,j}}\times 3.6\times 10^{-3} \tag{11-3}$$

式中，$EF_{CO_2,i,j}$——在项目活动不存在时，第 j 个接受设施的第 i 个基本单元过程中所使用的基准线燃料单位能量的 CO_2 排放因子，t/TJ；(如果可得，从可靠的当地或国家数据中获得；否则，从与具体国家相关的 IPCC 默认排放因子中取值)，t/TJ；

$\eta_{plant,j}$——在项目活动不存在时，将被第 j 个接受设施使用的已识别的现有电厂的全厂效率；

3.6×10^{-3}——转化系数，TJ/(MW·h)。

(二)机械能的基准线排放

项目活动中由蒸汽轮机提供的机械能可被通过电动机提供的机械能替代。其基准线排放量的计算方法见式(11-4)。

$$BE_{elec,y}=f_{cap}\times f_{wcm}\times \sum_{j}\sum_{i}\left(\frac{MG_{i,j,y,mot}}{\eta_{mech,mot,i,j}}\times EF_{elec,i,j,y}\right) \tag{11-4}$$

式中，$BE_{elec,y}$——第 y 年由于替代电量所产生的基准线排放量，t；

$MG_{i,j,y,mot}$——在项目活动中由蒸汽轮机产生的供给接受设施 j 的机械设备(如泵和压缩机)的机械能，在项目活动不存在时，该设备由电动机 i 驱动，MW·h；

$\eta_{mech,mot,i,j}$——在项目活动不存在时提供给第 j 个接受设施的基准线电动机的效率；

$EF_{elec,i,j,y}$——第 y 年被项目活动替代的电力来源 i[i 为电网(gr)或已识别的电源(is)]的 CO_2 排放因子，t/(MW·h)。

(三)热能和蒸汽提供的机械能的基准线排放

热能可通过以化石燃料为基础的基本单元过程获得(如蒸汽锅炉、热水发生器、热风机、热油发生器、化石燃料的直接燃烧过程等)。其基准线排放量的计算方法见式(11-5)。

$$BE_{ther,y}=f_{cap}\times f_{wcm}\times\sum_{j}\sum_{i}\left(HG_{j,y}+\frac{MG_{i,j,y,tur}}{\eta_{mech,tur}}\right)\times EF_{heat,j,y} \tag{11-5}$$

式中，$BE_{ther,y}$——第 y 年热能（以蒸汽形式）的基准线排放量，t；

$HG_{j,y}$——第 y 年由项目活动供给接受设施 j 的净热量（焓），对于蒸汽，它表示为供给接受设施与锅炉给水的焓值之间的差值。锅炉给水的焓值应考虑回到锅炉的凝结水的焓值（如果有）以及其他废能回收（包括省油器、放锅余热回收等）；

$MG_{i,j,y,tur}$——产生并供给接受设施 j 的机械能，在项目活动不存在时，由化石燃料锅炉产生的蒸汽驱动的蒸汽轮机 i 提供动力，TJ；

$\eta_{mech,tur}$——在项目活动不存在时，将提供机械能的基准线设备（蒸汽轮机）的效率；

$EF_{heat,j,y}$——在项目活动不存在时向接受设施 j 提供热能的基本单元过程的 CO_2 排放因子，t/TJ。

$EF_{heat,j,y}$的计算方法见式（11-6）。

$$EF_{heat,j,y}=\sum_{i}ws_{i,j}\times\frac{EF_{CO_2,i,j}}{\eta_{EP,i,j}} \tag{11-6}$$

式中，$ws_{i,j}$——项目活动中被接受设施 j 使用的全部热量所占的比例，在项目活动不存在时，它将由第 i 个基本单元过程提供；

$EF_{CO_2,i,j}$——在项目活动不存在时，第 j 个接受设施的第 i 个基本单元过程中所使用的基准线燃料单位能量的 CO_2 排放因子，t/TJ；

$\eta_{EP,i,j}$——在项目活动不存在时，将提供给第 j 个接受设施热能的第 i 个基本单元过程的效率；

i——被识别的现有热源。

此外，基本单元过程的效率（$\eta_{EP,i,j}$）的选择可基于：

① 最新版本的“热能或电能生产系统的基准线效率确定工具”；

② 假设基本单元过程具有恒定效率，根据最佳运行条件采用保守方法确定效率，即设计燃料、最佳负荷、废气中最佳含氧量、适当的燃料条件（如温度、黏性、湿度、大小/孔径等）、有代表性的或有利的环境条件（如环境温度和湿度）；

③ 最大效率 100%。

（四）热电厂热电联产的基准线排放

如果项目活动不存在，那么存在下列三种情况：现有化石燃料热电厂提供电、热；机械能由现有电动机或蒸汽轮机提供；所有接受设施由一个共同的化石燃料热电来源提供能量。热电厂热电联产的基准线排放量计算方法见式(11-7)。

$$BE_{En,y}=f_{cap}\times f_{wcm}\times\sum_{j}\left[\frac{HG_{j,y}+\frac{MG_{j,y,tur}}{\eta_{mech,tur}}+\left(EG_{j,y}+\frac{MG_{j,y,mot}}{\eta_{mech,mot}}\right)\times 3.6\times 10^{3}}{\eta C_{ogen}}\right]\times EF_{CO_2,Cogen} \tag{11-7}$$

式中，$BE_{En,y}$——第 y 年被项目活动替代的能量的基准线排放量，t；

$EG_{j,y}$——第 y 年由项目活动提供给接受设施 j 的电量，MW·h；

3.6×10^{-3}——转化系数，TJ/(MW·h)；

$HG_{j,y}$——第 y 年由项目活动供给接受设施 j 的净热量，TJ(对于蒸汽，它表示为供给接受设施的蒸汽与回到热电厂的基本单元过程的凝结水的能量含量之间的差值；对于热水/油发生器，它表示为供给接受设施的热水/油和返回到热电厂的基本单元过程的水/油的能量含量之间的差值)；

$EF_{CO_2,Cogen}$——在基准线热电厂中使用的化石燃料单位能量的 CO_2 排放因子，t/TJ(如果可得，从可靠的当地或国家数据中获得；否则，从与具体国家相关的 IPCC 默认排放因子中取值)；

η_{Cogen}——在项目活动不存在时化石燃料热电厂的效率；

$MG_{j,y,mot}$——在项目活动中由蒸汽轮机产生的供给接受设施 j 的机械设备(如泵和压缩机)的机械能，在项目活动不存在时，该设备由电动机 i 驱动，MW·h；

$\eta_{mech,mot}$——在项目活动不存在时，将提供机械能的基准线设备(电动机)的效率；

$MG_{j,y,tur}$——在项目活动中由蒸汽轮机产生的供给接受设施 j 的机械设备(如泵和压缩机)的机械能，在项目活动不存在时，由化石燃料锅炉产生的蒸汽驱动的蒸汽轮机 i 提供动力，TJ；

$\eta_{mech,tur}$——在项目活动不存在时，将提供机械能的基准线设备(蒸汽轮机)的效率。

此外，热电厂效率(η_{Cogen})的选择可基于以下三个方面：

① 假设热电厂具有恒定效率，根据最佳运行条件采用保守方法确定效率，

即设计燃料、蒸汽抽取、最佳负荷、废气中最佳含氧量、适当的燃料条件（如温度、黏性、湿度、大小/孔径等）、有代表性的或有利的环境条件（如环境温度和湿度）；

② 由两个或两个以上与项目活动类似的热电厂的制造商提供的效率值中的最高者；

③ 最大效率90%，基于净热值（不考虑何种热电联产系统及产生何种热量）。

三、项目排放量

项目活动导致的项目排放量包括用来增补废气/余热的辅助燃料的燃烧导致的排放量和项目活动中因清洗废气在其用来发电之前产生的电力消耗和其他辅助电力消耗导致的排放量，见式（11-8）。

$$PE_y = PE_{AF,y} + PE_{EL,y} \tag{11-8}$$

式中，$PE_{AF,y}$——用来增补废气/余热的辅助燃料的燃烧导致的排放量；

$PE_{EL,y}$——项目活动中因清洗废气在其用来发电之前产生的电力消耗和其他辅助电力消耗导致的排放量。

其中，$PE_{AF,y}$和$PE_{EL,y}$应根据最新版本的方法学提供的程序进行估算。如果废气中除CH_4之外，还包含CO和烃类化合物，而且在基准线情景下排空，那么项目排放应包括由废气燃烧引起的CO_2排放。

☞名词解释

热电联产：从一个共同的燃料来源同时生产电力和有用的热能。

基本单元过程：通过燃料燃烧或设备内的热转移产生热能的过程，如通过锅炉产生蒸汽和通过熔炉产生热空气。每个基本单元过程应利用一个或多个能量来源产生单一输出，如蒸汽或热空气或热油。对于每一个基本单元过程，其能效定义为有用能量（蒸汽焓值与蒸汽数量的乘积）与所提供能量（各燃料数量与其净热值的乘积）的比值。

现有设施：在项目活动开始日期之前至少已运行三年的设施（包括项目设施和接受设施）。（所有证明在没有该自愿减排项目时，对废能利用情况的选项都应基于历史数据，而非假设情景。）

接受设施：接受项目活动情景下废能产生设施中通过废能产生的有用能量的设施。它与废能产生设施可以相同。

废能：以热或压力形式存在于工业过程尾流中的能量，而且可证明它在项目活动不存在时不会被回收。例如，被点火炬燃烧或排空的燃气中包含的能量，以及不被回收而被废弃的尾流的热或压力。在现货市场中，可以能量载体或化合物形式体现价值的气体（如天然气、氢气、液化石油气及其替代物等）不在此列。

废能承载介质：以热或压力形式承载废能的介质，包括燃气、空气或蒸汽。

废能产生设施（项目设施）：被自愿减排项目活动所利用的废能产生设施。项目活动可由设施的所有者实施，也可由第三方（如能源管理公司）实施。如果废能通过另一设施（如第三方的单独设施）回收，项目设施应包括废能产生设施和废能回收设施。如果不是将有用能量提供给接受设施，而是废气直接输出，项目设施也应包括接受设施。

第四篇

可持续发展评价方法

第十二章　工业固体废物资源综合利用

第一节　概述

工业固体废物资源综合利用评价是指对开展工业固体废物资源综合利用的企业所利用的工业固体废物种类、数量进行核定，对综合利用的技术条件和要求进行符合性判定的活动。

为推动资源综合利用，引导企业不断提高资源综合利用技术水平，提升综合利用产品质量，2018 年，工业和信息化部第 26 号公告正式发布《工业固体废物资源综合利用评价管理暂行办法》《国家工业固体废物资源综合利用产品目录》，推出了全国统一的工业固体废物资源综合利用评价制度与统一的国家工业固体废物资源综合利用产品目录。同时，国家主管部门将根据工业固体废物资源综合利用技术发展水平、综合利用产品市场应用情况、产品目录的实施情况等适时调整目录。

现行的《国家工业固体废物资源综合利用产品目录》于 2018 年发布，包含工业固体废物种类、综合利用产品、综合利用技术条件和要求等三部分内容。工业固体废物种类包括煤矸石、尾矿、冶炼渣、粉煤灰、炉渣和其他工业固体废物等六类工业固体废物（暂不包括危险废物），具体的国家工业固体废物种类及综合利用产品见表 12-1。

表 12-1　国家工业固体废物种类及综合利用产品

序号	工业固体废物种类	综合利用产品
1	煤矸石	水泥、水泥熟料
		建筑砂石骨料(含机制砂)
		砖瓦、砌块、陶粒制品、板材、管材(管桩)、混凝土、砂浆、井盖、防火材料、耐火材料(镁铬砖除外)、保温材料、微晶材料、泡沫陶瓷、高岭土
		矿(岩)棉
		电力、热力
		陶瓷及陶瓷制品
		土壤调理剂
		人工鱼礁
2	尾矿	金属及非金属精矿
		建筑砂石骨料(含机制砂)
		尾矿微粉
		水泥、水泥熟料
		砖瓦、砌块、陶粒制品、板材、管材(管桩)、混凝土、砂浆、井盖、防火材料、耐火材料(镁铬砖除外)、保温材料、微晶材料、泡沫陶瓷
		陶瓷及其制品
		矿(岩)棉
		人工鱼礁
		土壤调理剂
3	冶炼渣(不含危险废物)	金属精矿
		金属
		金属合金
		金属化合物
		矿渣粉、矿物掺合料
		建筑砂石骨料(含机制砂)
		水泥、水泥熟料
		矿(岩)棉
		砖瓦、砌块、陶粒制品、板材、管材(管桩)、混凝土、矿物掺合料、砂浆、井盖、防火材料、耐火材料(镁铬砖除外)、保温材料、微晶材料、泡沫陶瓷
		烧结熔剂、烟气脱硫剂

表12-1(续)

序号	工业固体废物种类	综合利用产品
4	粉煤灰(不含危险废物)	粉煤灰超细粉、矿物掺合料
		水泥、水泥熟料
		砖瓦、砌块、陶粒制品、板材、管材(管桩)、混凝土、矿物掺合料、砂浆、井盖、防火材料、耐火材料(镁铬砖除外)、保温材料、微晶材料
		氧化铝
		氧化铁
		金属、金属氧化物、稀土
		陶瓷及其制品
		白炭黑(填料)
		合成分子筛
		粉煤灰复合高温陶瓷涂层
		玻化微珠及其制品
		水处理剂、燃煤烟气净化剂
		水玻璃
		氢氧化铝
		土壤调理剂
5	炉渣(不含危险废物)	水泥
		矿物掺合料
		建筑轻骨料
		砖瓦、砌块、陶粒制品、板材、管材(管桩)、混凝土、砂浆、检查井盖、道路护栏、防火材料、耐火材料(镁铬砖除外)、保温材料、微晶材料、泡沫陶瓷
		矿(岩)棉
		滤料

表12-1(续)

序号	工业固体废物种类		综合利用产品
6	其他工业固体废物	工业副产石膏(不含危险废物)	水泥、水泥熟料
			建筑石膏及制品
			石膏模具、石膏芯模、陶瓷模用石膏粉
			α型高强石膏粉及其制品
			装配式墙板
			轻质隔热砖
			水泥添加剂(含水泥缓凝剂、水泥速凝剂等)
			活动地板基材用石膏纤维板
			工业硫酸、硫酸铵
			土壤调理剂
			抗旱石
		赤泥(不含危险废物)	砖瓦、砌块、陶粒、板材、管材(管桩)、混凝土、砂浆、井盖、防火材料、耐火材料(镁铬砖除外)、保温材料、矿(岩)棉、微晶材料、泡沫陶瓷
			陶瓷及陶瓷制品
			土壤调理剂
			铁、铌、钪、钛
			脱硫剂、水处理剂、塑料填料
			水泥、水泥熟料
		废石	建筑砂石骨料(含机制砂)、加气混凝土
			合成石材
			水泥、水泥熟料
		化工废渣(不含危险废物)	水泥、水泥熟料
			银、盐、锌、碱、聚乙烯醇、硫化钠、亚硫酸钠、硫氰酸钠、硝酸、铁盐、铬盐、磺酸盐、乙酸、乙二酸、乙酸钠、盐酸、黏合剂、酒精、香兰素、甘油、乙氰、工业磷酸、硫酸
		煤泥	电力、热力
		废催化剂	金属
			金属化合物
		废磁性材料(不含危险废物)	金属
			金属合金
		陶瓷工业废料	轻质陶瓷砖、混凝土砖
		铸造废砂	再生砂、覆膜砂
			水泥掺合料

表12-1(续)

序号	工业固体废物种类		综合利用产品
6	其他工业固体废物	玻璃纤维废丝	陶瓷釉料
			汽车保温毛毡制品
		医药行业废渣(不含危险废物)	肥料
			工业硫酸镁、工业氯化镁、工业水合碱式碳酸铜、工业轻质氧化镁、工业氯化钠

依据《工业固体废物资源综合利用评价管理暂行办法》，开展工业固体废物资源综合利用评价的企业，可依据评价结果，按照《财政部 税务总局 生态环境部关于环境保护税有关问题的通知》和有关规定，申请暂予免征环境保护税，以及减免增值税、所得税等相关产业扶持优惠政策。

第二节　具体要求

一、总体要求

受评价废物属于表12-1中工业固体废物种类范畴；

综合利用产品须满足相应的标准要求，详见下文。

二、基本要求

(一)工业固体废物

1. 煤矸石

(1)定义

煤矸石是指煤矿在开拓掘进、采煤和煤炭洗选等生产过程中排出的固体废物。

(2)要求

① 工业固体废物满足定义基本要求；

② 煤矸石综合利用符合《煤矸石综合利用管理办法》(2014年修订版)和《煤矸石利用技术导则》(GB/T 29163—2012)的要求。

2. 尾矿

(1)定义

尾矿是指矿石磨细、选取有价组分后排出的固体废物。

(2)要求

工业固体废物满足定义基本要求。

3. 冶炼渣

(1)定义

冶炼渣是指在金属冶炼过程中产生的固体废物，主要包括高炉渣、转炉渣、电炉渣、铁合金炉渣、有色金属及其他金属冶炼过程产生的固体废物。

(2)要求

工业固体废物满足定义基本要求。

4. 粉煤灰

(1)定义

粉煤灰是指在燃煤锅炉和窑炉的烟道中对烟气进行收尘处理所收捕的细粒状固体废物。

(2)要求

① 工业固体废物满足定义基本要求；

② 符合《用于水泥和混凝土中的粉煤灰》(GB/T 1596—2017)。

5. 炉渣

(1)定义

炉渣是指从燃煤锅炉和窑炉炉底排出的固体废物。

(2)要求

工业固体废物满足定义基本要求。

6. 其他工业固体废物

(1)定义

工业副产石膏是指在工业生产过程产生的以二水硫酸钙或其他硫酸钙类物质为主要成分的固体废物，主要包括脱硫石膏、磷石膏、氟石膏、钛石膏、柠檬酸石膏、废石膏模、废石膏制品等。

赤泥是指制铝工业提取氧化铝时排出的固体废物。

废石是指非煤矿山在开拓和采矿、加工过程中产生的固体废物。

化工废渣是指化学工业生产过程中产生的各种固体和泥浆状废物，包括化工生产过程中产生的不合格的产品、不能出售的副产品、反应釜底料、滤饼渣、废催化剂等，如硫酸渣、碱渣(白泥)、电石渣、磷矿煅烧渣、含氰废渣、磷肥渣、硫黄渣、含钡废渣、铬渣、盐泥、总熔剂渣、黄磷渣、柠檬酸渣等。

(2)要求

① 工业固体废物满足定义基本要求;

② 满足相关标准要求,包括但不限于下列标准:《用于水泥中的工业副产石膏》(GB/T 21371—2019)、《烟气脱硫石膏》(JC/T 2074—2011)、《煤矸石综合利用管理办法》(2014 年修订版)、《煤矸石利用技术导则》(GB/T 29163—2012)。

(二)综合利用产品

利用工业固体废物所生产的产品须满足相关产品标准要求,建材类产品除了要满足产品质量要求,还要符合《建筑材料放射性核素限量》(GB 6566—2010)要求。主要综合利用产品及常用产品标准见表 12-2。

表 12-2　主要综合利用产品及常用产品标准

序号	综合利用产品	产品标准
1	水泥、水泥熟料	《通用硅酸盐水泥》(GB 175—2007) 《硅酸盐水泥熟料》(GB/T 21372—2008)
2	建筑砂石骨料(含机制砂)	《建设用砂》(GB/T 14684—2022) 《建设用卵石、碎石》(GB/T 14685—2022) 《混凝土和砂浆用再生细骨料》(GB/T 25176—2010)
3	砖瓦、砌块	《烧结普通砖》(GB/T 5101—2017) 《烧结空心砖和空心砌块》(GB/T 13545—2014) 《烧结保温砖和保温砌块》(GB/T 26538—2011) 《烧结多孔砖和多孔砌块》(GB/T 13544—2011) 《烧结装饰砖》(GB/T 32982—2016) 《烧结瓦》(GB/T 21149—2019)
4	混凝土、砂浆	《预拌混凝土》(GB/T 14902—2012) 《建筑保温砂浆》(GB/T 20473—2021)
5	耐火材料	《耐磨耐火材料》(GB/T 23294—2021)
6	防火材料	《防火封堵材料》(GB 23864—2009)
7	保温材料	《烧结保温砖和保温砌块》(GB/T 26538—2011) 《复合保温砖和复合保温砌块》(GB/T 29060—2012)
8	微晶材料	《微晶玻璃陶瓷复合砖》(JC/T 994—2019)

表12-2(续)

序号	综合利用产品	产品标准
9	矿(岩)棉	《绝热用岩棉、矿渣棉及其制品》(GB/T 11835—2016) 《建筑用岩棉绝热制品》(GB/T 19686—2015)
10	陶瓷及陶瓷制品	《卫生陶瓷》(GB/T 6952—2015) 《陶瓷砖》(GB/T 4100—2015)
11	金属精矿	《铁矿石产品等级的划分》(GB/T 32545—2016) 《转底炉法含铁尘泥金属化球团》(YB/T 4272—2012) 《钢铁工业含铁尘泥回收及利用技术规范》(GB/T 28292—2012) 《冶金炉料用钢渣》(YB/T 802—2009)
12	矿渣粉、矿物掺合料	《矿物掺合料应用技术规范》(GB/T 51003—2014) 《用于水泥中的粒化高炉矿渣》(GB/T 203—2008) 《用于水泥、砂浆和混凝土中的粒化高炉矿渣粉》(GB/T 18046—2017) 《道路用钢渣》(GB/T 25824—2010)
13	土壤调理剂	《土壤调理剂　通用要求》(NY/T 3034—2016)
14	建筑石膏及制品	《建筑石膏》(GB/T 9776—2008) 《复合保温石膏板》(JC/T 2077—2011) 《装饰石膏板》(JC/T 799—2016)
15	合成石材	《人造石》(JC/T 908—2013)
16	再生砂、覆膜砂	《铸造用再生硅砂》(GB/T 26659—2011) 《铸造用覆膜砂》(JB/T 8583—2008)

第三节　评价流程与方法

一、资料审查

首先，对综合利用企业的基本情况进行了解，包括但不限于企业基本情况、经营规模、综合利用工业固体废物种类、产品产量、年产值等。其次，通过企业前期提供材料，初步掌握企业生产工艺、主要生产设备、主要计量设备及工厂保证能力体系建设情况，进一步识别出后续现场评价的思路和重点。

二、现场审核

(一)核定利用量

利用量是指满足基本要求的固体废物的综合利用量，如固体废物本身或其作为原辅料生产的产品不能满足相关要求，则对应的使用(消耗)量不能算作综合利用量。主要审核内容包括：

① 综合利用的工业固体废物种类；

② 生产工艺流程及主要生产设备；

③ 工业固体废物采购(或接收)、消耗、库存相关统计报表(如利用的固体废物为企业自产，则应统计产生量)；

④ 与工业固体废物使用量相关的原始单据、记录、台账(建议采用交叉核对方式与统计报表进行比较分析)；

⑤ 工业固体废物原料掺量证明材料；

⑥ 产品种类、产量、执行标准及质量检测报告；

⑦ 工业固体废物采购(或销售)合同；

⑧ 固体废物满足综合利用基本要求的其他证明材料(如煤矸石检测报告)。

(二)评价工厂保障能力

工厂保障能力是确保工业固体废物利用量真实、准确的基础，主要审核内容包括：

① 建设项目立项、审批、环评及验收情况；

② 质量保证、环境管理体系，物质计量统计体系等相关管理体系建设情况；

③ 主要计量器具、监测设备维护管理情况；

④ 其他必要的工厂保障能力证明材料。

三、评价结论

除了明确工业固体废物利用种类、来源与数量，评价结论还应包括以下几方面：

① 不符合项内容及整改完成情况；

② 国家相关法律法规及标准要求执行情况；

③ 质量保证体系、环境管理体系运行情况；

④ 工业固体废物及其产品是否满足相关标准要求；

⑤ 计量统计体系运行情况；

⑥ 企业名称、地址、统一社会信用代码、产值及联系人信息等；

⑦ 问题与建议。

第十三章　绿色工厂

第一节　概述

绿色工厂是指实现了用地集约化、原料无害化、生产洁净化、废物资源化、能源低碳化的工厂。2016年《工业和信息化部办公厅关于开展绿色制造体系建设的通知》，正式启动了以绿色工厂、绿色产品、绿色园区、绿色供应链为主的绿色制造体系建设。

现阶段，绿色工厂主要分为国家和省（自治区、直辖市）两级评价，每一级的评价均需要根据规定的评价指标体系明确评价要求及评分标准，达到规定分数要求的单位纳入绿色工厂名单。此外，国家鼓励地方结合本地区行业特点细化各行业的评价要求，结合地区发展水平、参照预期性指标提出更高的要求。

我国绿色工厂评价指标分为7项一级指标和26项二级指标。一级指标包括一般要求、基础设施、管理体系、能源资源投入、产品、环境排放、绩效。二级指标具体要求包括基本要求和预期性要求。基本要求是纳入绿色工厂试点示范项目的必选评价要求，预期性要求是绿色工厂创建的参考目标。绿色工厂评价指标见附录表F-10。

为发挥标准引领作用，推动绿色工厂评价工作，工业和信息化部负责组织制定绿色工厂评价标准体系，制定《绿色工厂评价通则》（GB/T 36132—2018）及各行业绿色工厂评价导则标准。截至2022年9月，已发布绿色工厂评价行业标准41项，具体标准清单见表13-1。

表 13-1　绿色工厂评价行业标准

序号	标准号	标准名称	行业
1	YB/T 4916—2021	焦化行业绿色工厂评价导则	钢铁
2	HG/T 5677—2020	石油炼制行业绿色工厂评价要求	化工
3	HG/T 5892—2021	尿素行业绿色工厂评价要求	化工
4	HG/T 5865—2021	烧碱行业绿色工厂评价要求	化工
5	HG/T 5891—2021	煤制烯烃行业绿色工厂评价要求	化工
6	HG/T 5866—2021	精对苯二甲酸行业绿色工厂评价要求	化工
7	HG/T 5984—2021	钛白粉行业绿色工厂评价要求	化工
8	HG/T 5900—2021	黄磷行业绿色工厂评价要求	化工
9	HG/T 5908—2021	异氰酸酯行业绿色工厂评价要求	化工
10	HG/T 5902—2021	化学制药行业绿色工厂评价要求	化工
11	HG/T 5991—2021	聚碳酸酯行业绿色工厂评价要求	化工
12	HG/T 5986—2021	涂料行业绿色工厂评价要求	化工
13	HG/T 5987—2021	硫酸行业绿色工厂评价要求	化工
14	HG/T 5974—2021	碳酸钠（纯碱）行业绿色工厂评价要求	化工
15	HG/T 5973—2021	二氧化碳行业绿色工厂评价要求	化工
16	YS/T 1407—2021	铜冶炼行业绿色工厂评价要求	有色
17	YS/T 1408—2021	锌冶炼行业绿色工厂评价要求	有色
18	YS/T 1406—2021	铅冶炼行业绿色工厂评价要求	有色
19	YS/T 1419—2021	电解铝行业绿色工厂评价要求	有色
20	YS/T 1430—2021	钴冶炼行业绿色工厂评价要求	有色
21	YS/T 1429—2021	镍冶炼行业绿色工厂评价要求	有色
22	YS/T 1427—2021	锡冶炼行业绿色工厂评价要求	有色
23	YS/T 1428—2021	锑冶炼行业绿色工厂评价要求	有色
24	JC/T 2634—2021	水泥行业绿色工厂评价要求	建材
25	JC/T 2635—2021	玻璃行业绿色工厂评价要求	建材
26	JC/T 2636—2021	建筑陶瓷行业绿色工厂评价要求	建材
27	JC/T 2640—2021	耐火材料行业绿色工厂评价要求	建材
28	JC/T 2637—2021	水泥制品行业绿色工厂评价要求	建材
29	JC/T 2616—2021	预拌砂浆行业绿色工厂评价要求	建材
30	JC/T 2638—2021	石膏制品行业绿色工厂评价要求	建材

表13-1（续）

序号	标准号	标准名称	行业
31	JC/T 2641—2021	砂石行业绿色工厂评价要求	建材
32	JC/T 2639—2021	绝热材料行业绿色工厂评价要求	建材
33	QB/T 5572—2021	制革行业绿色工厂评价导则	轻工
34	QB/T 5575—2021	制鞋行业绿色工厂评价导则	轻工
35	QB/T 5598—2021	人造革与合成革工业绿色工厂评价要求	轻工
36	FZ/T 07006—2020	丝绸行业绿色工厂评价要求	纺织
37	FZ/T 07021—2021	毛纺织行业绿色工厂评价要求	纺织
38	FZ/T 07009—2020	筒子纱智能染色绿色工厂评价要求	纺织
39	FZ/T 07022—2021	色纺纱行业绿色工厂评价要求	纺织
40	SJ/T 11744—2019	电子信息制造业绿色工厂评价导则	电子
41	YD/T 3838—2021	通信制造业绿色工厂评价细则	通信

第二节　具体要求

一、总体要求

绿色工厂应在保证产品功能、质量及生产过程中人的职业健康安全的前提下，引入生命周期思想，优先选用绿色原料、工艺、技术和设备，满足基础设施、管理体系、能源与资源投入、产品、环境排放、绩效的综合评价要求，并进行持续改进。绿色工厂评价指标框架如图 13-1 所示。

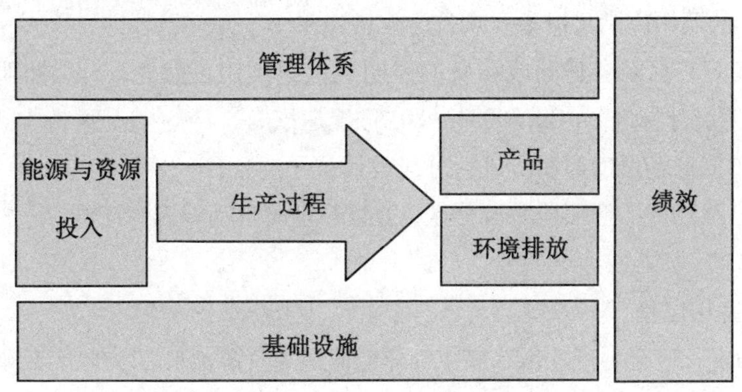

图 13-1　绿色工厂评价指标框架

二、基本要求

(一)合规性

绿色工厂应依法设立，在建设和生产过程中应遵守有关法律、法规、政策和标准，近三年(含成立不足三年)无较大及以上安全、环保、质量等事故。对利益相关方的环境要求做出承诺的，应同时满足有关承诺的要求。

(二)管理

最高管理者应分派绿色工厂相关的职责和权限，确保相关资源的获得，并承诺和确保满足绿色工厂评价要求。

工厂应设有绿色工厂管理机构，负责有关绿色制造的制度建设、实施、考核及奖励工作，建立目标责任制；应有绿色工厂的中长期规划及量化的年度目标、指标和实施方案；定期为员工提供绿色制造相关知识的教育、培训，并评估教育和培训结果。

(三)基础设施

1. 建筑

工厂的建筑应满足国家或地方相关法律法规及标准的要求，并从建筑材料、建筑结构、采光照明、绿化及场地、再生资源及能源利用等方面进行建筑的节材、节能、节水、节地、无害化及可再生能源利用。适用时，工厂的厂房应尽量采用多层建筑。

2. 照明

工厂的照明应满足以下要求：

① 工厂厂区及各房间或场所的照明应尽量利用自然光，人工照明应符合《建筑照明设计标准》(GB 50034—2013)规定；

② 不同的场所的照明应进行分级设计；

③ 公共场所的照明应采取分区、分组与定时自动调光等措施。

3. 设备设施

(1)专用设备

专用设备应符合产业准入要求，降低能源与资源消耗，减少污染物排放。

(2)通用设备

通用设备应符合以下要求：

① 适用时，通用设备应采用效率高、能耗低、水耗低、物耗低的产品；

② 已明令禁止生产、使用的和能耗高、效率低的设备应限期淘汰更新；

③ 通用设备或其系统的实际运行效率或主要运行参数应符合该设备经济运行的要求。

(3)计量设备

工厂应依据《用能单位能源计量器具配备和管理通则》(GB 17167—2006)、《用水单位计量器具配备和管理通则》(GB/T 24789—2022)等要求配备、使用和管理能源、水及其他资源的计量器具和装置。能源及资源使用的类型不同时，应进行分类计量。

(4)污染物处理设备设施

工厂应投入适宜的污染物处理设备，以确保其污染物排放达到相关法律法规及标准要求。污染物处理设备的处理能力应与工厂生产排放相适应，设备应满足通用设备的节能方面的要求。

(四)管理体系

1. 一般要求

工厂应建立、实施并保持质量管理体系和职业健康安全管理体系。工厂的质量管理体系应满足《质量管理体系　要求》(GB/T 19001—2016)的要求，职业健康安全管理体系应满足《职业健康安全管理体系　要求及使用指南》(GB/T 45001—2020)的要求。适用时，应通过第三方认证。

2. 环境管理体系

工厂应建立、实施并保持环境管理体系。工厂的环境管理体系应满足《环境管理体系　要求及使用指南》(GB/T 24001—2016)的要求。适用时，应通过环境管理体系第三方认证。

3. 能源管理体系

工厂应建立、实施并保持能源管理体系。工厂的环境管理体系应满足《能源管理体系　要求及使用指南》(GB/T 23331—2020)的要求。适用时，应通过能源管理体系第三方认证。

(五)能源资源投入

1. 能源投入

工厂应优化用能结构，在保证安全、质量的前提下减少不可再生能源投入，宜使用可再生能源替代不可再生资源，充分利用余热余压等。

2. 资源投入

工厂应按照《节水型企业评价导则》(GB/T 7119—2018)的要求对其开展节水评价工作，且满足《取水定额》(GB/T 18916)中对应本行业的取水定额要求。

工厂应减少材料，尤其是有害物质的使用，评估有害物质及化学品减量使用或替代的可行性，宜使用回收材料、可回收材料替代原生材料、不可回收材料，宜替代或减少全球增温潜势较高温室气体的使用。工厂应按照《工业企业节约原材料评价导则》(GB/T 29115—2012)的要求对其原材料使用量的减少进行评价。

3. 采购

工厂应制定并实施包括环保要求的选择、评价和重新评价供方的准则。

必要时，工厂向供方提供的采购信息应包含有害物质使用、可回收材料使用、能效等环保要求。

工厂应确定并实施检验或其他必要的活动，以确保采购的产品满足规定的采购要求。

(六)产品

1. 一般要求

工厂宜生产应符合绿色产品要求的产品。

2. 生态设计

工厂宜按照《产品生态设计通则》(GB/T 24256—2009)对生产的产品进行生态设计，并按照《生态设计产品评价通则》(GB/T 32161—2015)对生产的产品进行生态设计产品评价。

3. 有害物质使用

工厂生产的产品应减少有害物质的使用，避免有害物质的泄漏。

4. 节能

工厂生产的产品若为用能产品或在使用过程中对最终产品/构造的能耗有影响的产品，适用时，应满足相关标准的限定值要求，并努力达到更高能效等级。

5. 减碳

工厂宜采用适用的标准或规范对产品进行碳足迹核算或核查，核查结果宜对外公布，并利用核算或核查结果对其产品的碳足迹进行改善。适用时，产品宜满足相关低碳产品要求。

6. 可回收利用率

适用时，工厂宜按照《产品可回收利用率计算方法导则》（GB/T 20862—2007）的要求计算其产品的可回收利用率，并利用计算结果对产品的可回收利用率进行改善。

（七）环境排放

1. 大气污染物

工厂的大气污染物排放应符合相关国家标准、行业标准及地方标准要求，并满足区域内排放总量控制要求。

2. 水体污染物

工厂的水体污染物排放应符合相关国家标准、行业标准及地方标准要求，或在满足要求的前提下委托具备相应能力和资质的处理厂进行处理，并满足区域内排放总量控制要求。

3. 固体废物

工厂产生的固体废物的处理应符合《一般工业固体废物贮存和填埋污染控制标准》（GB 18599—2020）及相关标准的要求。工厂无法自行处理的，应将固体废物转交给具备相应能力和资质的处理厂进行处理。

4. 噪声

工厂的厂界环境噪声排放应符合相关国家标准、行业标准及地方标准要求。

5. 温室气体

工厂应采用《工业企业气体排放核算和报告通则》（GB/T 32150—2015）或适用的标准或规范对其厂界范围内的温室气体排放进行核算和报告，宜进行核查，核查结果宜对外公布。可行时，工厂应利用核算或核查结果对其温室气体的排放进行改善。

（八）绩效

工厂应从用地集约化、原料无害化、生产洁净化、废物资源化、能源低碳化等方面计算或评估其绩效，并利用结果进行绩效改善。适用时，绩效指标应至少满足行业准入要求，综合绩效指标应达到行业先进水平。

第三节　评价流程与方法

一、评价流程与要求

绿色工厂评价应由独立于工厂的第三方组织实施。

实施评价的组织应收集评价证据，并确保证据的完整性和准确性。证据收集方式包括但不限于：查看报告文件、统计报表、原始记录，并根据实际情况，开展对相关人员的座谈；实地调查、抽样调查等。

实施评价的组织应对评价证据进行分析，评价工厂是否满足评价要求提出的综合评价指标。

二、绩效指标计算方法

1. 容积率

容积率为工厂总建筑物（正负0标高以上的建筑面积）、构筑物面积与厂区用地面积的比值，计算方法见式（13-1）。

$$R=\frac{A_{总建筑物}+A_{总构筑物}}{A_{用地}} \tag{13-1}$$

式中，R——工厂容积率；

$A_{总建筑物}$——工厂总建筑物建筑面积，建筑物层高超过8 m的，在计算容积率时该层建筑面积加倍计算，m^2；

$A_{总构筑物}$——工厂总构筑物建筑面积，可计算面积的构筑物种类参照《建筑工程建筑面积计算规范》（GB/T 50353—2013），m^2；

$A_{用地}$——工厂用地面积，m^2。

2. 建筑密度

建筑密度为工厂用地范围内各种建筑物、构筑物占（用）地面积总和（包括露天生产装置或设备、露天堆场及操作场地的用地面积）与厂区用地面积的比率，计算方法见式（13-2）。

$$r=\frac{a_{总建筑物}+a_{总构筑物}}{A_{用地}}\times 100\% \tag{13-2}$$

式中，r——工厂建筑密度；

$a_{总建筑物}$——工厂总建筑物占（用）地面积，m^2；

$a_{总构筑物}$——工厂总构筑物占（用）地面积，m^2；

$A_{用地}$——工厂用地面积，m^2。

3. 单位用地面积产能

单位用地面积产能为工厂产能与厂区用地面积的比率，计算方法见式（13-3）。

$$n=\frac{N}{A_{用地}} \tag{13-3}$$

式中，n——单位用地面积产能，产品单位/平方米；

N——工厂总产能，单位为产品单位，视产品种类而定；

$A_{用地}$——工厂用地面积，m^2。

4. 绿色物料使用率

绿色物料使用率计算方法见式（13-4）。

$$\varepsilon=\frac{G_i}{M_i} \tag{13-4}$$

式中，ε——绿色物料使用率；

G_i——统计期内，绿色物料使用量，单位视物料种类而定；绿色物料宜选自省级以上政府相关部门发布的资源综合利用产品目录、有毒有害原料（产品）替代目录等，或利用再生资源及产业废物等作为原料；使用量根据物料台账测算；

M_i——统计期内同类物料总使用量，单位视物料种类而定。

5. 单位产品主要污染物产生量

单位产品主要污染物产生量计算方法见式（13-5）。

$$s_i=\frac{S_i}{Q} \tag{13-5}$$

式中，s_i——单位产品某种主要污染物产生量，单位为污染物单位/产品单位；

S_i——统计期内，某种主要污染物产生量，单位为污染物单位，视污染物种类而定；

Q——统计期内合格产品产量，单位为产品单位，视产品种类而定。

6. 单位产品废气产生量

单位产品废气产生量计算方法见式(13-6)。

$$g_i=\frac{G_i}{Q} \tag{13-6}$$

式中，g_i——单位产品某种废气产生量，吨/产品单位；

G_i——统计期内某种废气产生量，t；

Q——统计期内合格产品产量，单位为产品单位，视产品种类而定。

7. 单位产品废水产生量

单位产品废水产生量计算方法见式(13-7)。

$$w=\frac{W}{Q} \tag{13-7}$$

式中，w——单位产品某种废水产生量，吨/产品单位；

W——统计期内，某种废水产生量，t；

Q——统计期内合格产品产量，单位为产品单位，视产品种类而定。

8. 单位产品主要原材料消耗量

单位产品主要原材料消耗量计算方法见式(13-8)。

$$M_{ui}=\frac{M_i}{Q} \tag{13-8}$$

式中，M_{ui}——单位产品主要原材料消耗量，单位为原材料单位/产品单位；

M_i——统计期内，生产某种产品的某种主要原材料消耗总量，单位为原材料单位，视原材料种类而定；

Q——统计期内合格产品产量，单位为产品单位，视产品种类而定。

9. 工业固体废物综合利用率

工业固体废物综合利用率计算方法见式(13-9)。

$$K_r=\frac{Z_r}{Z+Z_W}\times 100\% \tag{13-9}$$

式中，K_r——工业固体废物综合利用率；

Z_r——统计期内，工业固体废物综合利用量(不含外购)，t；

Z——统计期内，工业固体废物产生量，t；

Z_w——综合利用往年储存量，t。

10. 废水回用率

废水回用率计算方法见式(13-10)。

$$K_w = \frac{V_w}{V_d + V_w} \times 100\% \tag{13-10}$$

式中，K_w——废水回用率；

V_w——统计期内，工厂对外排废水处理后的回用水量，m^3；

V_d——统计期内，工厂向外排放的废水量(不含回用水量)，m^3。

11. 单位产品综合能耗

单位产品综合能耗计算方法见式(13-11)。

$$E_{ui} = \frac{E_i}{Q} \tag{13-11}$$

式中，E_{ui}——单位产品综合能耗，单位为吨标准煤/产品单位；

E_i——统计期内，工厂实际消耗的各种能源实物量，即主要生产系统、辅助生产系统和附属生产系统的综合能耗，单位为吨标准煤；

Q——统计期内合格产品产量，单位为产品单位，视产品种类而定。

12. 单位产品碳排放量

单位产品碳排放量计算方法见式(13-12)。

$$c = \frac{C}{Q} \tag{13-12}$$

式中，c——单位产品碳排放量，单位为吨/产品单位；

C——统计期内工厂边界内 CO_2 当量排放量，t；

Q——统计期内合格产品产量，单位为产品单位，视产品种类而定。

三、评价报告

绿色工厂评价报告一般由七个部分组成，各部分组成及内容如下。

1. 概述

主要介绍绿色工厂评价的目的、范围及准则。

2. 评价过程和方法

主要介绍评价组织安排、文件评审情况、现场评价情况、核查报告编写及内部技术复核情况。

3. 评价内容

第三方应按照以下内容对申报工厂材料进行评价。

① 对申报工厂的基础设施、管理体系、能源与资源投入、产品、环境排放、绩效等方面进行描述，并对工厂申报报告中的相关内容进行核实；

② 依据《绿色工厂评价要求》，核实数据真实性、计算范围及计算方法，检查相关计量设备和有关标准的落实等情况；

③ 对企业自评所出现的问题情况进行描述。

4. 评价结论

对申报工厂是否符合绿色工厂要求进行评价，说明各评价指标值及是否符合评价要求情况，描述主要创建做法及工作亮点等。

5. 建议

对工厂持续创建绿色工厂的下一步工作提出建议。

6. 参考文件

列出报告编写过程中所使用的相关参考文件。

7. 第三方机构资质符合性证明材料

列出第三方机构满足条件的资质符合性证明材料。

第十四章　低碳城市

第一节　概述

低碳城市，一般是指以低碳经济为发展模式及方向、市民以低碳生活为理念和行为特征、政府公务管理层以低碳社会为建设标本和蓝图的城市。其主要特点：以低碳的理念重新塑造城市，城市经济、市民生活、政府管理都以低碳理念和行为特征，用低碳的思维、低碳的技术来改造城市的生产和生活；实施绿色交通和建筑，转变居民消费观念，创新低碳技术，从而达到最大限度地减少温室气体的排放，实现城市的低碳排放，甚至零碳排放，形成健康、简约、低碳的生活方式和消费模式，最终实现城市可持续发展的目标。

城市是现代社会经济的聚集地，在创造着 GDP 的同时，贡献了 70%～80%的碳排放量。城市是人类活动的主要场所，其运行过程中消耗了大量的化石能源，制造出全球 80%的污染。随着城市化进程不断加快，城市扩张速度越来越快，城市也变得越来越脆弱，频繁发生的气候灾害威胁到了城市居民正常的生产生活。因此，城市发展的低碳化在全球的碳减排中具有重要意义，它意味着城市经济发展必须最大限度地减少或停止对碳基燃料的依赖，实现能源利用转型和经济转型。作为区域碳减排的重要单元和研究主体，城市是实现全球减碳和低碳城市化的关键所在。

建设低碳城市有助于实现人口、资源、经济、环境和社会的协调发展，实现城乡统筹，促进科技创新，提高有限能源的利用效率，提升可再生能源利用的比例。自 2010 年起，我国先后公布了三批低碳省区和低碳城市试点，目前已有近百个城市开展了低碳城市建设。《中国可持续发展评价报告(2022)》数据显示：2015—2020 年，我国可持续发展水平呈现逐年稳定提升的状态，经济实力明显跃升，社会民生切实改善，资源环境状况总体提升，消耗排放控制成效显著，治理保护效果逐渐凸显。

第二节 低碳城市评价

针对低碳城市的主要评价方法包括主观评价法、客观评价法和组合评价法。无论采用哪种方法，其核心都是构建科学的评价指标体系。评价的主要流程包括以下四个方面。

一、构建指标

指标体系构建遵循五方面原则：一是低碳相关性，选择以低碳为主体、协调性的指标；二是内涵差异性，从总量、强度、结构等不同层面选择可量化、适用面广的指标；三是自身特色性，指标既可以与国际接轨，又具本土特色；四是政策导向性，低碳城市的发展必须审视低碳经济内涵和发展趋势；五是区域差异性，指标需考虑不同地区资源禀赋、经济社会发展特征。此外，还要考虑指标数据的可获取性。

目前，我国认可度较高的评价体系为中国社会科学院开发的低碳城市建设评估指标体系，该体系设定了宏观、能源、产业、低碳生活、资源环境、低碳政策与创新六个维度，包括碳排放总量、煤炭占一次能源消耗比重等15项核心指标。中国社会科学院低碳城市建设评估指标体系见表14-1。

表14-1 中国社会科学院低碳城市建设评估指标体系

重要领域	权重	核心指标	权重
宏观	31%	碳排放总量	11%
		人均 CO_2 排放量	9%
		单位GDP碳排放量	11%
能源	20%	煤炭占一次能源消耗比重	10%
		非化石能源占一次能源消耗比重	10%
产业	17%	规模以上工业增加值能耗下降率	9%
		战略性新兴产业增加值占GDP比重	8%

表14-1(续)

重要领域	权重	核心指标	权重
低碳生活	17%	万人公共汽(电)车拥有量	7%
		城镇居民人均住房建筑面积	5%
		人均生活垃圾日处理量	5%
资源环境	7%	$PM_{2.5}$年均浓度	3%
		森林覆盖率	4%
低碳政策与创新	8%	低碳管理	2%
		节能减排和应对气候变化资金占财政支出比重	4%
		其余创新活动	2%

二、确定权重

从科学、实用、易操作的角度出发，权重的确定可采用层次分析和专家咨询相结合的方法。首先构建层次结构模型，由专家赋予权重；其次检验判断矩阵一致性，结合专家打分结果，初步得出权重的计算结果；最后用实际数据反推权重的合理性，获得最终权重。

每个指标的赋值在0~1，最后根据各指标权重计算最终的总目标层指数，百分制换算为城市低碳建设指标指数，取值区间为[0，100]。

三、数据处理

由于城市评价指标往往具有不同的量纲和量纲单位，如GDP一般以亿元作为单位，单位GDP排放量一般以万元/吨作为单位，这样的情况会影响到数据分析的结果。为了消除指标本身数据统计单位和属性带来的影响，需要根据指标库中的各项具体指标数据之间的可比性，对原始数据进行标准化处理，使各指标处于同一数量级。

数据标准化处理的方法有很多，条件允许的情况下可使用SPSSAU进行标准化操作；如不具备此条件，可采用归一化法。其中，min-max标准化(min-max normalization)是较为常见的归一化法，也称为离差标准化，是对原始数据的线性转换，使结果映射在{0，1}。转换函数处理方法见式(14-1)。

$$c_{mn}=\frac{c_{m0}-\min c_{i0}}{\max c_{i0}-\min c_{i0}} \tag{14-1}$$

式中，　　c_{mn}——归一化后的新取值；

c_{m0}——某指标的实际值；

$\min c_{i0}$和$\max c_{i0}$——该指标库内的最小值和最大值。

四、分析评价

可采用加权求和法，根据各指标的标准化数据及权重系数进行测度值计算，得出综合测度值及各维度测度值。

利用上述方法不仅可以对某一城市不同年度的低碳发展水平变化进行趋势分析，还可以对同一时期不同城市之间的低碳发展水平进行比较分析。此外，为了保证分析的真实准确性，在指标来源的选择上要尽可能采用政府或行业主管部门发布的数据，包括统计年鉴、产业报告、政府官网数据等。

第三节　碳排放驱动因素分析

对于不同类型、不同规模、不同发展阶段乃至不同地域位置的城市，影响其碳排放的驱动因素并不相同。因此，要减少碳排放量，实现低碳发展转型，就要科学精准掌握影响自身碳排放的关键因素。

目前，碳排放因素分解主要有拉氏指数分解法和迪氏指数分解法。前者主要包括 Fisher 理想指数法、Shapley 值指数法、Marshall-Edgeworth 方法等；后者主要包括算术平均迪氏指数法和对数平均迪氏指数法（log mean Divisia index，LMDI）。由于 LMDI 分解模型能够给出较为合理的因素分解，且结果不包括不能解释的残差项，是应用最为广泛的碳排放因素分解方法之一。由于 LMDI 分解法的基础来源于 Kaya 恒等式，因此，基于该方法的主要步骤如下。

一、扩展 Kaya 恒等式

首先，假设碳排放量与人口、GDP 和能源消费密切相关，则碳排放量可表示为

$$C=\frac{C}{E}\times\frac{E}{Y}\times\frac{Y}{P}\times P \tag{14-2}$$

由于碳排放除了与能源消费规模及经济产出有直接联系，也与能源结构、能源效率及产业结构等有较为密切的关系，同时，人口规模对碳排放的影响也

是不容忽视的方面，因此，进一步引入人口规模、能源结构、能源强度、产业结构、经济增长等变量，可得扩展后的 Kaya 恒等式，表示为

$$C=\sum_{i}\sum_{j}C_{i,j}=\sum_{i}\sum_{j}\left(\frac{C_{i,j}}{E_{i,j}}\times\frac{E_{i,j}}{E_{i}}\times\frac{E_{i}}{Y_{i}}\times\frac{Y_{i}}{Y}\times\frac{Y}{P}\times P\right)\tag{14-3}$$

式中，$C_{i,j}$——第 i 产业中第 j 种能源产生的碳排放量；

$E_{i,j}$——第 i 产业中第 j 种能源的消费量；

E_i——第 i 产业的能源消费量；

Y_i——第 i 产业的增加值。

取 $p=P$，$f_{i,j}=\frac{C_{i,j}}{E_{i,j}}$，$s_{i,j}=\frac{E_{i,j}}{E_i}$，$t_i=\frac{E_i}{Y_i}$，$h_i=\frac{Y_i}{Y}$，$a=\frac{Y}{P}$，则碳排放量可分解为

$$C=\sum_{i}\sum_{j}C_{i,j}=\sum_{i}\sum_{j}(p\times f_{i,j}\times s_{i,j}\times t_i\times h_i\times a)\tag{14-4}$$

式中，p——人口数量；

$f_{i,j}$——不同类型的单位能源所排放的碳量，即碳排放系数；

$s_{i,j}$——第 j 种能源在第 i 产业能源消费中所占比重；

t_i——第 i 产业单位 GDP 的能源消费量，即该产业的能源强度；

h_i——第 i 产业增加值占 GDP 的比重；

a——人均 GDP。

由此，碳排放总量可以表示为人口效应(p)、排放因子效应($f_{i,j}$)、能源结构效应($s_{j,i}$)、能源强度效应(t_i)、产业结构效应(h_i)及经济增长效应(a)等因素的乘积。

二、LMDI 因素分解

LMDI 分解法包括加和分解及乘积分解两种具体方法。由于这两种方法的分解结果是一致的，因此，本部分以加和分解为例进行说明。基于扩展后的 Kaya 恒等式，碳排放综合效应可用公式表述为

$$\Delta C=\Delta C_p+\Delta C_{f_{i,j}}+\Delta C_{s_{i,j}}+\Delta C_{t_i}+\Delta C_{h_i}+\Delta C_a\tag{14-5}$$

由于各种能源的碳排放系数通常是保持不变的，实际应用中一般取常量，因此 $\Delta C_{f_{i,j}}=0$，则各分解因素贡献值的表达式分别如下。

① 人口效应：

$$\Delta C_p=\sum_{i}\sum_{j}\left(\frac{C_{i,j}^{T}-C_{i,j}^{0}}{\ln C_{i,j}^{T}-\ln C_{i,j}^{0}}\times\ln\frac{p^{T}}{p^{0}}\right)$$

② 能源结构效应：

$$\Delta C_{s_{i,j}} = \sum_i \sum_j \left(\frac{C_{i,j}^T - C_{i,j}^0}{\ln C_{i,j}^T - \ln C_{i,j}^0} \times \ln \frac{s_{i,j}^T}{s_{i,j}^0} \right)$$

③ 能源强度效应：

$$\Delta C_{t_i} = \sum_i \sum_j \left(\frac{C_{i,j}^T - C_{i,j}^0}{\ln C_{i,j}^T - \ln C_{i,j}^0} \times \ln \frac{t_i^T}{t_i^0} \right)$$

④ 产业结构效应：

$$\Delta C_{h_i} = \sum_i \sum_j \left(\frac{C_{i,j}^T - C_{i,j}^0}{\ln C_{i,j}^T - \ln C_{i,j}^0} \times \ln \frac{h_i^T}{h_i^0} \right)$$

⑤ 经济增长效应：

$$\Delta C_a = \sum_i \sum_j \left(\frac{C_{i,j}^T - C_{i,j}^0}{\ln C_{i,j}^T - \ln C_{i,j}^0} \times \ln \frac{a^T}{a^0} \right)$$

第四节　碳排放预测

为了科学准确地制定城市低碳发展社会经济政策，政府部门需要对不同发展情景下的碳排放情况进行预判分析。目前，关于碳排放预测的方法同样非常丰富，主要有 STIRPAT 模型、IPAT 模型、灰色预测模型、LEAP 模型、MARKAL-MACRO 模型、神经网络模型和时间序列模型等，各方法适用性和局限性见表 14-2。本节主要介绍 Dietz 等提出的改进后的非线性随机回归 STIRPAT 模型。

表 14-2　碳排放预测方法对比分析

名称	适用性	局限性
IPAT 模型	多应用于分析人口、经济活动和技术进步等因素对环境影响的驱动问题	各影响因素同比例影响环境压力假设不足
GM(1, 1)灰色预测模型	适用于预测变化趋势呈指数式的变量	预测结果偏高
LEAP 模型	在能源规划的计算上，能避开优化模型因缺乏严格的数据输入要求或无法满足复杂的限定条件而无法运算的情况	没有资源普查和优化的功能，主要依赖专家的主观判断

表14-2(续)

名称	适用性	局限性
时间序列模型	以未来变化趋势与历史变化规律相吻合为前提	需要较长的时间序列，同时不能反映外在因素的影响
STIRPAT模型	弥补Kaya恒等式和IPAT模型存在的“所有因素同等程度影响碳排放”的不足，且本身可扩展	

一、构建模型

STIRPAT模型分别考虑了人口数量、财富和技术因素的变动对环境的单独影响，消除了IPAT模型中同比例变动的问题，具体公式表达如下：

$$I_i = a \times P_i^b \times A_i^c \times T_i^d \times e_i \tag{14-6}$$

式中，I，P，A，T——环境压力、人口数量、人均财富和技术；

a——模型系数；

b，c，d——人口数量、人均财富和技术等驱动因素的指数；

e——模型误差；

i——不同的观测单元各异的模型参数。

STIRPAT模型属于多自变量非线性随机模型，对式(14-6)两边同时取对数，则

$$\ln I = \ln a + b(\ln P) + c(\ln A) + d(\ln T) + \ln e \tag{14-7}$$

式(14-7)中，$\ln I$为因变量，$\ln P$，$\ln A$，$\ln T$为自变量，$\ln a$为常数项，$\ln e$为误差项。根据弹性系数概念，当其他因素保持不变时，碳排放的影响因素(P，A，T)每变化1%，将分别引起I变化$b\%$，$c\%$，$d\%$。

二、确认变量

对于碳排放预测，代表环境压力的被解释变量为碳排放量。一般情况下，解释变量的规模因素往往选取地区经济水平和人口总数，结构因素一般取城市化率、能源结构、产业结构，技术因素一般为能源利用效率和碳排放强度。从本章所述内容看，解释变量也可从第二节所述低碳城市评价指标中选取。

确认变量的第一步是计算碳排放量，计算方法可参考本书第二篇内容。第二步是对碳排放量及其解释变量进行相关性分析。首先是剔除相关性不显著的解释变量。同时，由于解释变量较多，可能存在共线性问题，还需要对碳排放

量及其解释变量做共线性诊断。为消除共线性对回归结果的影响，一般采用岭回归分析方法。第三步是验证模型的有效性，可基于历史年度数据通过模型计算得到碳排放的方程预测值，并对碳排放实际值与预测值进行配对样本 T 检验，大于显著性水平，且碳排放量预测值与实际值相关系数显著，则说明该模型可以用于预测。

三、情景设置

在能源消费碳排放趋势研究中以情景分析法为主，国际能源机构、国家发展和改革委员会能源研究所和日本能源经济研究所等权威部门在研究未来的碳排放趋势方面均采用该方法。由于侧重方向各有不同，三大机构能源发展的情景假设前提略有差异。结合我国“双碳”目标及各城市发展实际，可考虑设置以下四种情景。

第一种是基准情景。模型中所有因素（变量）保持历史年度变化趋势，变化速率较低。

第二种是优化情景。根据自身实际及设定目标，强化部分因素（变量）作用，提高其变化速率。

第三种是达峰情景。该情景是以如期实现碳排放达峰为目标，不断优化调整因素（变量）变化速率后的一种优化状态。

第四种是低碳情景。模型中所有因素（变量）均以降低碳排放为目标设置，且变化速率普遍高于其他情景。

最后，将以上情景的变量预测数据带入模型，即可得出对应年份的碳排放变化情况。不同情景下碳排放变化趋势示例图见图 14-1。

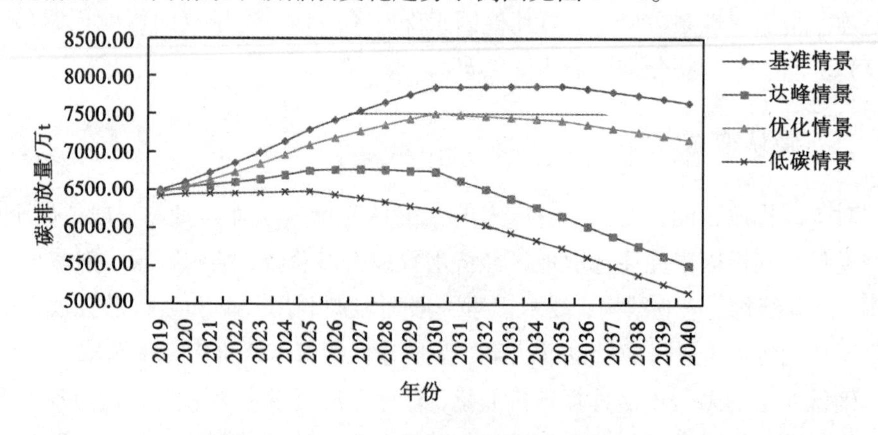

图 14-1　不同情景下碳排放变化趋势示例图

第十五章 生态系统生产总值

第一节 概述

为实现可持续发展目标，需要科学、完整地核算与评价生态系统对于人类的经济价值。2012 年 3 月，联合国统计委员会发布了全球第一个环境经济核算国际统计标准《环境经济核算体系 2012——中心框架》（简称 2012 年 SEEA-CF），用于考察经济与环境之间的相互作用，描述环境资产存量及其变化。

基于 2012 年 SEEA-CF 及《环境经济核算体系 2012—实验性生态系统核算》（简称 2012 年 SEEA-EEA），生态环境部于 2020 年发布了《陆地生态系统生产总值（GEP）核算技术指南》，对我国陆地生态系统生产总值实物量与价值量核算的技术流程、指标体系与核算方法等方面提出了具体要求。

与 2012 年 SEEA-EEA 相同，我国核算体系的一级指标分为三大类型，包括物质产品、调节服务和文化服务。其中，物质产品主要包括农业产品、林业产品、畜牧业产品、渔业产品、生态能源和其他；调节服务主要包括水源涵养、土壤保持、防风固沙、海岸带防护、洪水调蓄、碳固定、氧气提供、空气净化、水质净化、气候调节和物种保育；文化服务主要包括休闲旅游、景观价值。生态系统生产总值核算指标见表 15-1。

表 15-1　生态系统生产总值核算指标

序号	一级指标	二级指标	指标说明
1	物质产品	农业产品	从农业生态系统中获得的初级产品，如稻谷、玉米、谷子、豆类、薯类、油料、棉花、麻类、糖类、烟叶、茶叶、药材、蔬菜、水果等
2		林业产品	林木产品、林产品以及与森林资源相关的初级产品，如木材、竹材、松脂、生漆、油桐籽等
3		畜牧业产品	利用放牧、圈养或者二者结合的方式，饲养禽畜获得的产品，如牛、羊、猪、家禽、奶类、禽蛋等
4		渔业产品	利用水域中生物的物质转化功能，通过捕捞、养殖等方式获取的水产品，如鱼类、其他水生动物等
5		生态能源	生态系统中的生物物质及其所含的能量，如沼气、秸秆、薪柴、水能等
6		其他	用于装饰品的一些产品(如动物皮毛)和花卉、苗木等
7	调节服务	水源涵养	生态系统通过其结构和过程拦截滞蓄降水，增强土壤下渗，涵养土壤水分和补充地下水、调节河川流量，增加可利用水资源量的功能
8		土壤保持	生态系统通过其结构与过程保护土壤、降低雨水的侵蚀能力，减少土壤流失的功能
9		防风固沙	生态系统通过增加土壤抗风能力，降低风力侵蚀和风沙危害的功能
10		海岸带防护	生态系统减低海浪，避免或减小海堤或海岸侵蚀的功能
11		洪水调蓄	生态系统通过调节暴雨径流、削减洪峰，减轻洪水危害的功能
12		碳固定	生态系统吸收 CO_2 合成有机物质，将碳固定在植物和土壤中，降低大气中 CO_2 浓度的功能
13		氧气提供	生态系统通过光合作用释放出氧气，维持大气氧气浓度稳定的功能
14		空气净化	生态系统吸收、阻滤大气中的污染物，如 SO_2、NO_x、颗粒物等，降低空气污染浓度，改善空气环境的功能
15		水质净化	生态系统通过物理和生化过程对水体污染物吸附、降解及生物吸收等，降低水体污染物浓度、净化水环境的功能
16		气候调节	生态系统通过植被蒸腾作用和水面蒸发过程吸收能量、降低气温、提高湿度的功能
17		物种保育	生态系统为珍稀濒危物种提供生存与繁衍场所的作用和价值

表15-1(续)

序号	一级指标	二级指标	指标说明
18	文化服务	休闲旅游	人类通过精神感受、知识获取、休闲娱乐和美学体验、康养等旅游休闲方式，从生态系统获得的非物质惠益
19		景观价值	生态系统为人类提供美学体验、精神愉悦，从而提高周边土地、房产价值的功能

生态系统生产总值核算的核心是根据生态系统产品与服务的实物量，核算其对应的货币价值，相关核算指标及核算方法见表 15-2。

表 15-2　生态系统生产总值实物量及价值量的核算指标及核算方法

核算项目	实物量		价值量	
	核算指标	核算方法	核算指标	核算方法
农业产品	农业产品产量	统计调查	农业产品产值	市场价值法
林业产品	林业产品产量		林业产品产值	
畜牧业产品	畜牧业产品产量		畜牧业产品产值	
渔业产品	渔业产品产量		渔业产品产值	
生态能源	生态能源总量		生态能源产值	
其他	装饰观赏资源产量等		装饰观赏资源产值等	
水源涵养	水源涵养量	水量平衡法，水量供给法	水源涵养价值	替代成本法
土壤保持	土壤保持量	修正通用土壤流失方程(RUSLE)	减少泥沙淤积价值	替代成本法
			减少面源污染价值	
防风固沙	固沙量	修正风力侵蚀模型(REWQ)	固沙价值	恢复成本法
海岸带防护	海岸带防护面积	统计调查	由于防护减少的损失价值	替代成本法
洪水调蓄	湖泊：可调蓄水量	水量储存模型	调蓄洪水价值	影子工程法
	水库：防洪库容			
	沼泽：滞水量			
空气净化	净化 SO_2 量	污染物净化模型	净化 SO_2 价值	替代成本法
	净化 NO_x 量		净化 NO_x 价值	
	净化颗粒物量		净化颗粒物价值	

表15-2(续)

核算项目	实物量		价值量	
	核算指标	核算方法	核算指标	核算方法
水质净化	净化COD量	污染物净化模型	净化COD价值	替代成本法
	净化总氮量		净化总氮价值	
	净化总磷量		净化总磷价值	
碳固定	固定CO_2量	固碳机理模型	固定CO_2价值	替代成本法
氧气提供	氧气提供量	释氧机理模型	氧气提供价值	替代成本法
气候调节	植被蒸腾消耗能量	蒸散模型	植被蒸腾调节温湿度价值	替代成本法
	水面蒸发消耗能量		水面蒸发调节温湿度价值	
物种保育	珍稀濒危物种数量	统计调查	物种保育价值	保育价值法
休闲旅游	游客总人数	统计调查	休闲旅游价值	旅行费用法
景观价值	受益土地面积或公众		景观价值	享乐价格法

第二节　核算程序

一、确定核算的区域范围

根据核算目的，确定生态系统生产总值核算的空间范围。核算区域可以是行政区域，如村、乡、县、市或省，也可以是功能相对完整的生态地理单元，如一片森林、一个湖泊、一片沼泽或不同尺度的流域，以及由不同生态系统类型组合而成的地域单元。

二、明确生态系统类型与分布

调查分析核算区域内的森林、草地、湿地、荒漠、农田、城镇等生态系统类型、面积与分布，绘制生态系统空间分布图。

三、编制生态系统产品与服务清单

根据生态系统类型及核算的用途，如生态补偿、离任审计、生态产品交易，调查核算范围的生态系统服务的种类，编制生态系统产品和服务清单。当核算目标为评估生态保护成效时，可以只核算生态调节服务和生态文化服务价值。

四、收集资料与补充调查

收集开展生态系统生产总值核算所需要的相关文献资料、监测与统计等信息数据，以及基础地理与地形图件，开展必要的实地观测调查，进行数据预处理及参数本地化。

五、开展生态系统产品与服务实物量核算

选择科学合理、符合核算区域特点的实物量核算方法与技术参数，根据确定的核算基准时间，核算各类生态系统产品与服务的实物量。

六、开展生态系统产品与服务价值量核算

根据生态系统产品与服务实物量，运用市场价值法、替代成本法等方法，核算生态系统产品与服务的货币价值；无法获得核算年份价格数据时，利用已有年份数据，按照价格指数进行折算。

七、核算生态系统生产总值

将核算区域范围的生态产品与服务价值加总，得到生态系统生产总值。

第三节 核算方法

一、物质产品

(一)实物量核算

物质产品实物量等于各类产品的产量之和，见式(15-1)。

$$E_{pro} = \sum_{i=1}^{n} E_i \tag{15-1}$$

式中，E_{pro}——产品总产量，t/a；

E_i——第 i 种产品的产量，产量数据可取自林业、农业、渔业及统计部门相关资料，以及实地调查，t/a；

i——核算区产品种类，$i=1, 2, 3, \cdots, n$。

（二）价值量核算

生态系统物质产品价值是指生态系统通过初级生产、次级生产为人类提供农产品、林业产品、畜牧业产品、渔业产品、生态能源等的经济价值。由于生态系统物质产品能够在市场上进行交易，存在相应的市场价格，可以运用市场价值法对生态系统的物质产品服务进行价值核算。其计算方法见式(15-2)。

$$V_m = \sum_{i=1}^{n} E_i \times P_i \tag{15-2}$$

式中，V_m——生态系统物质产品价值，元/年；

E_i——第 i 类生态系统产品产量，其单位根据产品的计量单位确定，如kg/a；

P_i——第 i 类生态系统产品的价格（产品价格可从林业、农业、渔业及统计部门获得或根据市场定价获得），其单位根据产品的计量单位确定，如元/千克。

二、调节服务

（一）水源涵养

1. 实物量核算

（1）水量平衡法

通过水量平衡方程计算。水量平衡方程是指在一定的时空内，水分在生态系统中保持质量守恒，即生态系统水源涵养量是降水输入与暴雨径流和生态系统自身水分消耗量的差值，见式(15-3)。

$$Q_{wr} = \sum_{i=1}^{n} A_i \times (P_i - R_i - ET_i) \times 10^{-3} \tag{15-3}$$

式中，Q_{wr}——水源涵养量，m^3/a；

P_i——产流降水量，mm/a；

R_i——地表径流量，mm/a；

ET_i——蒸散发量，mm/a；

A_i——i 类生态系统的面积，m^2；

i——生态系统类型；

n——生态系统类型总数。

（2）水量供给法

水源涵养量是生态系统为本地区和下游地区提供的水资源总量，包括本地区的用水量和净出境水量，见式（15-4）。

$$Q_{wr}=(UQ_w-TQ_w)+(LQ_w-EQ_w)\times(1-\delta) \tag{15-4}$$

式中，Q_{wr}——水源涵养量，m^3/a；

UQ_w——核算区内的用水量（包括工业、生活用水量）；

TQ_w——跨流域净调水量；

LQ_w——区域出境水量，m^3/a；

EQ_w——区域入境水量，m^3/a；

δ——区域产流径流系数。

其中，核算区域的产流降水量数据通过气象部门获取，地表径流量、蒸散发量等在技术条件允许情况下进行实测，或从遥感数据及核算区域的相关文献中获取，用水量、区域出入境水量等数据通过水利或统计部门获得。

2. 价值量核算

水源涵养价值主要表现在蓄水保水方面的经济价值。可运用影子工程法，即模拟建设蓄水量与生态系统水源涵养量相当的水利设施，以建设该水利设施所需要的成本核算水源涵养价值，见式（15-5）。

$$V_{wr}=Q_{wr}\times C_{we} \tag{15-5}$$

式中，V_{wr}——水源涵养价值，元/年；

Q_{wr}——核算区内总的水源涵养量，m^3/a；

C_{we}——水资源交易市场价格，当交易市场未建立时，以水库建设的工程及维护成本或水资源影子价格替代水库单位库容的工程造价及维护成本，元/米^3。

其中，生态系统水源涵养量由实物量核算得到。水库单位库容的工程造价及维护成本等数据来自国家发展和改革委员会、水利等部门发布的工程预算依据，或公开发表的参考文献，并根据价格指数折算得到核算年份的价格。

(二)土壤保持

1. 实物量核算

土壤保持量核算主要基于修正的通用水土流失方程(RUSLE)计算，见式(15-6)。

$$Q_{sr}=R\times K\times L\times S\times(1-C\times P) \tag{15-6}$$

式中，Q_{sr}——土壤保持量，t/a；

R——降水侵蚀力因子，用多年平均年降水侵蚀力指数表示；

K——土壤可蚀性因子，通常用标准样方上单位降水侵蚀力所引起的土壤流失量来表示；

L——坡长因子，无量纲；

S——坡度因子，无量纲；

C——植被覆盖和管理因子，无量纲；

P——水土保持措施因子，无量纲。

其中，降水侵蚀力因子(R)、土壤可蚀性因子(K)、坡长因子(L)、坡度因子(S)的计算方法及植被覆盖和管理因子(C)、水土保持措施因子(P)可参考《陆地生态系统生产总值(GEP)核算技术指南》附录C.1或查阅相关文献。

2. 价值量核算

生态系统土壤保持价值主要包括减少面源污染和减少泥沙淤积两个方面的价值。

生态系统通过保持土壤，减少氮、磷等土壤营养物质进入下游水体(包括河流、湖泊、水库和海湾等)，可降低下游水体的面源污染。根据土壤保持量和土壤中氮、磷的含量，运用替代成本法(即污染物处理的成本)核算减少面源污染的价值。

生态系统通过保持土壤，减少水库、河流、湖泊的泥沙淤积，有利于降低干旱、洪涝灾害发生的风险。根据土壤保持量和淤积量，运用替代成本法(即水库清淤工程的费用)核算减少泥沙淤积价值。

土壤保持价值量等于减少泥沙淤积价值与减少面源污染价值之和，计算方法见式(15-7)至式(15-9)。

$$V_{sr}=V_{sd}+V_{dpd} \tag{15-7}$$

$$V_{sd}=\lambda\times\frac{Q_{sr}}{\rho}\times c \qquad (15-8)$$

$$V_{dpd}=\sum_{i=1}^{n}Q_{sr}\times C_i\times P_i \qquad (15-9)$$

式中，V_{sr}——生态系统土壤保持价值，元/年；

V_{sd}——减少泥沙淤积价值，元/年；

V_{dpd}——减少面源污染价值，元/年；

Q_{sr}——土壤保持量，t/a；

c——单位水库清淤工程费用，元/米^3；

ρ——土壤容重，t/m^3；

λ——泥沙淤积系数；

i——土壤中氮、磷等营养物质数量，$i=1, 2, \cdots, n$；

C_{i}——土壤中氮、磷等营养物质的纯含量，%；

P_{i}——处理成本。

其中，土壤容重、氮、磷、钾含量、单位水库清淤工程费用、单位污染物处理成本、肥料价格等数据来源于当地土壤调查、文献、专项调查以及国家发展和改革委员会等物价部门。

(三)防风固沙

1. 实物量核算

防风固沙量核算主要基于修正的风力侵蚀模型(RWEQ)计算，见式(15-10)。

$$Q_{sf}=0.1699\times(WF\times EF\times SCF\times K')^{1.3711}\times(1-C^{1.3711}) \qquad (15-10)$$

式中，Q_{sf}——防风固沙量，t/a；

WF——气候侵蚀因子，kg/m；

EF——土壤侵蚀因子；

SCF——土壤结皮因子；

K'——地表糙度因子；

C——植被覆盖因子。

其中，气候侵蚀因子、地表糙度因子、土壤侵蚀因子、土壤结皮因子、植被覆盖因子参考《陆地生态系统生产总值(GEP)核算技术指南》附录C.2。

2. 价值量核算

根据防风固沙量和土壤沙化盖沙厚度，核算出减少的沙化土地面积；运用恢复成本法，根据单位面积沙化土地治理费用或单位植被恢复成本核算生态系统防风固沙功能的价值。其计算方法见式(15-11)。

$$V_{sf}=\frac{Q_{sf}}{\rho\times h}\times c \tag{15-11}$$

式中，V_{sf}——防风固沙价值，元/年；

Q_{sf}——防风固沙量，t/a；

ρ——土壤容重，t/m^3；

h——土壤沙化覆沙厚度，m；

c——单位治沙工程的成本(元/米^3)或单位植被恢复成本(元/米^2)。

其中，防风固沙量由实物量核算得到，土壤容重来自土壤调查或文献资料，单位治沙工程成本或单位植被恢复成本来自政府相关文件规定。

(四)海岸带防护

1. 实物量核算

采用滨海盐沼、红树林、珊瑚礁等生态系统防护或替代海堤等防护工程的长度核算，见式(15-12)。

$$D_{cl}=\sum_{i=1}^{n}D_{cli} \tag{15-12}$$

式中，D_{cl}——生态系统防护的海岸带总长度，km/a；

D_{cli}——i类生态系统防护的海岸带长度(海岸带长度从自然资源部门或利用遥感数据分析结合实地调查获得)，km/a；

i——研究区生态系统类型，$i=1, 2, \cdots, n$，无量纲；

n——研究区生态系统类型数量，无量纲。

2. 价值量核算

运用替代成本法(即海浪防护工程建设成本)核算滨海盐沼、红树林、珊瑚礁等生态系统防风护堤的价值，见式(15-13)。

$$V_{cl}=\sum_{i=1}^{n}D_{cli}\times C_{cli} \tag{15-13}$$

式中，V_{cl}——海岸带防护价值，元/年；

D_{cli}——i类生态系统防护的海岸带长度，km；

C_{cli}——i类生态系统海浪防护工程单位长度建设维护成本，元/千米。

其中，防护工程的单位长度建设成本可从国家发展和改革委员会、海洋等部门获得。

（五）洪水调蓄

1. 实物量核算

洪水调蓄功能是指自然生态系统所特有的生态结构能够吸纳大量的降水和过境水，蓄积洪峰水量，削减并滞后洪峰，以缓解汛期洪峰造成的威胁和损失的功能。原则上只核算年降水量大于 400 mm 地区的洪水调蓄价值。

选用植被调蓄水量和洪水期滞水量（库塘、湖泊、沼泽）表征生态系统的洪水调蓄能力，即调节洪水的潜在能力。洪水调蓄能力计算方法见式（15-14）。

$$C_{fm}=C_{vc}+C_{rc}+C_{lc}+C_{mc} \tag{15-14}$$

式中，C_{fm}——洪水调蓄量，m^3/a；

C_{vc}——植被洪水调蓄量，m^3/a；

C_{rc}——库塘洪水调蓄量，m^3/a；

C_{lc}——湖区洪水调蓄量，m^3/a；

C_{mc}——沼泽洪水调蓄量，m^3/a。

其中，植被、库塘、湖泊、沼泽洪水调蓄量计算方法见式（15-15）至式（15-18）。

$$C_{vc}=\sum_{i=1}^{n}(P_h-R_{fi})\times S_{iv}\times 10^{-3} \tag{15-15}$$

式中，C_{vc}——植被洪水调蓄量，m^3/a；

P_h——大暴雨产流降水量，mm；

R_{fi}——第 i 种生态系统产生的地表径流量，mm；

S_{iv}——第 i 种自然植被生态系统的面积，km^2；

i——自然植被生态系统类型，$i=1, 2, \cdots, n$；

n——自然植被生态系统类型数量，无量纲。

$$C_{rc}=0.35\times C_t \tag{15-16}$$

式中，C_t——水库总库容，m^3。

$$C_{lc}=\int_{t_1}^{t_2}(Q_I-Q_O)\mathrm{d}t\ (Q_I>Q_O) \tag{15-17}$$

式中，C_{lc}——湖泊 t_1-t_2 时间段内洪水调蓄量，m^3；

Q_I——入湖流量，m^3/s；

Q_O——出湖流量，m^3/s。

$$C_{\mathrm{mc}}=C_{\mathrm{sws}}+C_{\mathrm{sr}} \tag{15-18}$$

式中，C_{mc}——沼泽洪水调蓄量，亿 m^3/a；

C_{sws}——沼泽土壤蓄水量，亿 m^3/a；

C_{sr}——沼泽地表滞水量，亿 m^3/a。

其中，沼泽土壤蓄水量、沼泽地表滞水量计算方法见式(15-19)、式(15-20)。

$$C_{\mathrm{sws}}=\frac{S\times h\times \rho\times(F-E)\times 10^{-2}}{\rho_{\mathrm{w}}} \tag{15-19}$$

式中，S——沼泽总面积，km^2；

h——沼泽湿地土壤蓄水深度，m；

ρ——沼泽湿地土壤容重，g/cm^3；

ρ_{w}——水的密度，g/cm^3；

F——沼泽湿地土壤饱和含水率，无量纲；

E——沼泽湿地洪水淹没前的自然含水率，无量纲。

$$C_{\mathrm{sr}}=S\times H\times 10^{-2} \tag{15-20}$$

式中，S——沼泽湿地总面积，km^2；

H——沼泽湿地地表滞水高度，m。

数据选取上，湖泊进出水量通过水利部门统计资料获得。各类植被面积、湖面面积、沼泽面积来源自然资源、水利或其他相关统计部门。出入湖流量来源于水利、水文监测站点的实际观测数据。暴雨降水量数据来源于气象部门。暴雨径流量参考相关研究文献或进行实测。

2. 价值量核算

采用替代成本法(水库的建设成本)核算自然生态系统的洪水调蓄价值，见式(15-21)。

$$V_{\mathrm{fm}}=C_{\mathrm{fm}}\times C_{\mathrm{we}} \tag{15-21}$$

式中，V_{fm}——生态系统洪水调蓄价值，元/年；

C_{fm}——生态系统洪水调蓄量，m^3/a；

C_{we}——水库单位库容的工程造价及维护成本，元/米^3。

其中，水库单位库容的工程造价及维护成本等数据来自国家发展和改革委员会、水利等部门发布的工程预算依据，或公开发表的参考文献。

（六）碳固定

1. 实物量核算

生态系统固碳功能是指自然生态系统吸收大气中的 CO_2 合成有机质，将碳固定在植物或土壤中的功能。本部分所述碳固定量是陆地生态系统固碳和岩溶固碳之和。

（1）生态系统固碳

陆地生态系统固碳功能的主要计算方法有固碳速率法和净生态系统生产力法（NEP 法）。其中，NEP 法中固碳量等于净初级生产力（*NPP*）减去异氧呼吸消耗量，方法较为简单，此处不做介绍。

固碳速率法中总固定量等于森林（及灌丛）、草地、湿地及农田固碳量之和，见式（15-22）。

$$Q_{CO_2}=(FCS+GSCS+WCS+CSCS)\times\frac{44}{12} \tag{15-22}$$

式中，Q_{CO_2}——陆地生态系统 CO_2 总固定量，t/a；

FCS——森林（及灌丛）固碳量，t/a；

$GSCS$——草地固碳量，t/a；

WCS——湿地固碳量，t/a；

$CSCS$——农田固碳量，t/a。

森林（及灌丛）、草地、湿地及农田固碳量计算方法见式（15-23）至式（15-26）。

$$FCS=FCSR\times SF\times(1+\beta) \tag{15-23}$$

$$GSCS=GSR\times SG \tag{15-24}$$

$$WCS=\sum_{i=1}^{n}SCSR_i\times SW_i\times 10^{-2} \tag{15-25}$$

$$CSCS=(BSS+SCSR_N+PR\times SCSR_s)\times SC \tag{15-26}$$

式中，$FCSR$——森林及灌丛的固碳速率，t/(ha·a)；

SF——森林及灌丛面积，ha；

β——森林及灌丛土壤固碳系数；

GSR——草地土壤的固碳速率，t/(ha·a)；

SG——草地面积，ha；

$SCSR_i$——第 i 类水域湿地的固碳速率，$g/(m^2\cdot a)$；

SW_i——第 i 类水域湿地的面积，ha；

i——1，2，…，n；

BSS——无固碳措施条件下的农田土壤固碳速率，t/(ha·a)；

$SCSR_N$——施用化学氮肥和复合肥的农田土壤固碳速率，t/(ha·a)；

$SCSR_S$——秸秆全部还田的农田土壤固碳速率，t/(ha·a)；

PR——农田秸秆还田推广施行率；

SC——农田面积，ha。

式(15-26)中，无固碳措施条件下的农田土壤固碳速率计算方法见式(15-27)。

$$BSS = NCS \times BD \times H \times 0.1 \tag{15-27}$$

式中，NSC——无化学肥料和有机肥料施用的情况下，我国农田土壤有机碳的变化，g/(kg·a)；

BD——各省土壤容重；

H——土壤厚度。

式(15-26)中，施用化学氮肥、复合肥和秸秆还田的土壤固碳速率计算方法见式(15-28)至式(15-31)。

东北农区：

$$SCSR_N = 1.7385 \times TNF - 104.03 \tag{15-28}$$

华北农区：

$$SCSR_N = 0.5286 \times TNF + 1.5973 \tag{15-29}$$

西北农区：

$$SCSR_N = 0.6352 \times TNF - 1.0834 \tag{15-30}$$

南方农区：

$$SCSR_N = 1.5339 \times TNF - 266.7 \tag{15-31}$$

式中，TNF——单位面积耕地化学氮肥、复合肥总施用量，kg/(ha·a)，计算公式如下：

$$TNF = \frac{NF + CF \times 0.3}{S_p} \tag{15-32}$$

式中，NF，CF——化学氮肥和复合肥施用量，t；

S_p——耕地面积，ha。

式(15-26)中，秸秆还田的固碳速率计算方法见式(15-33)至式(15-36)。

东北农区：

$$SCSR_S=40.524\times S+340.33 \tag{15-33}$$

华北农区：

$$SCSR_S=40.607\times S+181.9 \tag{15-34}$$

西北农区：

$$SCSR_S=17.116\times S+30.553 \tag{15-35}$$

南方农区：

$$SCSR_S=43.548\times S+375.1 \tag{15-36}$$

式中，S——单位耕地面积秸秆还田量，t/(h·a)，计算方法如下：

$$S=\sum_{j=1}^{n}\frac{CY_j\times SGR_j}{S_p} \tag{15-37}$$

式中，CY_j——作物 j 在当年的产量，t；

S_p——耕地面积，ha；

SGR_j——作物 j 的草谷比。

上述公式中，生物量数据、各类陆地生态系统面积、化学氮肥（NF）、复合肥施用量（CF）和作物 j 在当年的产量（CY_j）等数据来自然资源、林业、农业和统计等部门的遥感数据、统计数据、实地调查或相关文献数据。

（2）岩溶固碳

岩溶作用，也称喀斯特作用，是指地下水和地表水对可溶性岩石进行以化学作用为主的溶蚀，每形成 1 mol HCO_3^- 需要从大气吸收 0.5 mol CO_2，将碳以 HCO_3^- 形式存储在水体中。我国广大的岩溶面积及岩溶形成机制对吸收大气 CO_2 具有一定作用。选用固定 CO_2 量作为岩溶固碳功能的评价指标。

岩溶地区固碳量计算方法见式（15-38）。

$$Q_{CO_2}=\frac{1}{2}\times S\times M\times C_{HCO_3^-}\times\frac{M_{CO_2}}{M_{HCO_3^-}} \tag{15-38}$$

式中，Q_{CO_2}——岩溶作用总固碳量，t/a；

S——岩溶地区面积，km^2；

M——区域地下水径流模数，$10^7 L/(km^2\cdot a)$；

$C_{HCO_3^-}$——HCO_3^- 浓度，g/L；

M_{CO_2}——CO_2 的摩尔质量 44；

$M_{HCO_3^-}$——HCO_3^- 的摩尔质量 61。

基于已知数据，式（15-38）可进一步简化，见式（15-39）。

$$Q_{CO_2}=0.3607\times S\times M\times C_{HCO_3^-} \quad (15-39)$$

其中，区域岩溶面积数据可从地方自然资源、水文和地质部门获得，区域地下水径流模数及 HCO_3^- 浓度根据地方水文部门数据确定或实测获得。

2. 价值量核算

生态系统固碳价值可以采用替代成本法（造林成本法、工业减排成本）与市场价值法（碳交易价格）核算。其计算方法见式（15-40）。

$$V_{Cf}=Q_{CO_2}\times C_C \quad (15-40)$$

式中，V_{Cf}——生态系统固碳价值，元/年；

Q_{CO_2}——生态系统固碳总量，t/a；

C_C——碳价格，元/吨。

其中，单位造林固碳成本、工业碳减排成本、碳交易市场价格参考相关文献，可采用碳市场交易价格。

（七）氧气提供

1. 实物量核算

根据光合作用化学方程式可知，植物每生产吸收 1 mol CO_2，就会释放 1 mol 氧气。*NEP* 可由净初级生产力（*NPP*）减去异氧呼吸消耗得到，或根据 *NPP* 与 *NEP* 的相关转换系数获得，然后测算出生态系统释放氧气的质量，见式（15-41）。

$$Q_{op}=\frac{M_{O_2}}{M_{CO_2}}\times Q_{CO_2} \quad (15-41)$$

式中，Q_{op}——生态系统释氧量，t/a；

$\frac{M_{O_2}}{M_{CO_2}}$——CO_2 转化为 O_2 的系数，其值为$\frac{33}{44}$；

Q_{CO_2}——生态系统固碳量，t/a，计算方法见式（15-22）。

2. 价值量核算

采用市场价值法（制氧价格）核算生态系统提供氧气的价值。

$$V_{op}=Q_{op}\times C_o \quad (15-42)$$

式中，V_{op}——生态系统释氧价值，元/年；

Q_{op}——生态系统氧气释放量，t/a；

C_o——工业制氧价格，制氧价格可根据实际调查获得，元/吨。

（八）空气净化

1. 实物量核算

空气净化功能核算依据污染物浓度是否超过环境空气功能区质量标准而选择不同的方法。若污染物浓度未超过环境空气功能区质量标准，则采用方法一核算污染物净化量；若污染物浓度超过环境空气功能区质量标准，则采用方法二核算污染物净化量。具体方法分别见式(15-43)和式(15-44)。

方法一：采用污染物排放量核算实物量。

$$Q_{ap} = \sum_{i=1}^{n} Q_i \tag{15-43}$$

式中，Q_{ap}——大气污染物排放总量，kg/a；

Q_i——第 i 类大气污染物排放量，kg/a；

i——污染物类别，$i=1, 2, \cdots, n$，无量纲；

n——大气污染物类别的数量，无量纲。

方法二：采用生态系统自净能力核算实物量。

$$Q_{ap} = \sum_{i=1}^{m} \sum_{j=1}^{n} Q_{i,j} \times A_i \tag{15-44}$$

式中，Q_{ap}——生态系统空气净化能力，kg/a；

$Q_{i,j}$——第 i 类生态系统第 j 种大气污染物的单位面积净化量，kg/(km^2·a)；

i——生态系统类型，$i=1, 2, \cdots, m$，无量纲；

j——大气污染物类别，$j=1, 2, \cdots, n$，无量纲；

A_i——第 i 类生态系统类型面积，km^2；

m——生态系统类型的数量，无量纲；

n——大气污染物类别的数量，无量纲。

其中，污染物排放数据从生态环境部门获取；各类生态系统面积来源于自然资源部门；生态系统对污染物的单位面积净化量来源于参考文献或实地监测。

2. 价值量核算

生态系统空气净化价值是指生态系统吸收、过滤、阻隔和分解降低大气污染物（如二氧化硫、氮氧化物、颗粒物等），使大气环境得到改善产生的生态效应。采用替代成本法（工业治理大气污染物成本），核算生态系统空气净化价值，见式(15-45)。

$$V_a = \sum_{i=1}^{n} Q_{api} \times C_i \quad (15-45)$$

式中，V_a——生态系统大气环境净化的价值，元/年；

Q_{api}——第 i 种大气污染物的净化量，t/a；

i——大气污染物类别，$i=1, 2, \cdots, n$，无量纲；

C_i——第 i 类大气污染物的治理成本，元/吨。

其中，单位治理成本核算采用地方印发的排污费征收标准，没有地方标准的，可以参考《中华人民共和国环境保护税法》中的税收标准。

（九）水质净化

1. 实物量核算

水质净化功能核算依据污染物浓度是否超过地表水水域环境功能和保护目标而选择不同的方法。若污染物浓度未超过地表水水域环境功能标准限值，则采用方法一进行核算；若污染物排放浓度超过地表水水域环境功能标准限值，则采用方法二进行核算。具体方法分别见式(15-46)和式(15-47)。

方法一：采用污染物排放量核算实物量。

$$Q_{wp} = \sum_{i=1}^{n} P_i \quad (15-46)$$

式中，Q_{wp}——水体污染物净化量，kg/a；

P_i——i 类污染物排放量，包括总氮、总磷、COD 等，kg/a；

i——水体污染物类别，$i=1, 2, \cdots, n$，无量纲；

n——水体污染物类别的数量，无量纲。

方法二：采用生态系统自净能力核算实物量。

$$Q_{wp} = \sum_{i=1}^{m} \sum_{j=1}^{n} P_{i,j} \times A_i \quad (15-47)$$

式中，Q_{wp}——污染物净化总量，kg；

$P_{i,j}$——某种生态系统单位面积污染物净化量，kg/km^2；

A_i——生态系统面积，km^2；

i——生态系统类型，$i=1, 2, \cdots, m$，无量纲；

m——生态系统类型的数量，无量纲；

j——水体污染物类别，$j=1, 2, \cdots, n$，无量纲；

n——水体污染物类别的数量，无量纲。

其中，污染物排放数据从生态环境部门获取；各类生态系统面积来源于自然资源部门；生态系统对污染物的单位面积净化量来源于参考文献或实地监测。

2. 价值量核算

水质净化价值量计算采用替代成本法，通过工业治理水污染物成本核算生态系统水质净化价值。COD、氨氮净化价值计算方法：运用COD、氨氮两种污染物水质净化实物量，分别乘以单位COD、氨氮处理的费用，核算水体净化价值，见式(15-48)。

$$V_w = \sum_{i=1}^{n} Q_{wpi} \times C_i \tag{15-48}$$

式中，V_w——生态系统水质净化的价值，元/年；

Q_{wpi}——第 i 类水污染物的净化量，t/a；

C_i——第 i 类水污染物的单位治理成本，元/吨；

i——研究区第 i 类水体污染物类别，$i=1, 2, \cdots, n$，无量纲；

n——研究区水体污染物类别的数量，无量纲。

其中，COD、氨氮水质等污染物单位治理成本核算采用地方印发的排污费征收标准，没有地方标准的，可以参考《中华人民共和国环境保护税法》中的税收标准。

(十)气候调节

1. 实物量核算

气候调节服务可用实际测量生态系统内外温差、生态系统消耗的太阳能量和生态系统的总蒸散量进行核算，优先选择实际测量方法，其次根据数据可得性选取生态系统消耗的太阳能量方法或生态系统的总蒸散量进行核算。

方法一：采用实际测量生态系统内外温差进行实物量转换，见式(15-49)。

$$Q = \sum_{i=1}^{n} \Delta T_i \times \rho_c \times V \tag{15-49}$$

式中，Q——吸收的大气热量，J/a；

ΔT_i——第 i 天生态系统内外实测温差，℃；

ρ_c——空气的比热容，J/(m^3 · ℃$^{-1}$)；

V——生态系统内空气的体积，m^3；

n——年内日最高温超过26 ℃的总天数。

方法二：采用生态系统消耗的太阳能量作为气候调节的实物量，见式(15-

50）。

$$CRQ = ETE - NRE \tag{15-50}$$

式中，CRQ——生态系统消耗的太阳能量，J/a；

ETE——森林、草地、灌丛、湿地等生态系统蒸腾作用消耗的太阳能量，J/a；

NRE——森林、草地、湿地等生态系统吸收的太阳净辐射能量，J/a。

方法三：采用生态系统蒸腾蒸发总消耗的能量作为气候调节的实物量，见式（15-51）至式（15-53）。

$$E_{tt} = E_{pt} + E_{we} \tag{15-51}$$

$$E_{pt} = \sum_{i}^{3} \frac{EPP_i \times S_i \times D \times 10^6}{3600 \times r} \tag{15-52}$$

$$E_{we} = \frac{E_w \times q \times 10^3}{3600} + E_w \times y \tag{15-53}$$

式中，E_{tt}——生态系统蒸腾蒸发消耗的总能量，kW·h/a；

E_{pt}——生态系统植被蒸腾消耗的能量，kW·h/a；

E_{we}——湿地生态系统蒸发消耗的能量，kW·h/a；

EPP_i——i 类生态系统单位面积蒸腾消耗热量，kJ/（m^2·d）；

S_i——i 类生态系统面积，km^2；

D——日最高气温高于 26 ℃天数；

r——空调能效比，r=3.0，无量纲；

i——生态系统类型，如森林、灌丛、草地；

E_w——蒸发量，m^3；

q——挥发潜热，即蒸发 1 g 水所需要的热量，J/g；

y——加湿器将 1 m^3 水转化为蒸汽的耗电量（仅计算湿度小于 45%时的增湿功能），kW·h。

其中，水面蒸发量、植被蒸腾量、生态系统面积、单位面积蒸腾耗热量等数据来自气象、自然资源、林业等相关部门和文献资料。

2. 价值量核算

运用替代成本法（人工调节温度和湿度所需要的耗电量）核算生态系统蒸腾调节温度或湿度价值和水面蒸发调节温度或湿度价值。其计算方法见式（15-54）。

$$V_{tt}=E_{tt}\times P_e \tag{15-54}$$

式中，V_{tt}——生态系统气候调节的价值，元/年；

E_{tt}——生态系统调节温度或湿度消耗的总能量，kW·h/a；

P_e——当地电价，元/千瓦时。

其中，电价从核算地方发展和改革委员会发布的相关文件或供电部门获取，一般参考工业电价。

（十一）物种保育

1. 实物量核算

物种保育服务是指生态系统为珍稀濒危动植物物种提供生存与繁衍的场所，从而对其起到保育作用的作用和价值。物种保育实物量核算方法主要为Shannnon-Weiner指数法和保护区保护法，见式(15-55)和式(15-56)。

方法一：Shannnon-Weiner指数法。

$$G_{bio}=A\times(1+0.1\times\sum_{m=1}^{x}E_m+0.1\times\sum_{n=1}^{y}B_n+0.1\times\sum_{r=1}^{z}Q_r) \tag{15-55}$$

式中，G_{bio}——物种保育的实物量；

E_m——区域内物种m的濒危分值；

B_n——区域内物种n的特有值；

O_r——区域内物种r的古树年龄指数；

x——计算濒危指数物种数量；

y——计算特有种指数物种数量；

z——计算古树年龄指数物种数量；

A——群落面积，ha。

方法二：保护区保护法，即物种保育的实物量(G_{biop})等于自然保护区面积(S)。

$$G_{biop}=S \tag{15-56}$$

2. 价值量核算

运用单位面积保育成本核算物种保育服务的价值量。基于方法一的计算方法见式(15-57)。

$$V_{bio}=G_{bio}\times S_{生} \tag{15-57}$$

式中，V_{bio}——生物多样性价值，元/年；

$S_{生}$——单位面积物种保育价值，元/(年·公顷)。

基于方法二的计算方法见式(15-58)。

$$V_{biop}=G_{biop}\times S_C \tag{15-58}$$

式中，V_{biop}——物种保育价值，元/年；

G_{biop}——物种保育实物量；

S_C——自然保护区单位面积保育成本，元/(年·公顷)。

其中，保护区总投入、物种数量参照相关统计、报告和文献资料。

三、文化服务

(一)休闲旅游

1. 实物量核算

采用区域内自然景观的年旅游总人次作为文化服务的实物量评价指标，见式(15-59)。

$$N_t = \sum_{i=1}^{n} N_{ti} \tag{15-59}$$

式中，N_t——游客总人数；

N_{ti}——第 i 个旅游区的人数；

n——旅游区个数，$i=1, 2, \cdots, n$。

其中，自然景观名录、旅游人数与旅客来源可通过旅游、园林、统计等部门或问卷调查获取。

2. 价值量核算

运用旅行费用法核算人们通过休闲旅游活动体验生态系统与自然景观美学价值，并获得知识和精神愉悦的非物质价值，计算方法见式(15-60)至式(15-62)。

$$V_r = \sum_{j=1}^{J} N_j \times TC_j \tag{15-60}$$

$$TC_j=T_j\times W_j+C_j \tag{15-61}$$

$$C_j=C_{tc,j}+C_{lf,j}+C_{ef,j} \tag{15-62}$$

式中，V_r——被核算地点的休闲旅游价值，元/年；

N_j——j 地到核算地区旅游的总人数，人/年；

j——来被核算地点旅游的游客所在区域(区域按距离核算地点的距离画同心圆，如省内、省外等，$j=1, 2, \cdots, n$；

TC_j——来自 j 地的游客的平均旅行成本，元/人；

T_j——来自 j 地的游客用于旅途和核算旅游地点的平均时间，天/人；

W_j——来自 j 地的游客的当地平均工资，元/(人·天)；

C_j——来自 j 地的游客花费的平均直接旅行费用（包括游客从 j 地到核算区域的交通费用 $C_{tc,j}$、食宿花费 $C_{lf,j}$ 和门票费用 $C_{ef,j}$），元/人。

其中，自然景观名录、旅游人数可通过旅游、园林等部门获取，游客的社会经济特征、旅行费用情况等通过问卷调查获得。

（二）景观价值

1. 实物量核算

采用能直接从自然生态系统获得景观价值的土地与居住小区房产面积作为景观价值实物量评价指标，见式(15-63)。

$$A_l = \sum_{i=1}^{n} A_{li} \tag{15-63}$$

式中，A_l——从自然生态系统景观获得升值的土地与居住小区房产总面积，km^2/a；

A_{li}——第 i 区的房产面积($i=1, 2, \cdots, n$)，km^2。

其中，受益土地与居住区名录及面积可通过调查获取。

2. 价值量核算

运用享乐价值法核算生态系统为其周边地区人群提供美学体验、精神愉悦功能的价值，见式(15-64)。

$$V_a = A_a \times P_a \tag{15-64}$$

式中，V_a——景观价值，元/年；

A_a——受益总面积，km^2；

P_a——由生态系统带来的单位面积溢价，元/(千米^2·年)。

其中，生态系统带来的单位面积溢价可由实地调研获取。

☞名词解释

陆地生态系统(terrestrial ecosystem)：地球表面陆地生物及其环境通过能流、物流、信息流形成的功能整体。陆地生态系统包括森林生态系统、草地生态系统、湿地生态系统、荒漠生态系统、农田生态系统、城市生态系统等类型。

湿地生态系统(wetland ecosystem)：由陆地和水域相互作用而形成的兼顾水域和陆地生态系统特征的自然综合系统，包括陆地所有淡水生态系统、陆地和海洋过渡地带的滨海湿地生态系统和海洋边缘部分咸水、半咸水水域。

草地生态系统(grassland ecosystem)：以饲用植物和食草动物为主体的生物群落与其生存环境共同构成的开放生态系统，包括人工草地生态系统和天然草地生态系统两大类。

森林生态系统(forest ecosystem)：以乔木为主体的生物群落与其非生物环境相互作用，并产生能量转换和物质循环的综合系统，包括天然林生态系统和人工林生态系统。

荒漠生态系统(desert ecosystem)：由超强耐旱生物及其干旱环境所组成的生态系统。

农田生态系统(farmland ecosystem)：人类在以作物为中心的农田中，利用生物和非生物环境之间及生物种群之间的相互关系，通过合理的生态结构和高效生态机能，进行能量转化和物质循环，并按人类社会需要进行物质生产的综合体。

城市生态系统(urban ecosystem)：城市居民与其环境相互作用而形成的统一整体，由自然环境、社会经济和文化科学技术共同组成。

生态系统服务(ecosystem services)：人类从生态系统中得到的惠益，包括物质产品供给、调节服务、文化服务及支持服务。

生态系统生产总值(gross ecosystem product, GEP)：可简称为生态产品总值，是指生态系统为人类福祉和经济社会可持续发展提供的各种最终产品与服务价值的总和，主要包括生态系统提供的物质产品、调节服务和文化服务。

物质产品(material services)：人类从生态系统获取的可在市场交换的各种物质产品，如食物、纤维、木材、药物、装饰材料与其他物质材料。

调节服务(regulating services)：生态系统提供改善人类生存与生活环境的惠益，如调节气候、涵养水源、保持土壤、调蓄洪水、降解污染物、固定二氧化碳、提供氧气等。

文化服务(cultural services)：人类通过精神感受、知识获取、休闲娱乐和美学体验从生态系统获得的非物质惠益。

实物量(biophysical value)：生态系统产品与服务的实物量，如粮食产量、木材生产量、水产品捕捞量、洪水调蓄量、土壤保持量、碳固定量与景点旅游人数等。

价值量(monetary value)：生态系统产品与服务的货币价值。

参考文献

[1] 什么是气候变化？[EB/OL].[2023-04-20]. https：//www.un.org/zh/climatechange/what-is-climate-change.

[2] 张人禾，刘哲，穆穆，等.气候系统和气候变化研究获2021年诺贝尔物理学奖的启示[J].中国科学基金，2021，35(6)：1013-1016.

[3] IPCC.Climate change 2014：impact，adaptation，and vulnerability[M].Cambridge：Cambridge University Press，2014.

[4] 潘志华，黄娜，郑大玮.气候变化影响链的形成机制及其应对[J].中国农业气象，2021，42(12)：985-997.

[5] 气候变化的原因和影响[EB/OL].[2023-04-20]. https：//www.un.org/zh/climatechange/science/causes-effects-climate-change.

[6] IPCC. AR6 Synthesis Report：Climate Change 2023[M/OL].[2023-03-19].https：//www.ipcc.ch/report/sixth-assessment-report-cycle/.

[7] 丁永建，罗勇，宋连春，等.中国气候与生态环境演变：2021 第二卷(上)领域和行业影响、脆弱性与适应[M].北京：科学出版社，2021.

[8] IPCC.Climate change 2022：impacts，adaptation，and vulnerability[M/OL].[2023-04-20]. https：//report.ipcc.ch/ar6wg2/pdf/IPCC_AR6_WGII_SummaryForPolicymakers.pdf.

[9] International Carbon International Carbon Action Partnership(ICAP).Global Carbon Market Progress Report in 2022[R].Lisbon，2022.

[10] 中国气象局气候变化中心．中国气候变化蓝皮书2022[M].北京：科学出版社，2022.

[11] 张金梦，杜祥琬院士：保持碳达峰、碳中和战略定力[EB/OL].(2022-06-28)[2023-04-20]. http：//pt.people-energy.com.cn/news/content/33bf5d52bcfc4efd93751fb5824f9ae6.

[12] 曹红艳."无废城市"离我们有多远[N].经济日报,2019-01-23(3).

[13] 国务院办公厅.国务院办公厅关于印发"无废城市"建设试点工作方案的通知[EB/OL].(2019-01-21)[2023-04-20]. http://www.gov.cn/zhengce/content/2019-01/21/content_5359620. htm.

[14] 陈楠,庄贵阳.中国低碳试点城市成效评估[J].城市发展研究,2018,25(10):88-95.

[15] 孙义,刘文超,徐晓宇.基于 STIRPAT 模型的辽宁省碳排放影响因素研究[J].环境保护科学,2020,46(5):43-46.

[16] 联合国,欧洲联盟,联合国粮食及农业组织,等.环境经济核算体系2012:中心框架[M].北京:中国统计出版社,2020.

附　录

表 F-1　我国温室气体自愿减排方法学目录

自愿减排方法学编号	方法学名称
CM-001-V01	可再生能源并网发电
CM-002-V01	水泥生产中增加混材的比例
CM-003-V02	回收煤层气、煤矿瓦斯和通风瓦斯用于发电、动力、供热和/或通过火炬或无焰氧化分解
CM-004-V01	现有电厂从煤和/或燃油到天然气的燃料转换
CM-005-V02	通过废能回收减排温室气体
CM-006-V01	使用低碳技术的新建并网化石燃料电厂
CM-007-V01	工业废水处理过程中温室气体减排
CM-008-V02	应用非碳酸盐原料生产水泥熟料
CM-009-V01	硝酸生产过程中所产生 N_2O 的减排
CM-010-V01	HFC-23 废气焚烧
CM-011-V01	替代单个化石燃料发电项目部分电力的可再生能源项目
CM-012-V01	并网的天然气发电
CM-013-V01	硝酸厂氨氧化炉内的 N_2O 催化分解
CM-014-V01	减少油田伴生气的燃放或排空并用做原料
CM-015-V01	新建热电联产设施向多个用户供电和/或供蒸汽并取代使用碳含量较高燃料的联网/离网的蒸汽和电力生产
CM-016-V01	在工业设施中利用气体燃料生产能源
CM-017-V01	向天然气输配网中注入生物甲烷
CM-018-V01	在工业或区域供暖部门中通过锅炉改造或替换提高能源效率
CM-019-V01	引入新的集中供热一次热网系统
CM-020-V01	地下硬岩贵金属或基底金属矿中的甲烷回收利用或分解

表F-1(续)

自愿减排方法学编号	方法学名称
CM-021-V01	民用节能冰箱的制造
CM-022-V01	供热中使用地热替代化石燃料
CM-023-V01	新建天然气电厂向电网或单个用户供电
CM-024-V01	利用汽油和植物油混合原料生产柴油
CM-025-V01	现有热电联产电厂中安装天然气燃气轮机
CM-026-V01	太阳能—燃气联合循环电站
CMS-001-V02	用户使用的热能,可包括或不包括电能
CMS-002-V01	联网的可再生能源发电
CMS-003-V01	自用及微电网的可再生能源发电
CMS-004-V01	植物油生产并在固定设施中用作能源
CMS-005-V01	生物柴油生产并在固定设施中用作能源
CMS-006-V01	供应侧能源效率提高—传送和输配
CMS-007-V01	供应侧能源效率提高—生产
CMS-008-V01	针对工业设施的提高能效和燃料转换措施
CMS-009-V01	针对农业设施与活动的提高能效和燃料转换措施
CMS-010-V01	使用不可再生生物质供热的能效措施
CMS-011-V01	需求侧高效照明技术
CMS-012-V01	户外和街道的高效照明
CMS-013-V01	在建筑内安装节能照明和/或控制装置
CMS-014-V01	高效家用电器的扩散
CMS-015-V01	在现有的制造业中的化石燃料转换
CMS-016-V01	通过可控厌氧分解进行甲烷回收
CMS-017-V01	在水稻栽培中通过调整供水管理实践来实现减少甲烷的排放
CMS-018-V01	低温室气体排放的水净化系统
CMS-019-V01	砖生产中的燃料转换、工艺改进及提高能效
CMS-020-V01	通过电网扩展及新建微型电网向社区供电
CMS-021-V01	动物粪便管理系统甲烷回收
CMS-022-V01	垃圾填埋气回收
CMS-023-V01	通过控制的高温分解避免生物质腐烂产生甲烷

表F-1(续)

自愿减排方法学编号	方法学名称
CMS-024-V01	通过回收纸张生产过程中的苏打减少电力消费
CMS-025-V01	废能回收利用(废气/废热/废压)项目
CMS-026-V01	家庭或小农场农业活动甲烷回收
AR- CM-001-V01	碳汇造林项目方法学
AR- CM-002-V01	竹子造林碳汇项目方法学
CM-027-V01	单循环转为联合循环发电
CM-028-V01	快速公交项目
CM-029-V01	燃放或排空油田伴生气的回收利用
CM-030-V01	天然气热电联产
CM-031-V01	硝酸或己内酰胺生产尾气中 N_2O 的催化分解
CM-032-V01	快速公交系统
CM-033-V01	电网中的 SF_6 减排
CM-034-V01	现有电厂的改造和/或能效提高
CM-035-V01	利用液化天然气气化中的冷能进行空气分离
CM-036-V01	安装高压直流输电线路
CM-037-V01	新建联产设施将热和电供给新建工业用户并将多余的电上网或者提供给其他用户
CM-038-V01	新建天燃气热电联产电厂
CM-039-V01	通过蒸汽阀更换和冷凝水回收提高蒸汽系统效率
CM-040-V01	抽水中的能效提高
CM-041-V01	减少天然气管道压缩机或门站泄露
CM-042-V01	通过采用聚乙烯管替代旧铸铁管或无阴极保护钢管减少天然气管网泄漏
CM-043-V01	向住户发放高效的电灯泡
CM-044-V01	合成氨-尿素生产中的原料转换
CM-045-V01	精炼厂废气的回收利用
CM-046-V01	从工业设施废气中回收 CO_2 替代 CO_2 生产中的化石燃料使用
CM-047-V01	镁工业中使用其他防护气体代替 SF_6
CM-048-V01	使用低 GWP 值制冷剂的民用冰箱的制造和维护
CM-049-V01	利用以前燃放或排空的渗漏气为燃料新建联网电厂
CM-050-V01	在 LCD 制造中安装减排设施减少 SF_6 排放

表F-1(续)

自愿减排方法学编号	方法学名称
CM-051-V01	货物运输方式从公路运输转变到水运或铁路运输
CM-052-V01	新建建筑物中的能效技术及燃料转换
CM-053-V01	半导体行业中替换清洗化学气相沉积(CVD)反应器的全氟化合物(PFC)气体
CM-054-V01	半导体生产设施中安装减排系统减少 CF_4 排放
CM-055-V01	生产生物柴油作为燃料使用
CM-056-V01	蒸汽系统优化
CM-057-V01	现有己二酸生产厂中的 N_2O 分解
CM-058-V01	在无机化合物生产中以可再生来源的 CO_2 替代来自化石或矿物来源的 CO_2
CM-059-V01	原铝冶炼中通过降低阳极效应减少 PFC 排放
CM-060-V01	独立电网系统的联网
CM-061-V01	硝酸生产厂中 N_2O 的二级催化分解
CM-062-V01	减少原铝冶炼炉中的温室气体排放
CM-063-V01	通过改造透平提高电厂的能效
CM-064-V01	在现有工业设施中实施的化石燃料三联产项目
CM-065-V01	回收排空或燃放的油井气并供应给专门终端用户
CM-066-V01	从检测设施中使用气体绝缘的电气设备中回收 SF_6
CM-067-V01	基于来自新建钢铁厂的废气的联合循环发电
CM-068-V01	利用氨厂尾气生产蒸汽
CM-069-V01	高速客运铁路系统
CM-070-V01	水泥或者生石灰生产中利用替代燃料或低碳燃料部分替代化石燃料
CM-071-V01	季节性运行的生物质热电联产厂的最低成本燃料选择分析
CM-072-V01	多选垃圾处理方式
CM-073-V01	供热锅炉使用生物质废弃物替代化石燃料
CM-074-V01	硅合金和铁合金生产中提高现有埋弧炉的电效率
CM-075-V01	生物质废弃物热电联产项目
CM-076-V01	应用来自新建的专门种植园的生物质进行并网发电
CM-077-V01	垃圾填埋气项目
CM-078-V01	通过引入油/水乳化技术提高锅炉的效率
CM-079-V01	通过对化石燃料蒸汽锅炉的替换或改造提高能效,包括可能的燃料替代

表F-1(续)

自愿减排方法学编号	方法学名称
CM-080-V01	生物质废弃物用作纸浆、硬纸板、纤维板或生物油生产的原料以避免排放
CM-081-V01	通过更换新的高效冷却器节电
CM-082-V01	海绵铁生产中利用余热预热原材料减少温室气体排放
CM-083-V01	在配电电网中安装高效率的变压器
CM-084-V01	改造铁合金生产设施提高能效
CM-085-V01	生物基甲烷用作生产城市燃气的原料和燃料
CM-086-V01	通过将多个地点的粪便收集后进行集中处理减排温室气体
CM-087-V01	从煤或石油到天然气的燃料替代
CM-088-V01	通过在有氧污水处理厂处理污水减少温室气体排放
CM-089-V01	将焦炭厂的废气转化为二甲醚用作燃料,减少其火炬燃烧或排空
CM-090-V01	粪便管理系统中的温室气体减排
CM-091-V01	通过现场通风避免垃圾填埋气排放
CM-092-V01	纯发电厂利用生物废弃物发电
CM-093-V01	在联网电站中混燃生物质废弃物产热和/或发电
CM-094-V01	通过被动通风避免垃圾填埋场的垃圾填埋气排放
CM-095-V01	以家庭或机构为对象的生物质炉具和/或加热器的发放
CMS-027-V01	太阳能热水系统(SWH)
CMS-028-V01	户用太阳能灶
CMS-029-V01	针对建筑的提高能效和燃料转换措施
CMS-030-V01	在交通运输中引入生物压缩天然气
CMS-031-V01	向商业建筑供能的热电联产或三联产系统
CMS-032-V01	从高碳电网电力转换至低碳化石燃料的使用
CMS-033-V01	使用 LED 照明系统替代基于化石燃料的照明
CMS-034-V01	现有和新建公交线路中引入液化天然气汽车
CMS-035-V01	用户使用的机械能,可包括或不包括电能
CMS-036-V01	使用可再生能源进行农村社区电气化
CMS-037-V01	通过将向工业设备提供能源服务的设施集中化提高能效
CMS-038-V01	来自工业设备的废弃能量的有效利用
CMS-039-V01	使用改造技术提高交通能效

表F-1(续)

自愿减排方法学编号	方法学名称
CMS-040-V01	在独立商业冷藏柜中避免 HFC 的排放
CMS-041-V01	新建住宅楼中的提高能效和可再生能源利用
CMS-042-V01	通过回收已用的硫酸进行减排
CMS-043-V01	生物柴油的生产和运输目的使用
CMS-044-V01	单循环转为联合循环发电
CMS-045-V01	热电联产/三联产系统中的化石燃料转换
CMS-046-V01	通过使用适配后的怠速停止装置提高交通能效
CMS-047-V01	通过在商业货运车辆上安装数字式转速记录器提高能效
CMS-048-V01	通过电动和混合动力汽车实现减排
CMS-049-V01	避免工业过程使用通过化石燃料燃烧生产的 CO_2 作为原材料
CMS-050-V01	焦炭生产由开放式转换为机械化,避免生产中的甲烷排放
CMS-051-V01	聚氨酯硬泡生产中避免 HFC 排放
CMS-052-V01	冶炼设施中废气的回收和利用
CMS-053-V01	商用车队中引入低排放车辆/技术
CMS-054-V01	植物油的生产及在交通运输中的使用
CMS-055-V01	大运量快速交通系统中使用缆车
CMS-056-V01	非烃采矿活动中甲烷的捕获和销毁
CMS-057-V01	家庭冰箱的能效提高及 HFC-134a 回收
CMS-058-V01	用户自行发电类项目
CMS-059-V01	使用燃料电池进行发电或产热
CMS-060-V01	从高碳燃料组合转向低碳燃料组合
CMS-061-V01	从固体废物中回收材料及循环利用
CMS-062-V01	用户热利用中替换非可再生的生物质
CMS-063-V01	家庭/小型用户应用沼气/生物质产热
CMS-064-V01	针对特定技术的需求侧能源效率提高
CMS-065-V01	钢厂安装粉尘/废渣回收系统,减少高炉中焦炭的消耗
CMS-066-V01	现有农田酸性土壤中通过大豆-草的循环种植中通过接种菌的使用减少合成氮肥的使用
CMS-067-V01	水硬性石灰生产中的减排
CMS-068-V01	通过挖掘并堆肥部分腐烂的城市固体垃圾(MSW)避免甲烷的排放
CMS-069-V01	在现有生产设施中从化石燃料到生物质的转换
CMS-070-V01	通过电网扩张向农村社区供电

表F-1(续)

自愿减排方法学编号	方法学名称
CMS-071-V01	在固体废弃物处置场建设甲烷氧化层
CMS-072-V01	化石燃料转换
CMS-073-V01	电子垃圾回收与再利用
CMS-074-V01	从污水或粪便处理系统中分离固体避免甲烷排放
CMS-075-V01	通过堆肥避免甲烷排放
CMS-076-V01	废水处理中的甲烷回收
CMS-077-V01	废水处理过程通过使用有氧系统替代厌氧系统避免甲烷的产生
CMS-078-V01	使用从沼气中提取的甲烷制氢
CM-096-V01	气体绝缘金属封闭组合电器 SF_6 减排计量与监测方法学
CM-097-V01	新建或改造电力线路中使用节能导线或电缆
CM-098-V01	电动汽车充电站及充电桩温室气体减排方法学
CM-099-V01	小规模非煤矿区生态修复项目方法学
AR- CM-005-V01	竹林经营碳汇项目方法学
CM-100-V01	废弃农作物秸秆替代木材生产人造板项目减排方法学
CM-101-V01	预拌混凝土生产工艺温室气体减排基准线和监测方法学
CM-102-V01	特高压输电系统温室气体减排方法学
CM-103-V01	焦炉煤气回收制液化天然气(LNG)方法学
CMS-079-V01	配电网中使用无功补偿装置温室气体减排方法学
CMS-080-V01	在新建或现有可再生能源发电厂新建储能电站
CMS-081-V01	反刍动物减排项目方法学
CMS-082-V01	畜禽粪便堆肥管理减排项目方法学
CM-104-V01	利用建筑垃圾再生微粉制备低碳预拌混凝土减少水泥比例项目方法学
CMS-083-V01	保护性耕作减排增汇项目方法学
CM-105-V01	公共自行车项目方法学
CMS-084-V01	生活垃圾辐射热解处理技术温室气体排放方法学
CMS-085-V01	转底炉处理冶金固废生产金属化球团技术温室气体减排方法学
CMS-086-V01	采用能效提高措施降低车船温室气体排放方法学
CM-106-V01	生物质燃气的生产和销售方法学
CM-107-V01	利用粪便管理系统产生的沼气制取并利用生物天然气温室气体减排方法学
CM-108-V01	蓄热式电石新工艺温室气体减排方法学
CM-109-V01	气基竖炉直接还原炼铁技术温室气体减排方法学

表 F-2 国家工业固体废物资源综合利用产品目录

工业固体废物种类	序号	综合利用产品	综合利用技术条件和要求
一、煤矸石	1.1	水泥、水泥熟料	1. 煤矸石综合利用符合《煤矸石综合利用管理办法》(2014 年修订版)和《煤矸石利用技术导则》(GB/T 29163)的要求； 2. 产品符合《通用硅酸盐水泥》(GB 175)、《硅酸盐水泥熟料》(GB/T 21372)等标准； 3. 产品符合《建筑材料放射性核素限量》(GB 6566)
	1.2	建筑砂石骨料(含机制砂)	1. 煤矸石综合利用符合《煤矸石综合利用管理办法》(2014 年修订版)和《煤矸石利用技术导则》(GB/T 29163)的要求； 2. 产品符合《建设用砂》(GB/T 14684)、《建设用卵石、碎石》(GB/T 14685)、《混凝土和砂浆用再生细骨料》(GB/T 25176)、《混凝土用再生粗骨料》(GB/T 25177)等标准； 3. 产品符合《建筑材料放射性核素限量》(GB 6566)； 4. 企业建设符合《机制砂石骨料工厂设计规范》(GB 51186)等要求
	1.3	砖瓦、砌块、陶粒制品、板材、管材(管桩)、混凝土、砂浆、井盖、防火材料、耐火材料(镁铬砖除外)、保温材料、微晶材料、泡沫陶瓷、高岭土	1. 煤矸石综合利用符合《煤矸石综合利用管理办法》(2014 年修订版)和《煤矸石利用技术导则》(GB/T 29163)的要求； 2. 产品符合《烧结普通砖》(GB/T 5101)、《烧结空心砖和空心砌块》(GB/T 13545)、《烧结保温砖和砌块》(GB 26538)、《烧结多孔砖和多孔砌块》(GB/T 13544)、《烧结装饰砖》(GB/T 32982)、《烧结路面砖》(GB/T 26001)、《建筑用轻质隔墙条板》(GB/T 23451—2009)、《烧结瓦》(GB/T 21149)、《烧结装饰板》(GB/T 30018)、《轻集料及其试验方法 第 1 部分：轻集料》(GB/T 17431.1)、《复合保温砖和复合保温砌块》(GB/T 29060)、《轻集料混凝土小型空心砌块》(GB/T 15229)、《蒸压加气混凝土砌块》(GB/T 11968)、《蒸压加气混凝土板》(GB/T 15762)、《粉煤灰混凝土小型空心砌块》(JC/T 862)、《混凝土实心砖》(GB/T 21144)、《非承重混凝土空心砖》(GB/T 24492)、《承重混凝土多孔砖》(GB/T 25779)、《混凝土路面砖》(GB/T 28635)、《透水路面砖和透水路面板》(GB/T 25993)、《生态护坡和干垒挡土墙用混凝土砌块》(JC/T 2094)、《钢筋陶粒混凝土轻质墙板》(JC/T 2214)、《先张法预应力混凝土管桩》(GB/T 13476)、《预拌混凝土》(GB/T 14902)、《预拌砂浆》(GB/T 25181)、《建筑保温砂浆》(GB/T 20473)、《钢纤维混凝土检查井盖》(GB/T 26537)、《防火封堵材料》(GB 23864)、《耐磨耐火材料》(GB/T 23294)、《烧结保温砖和保温砌块》(GB/T 26538)、《微晶玻璃陶瓷复合砖》(JC/T 994)、《外墙外保温泡沫陶瓷》(GB/T 33500)、《高岭土及其试验方法》(GB/T 14563)等标准； 3. 产品符合《建筑材料放射性核素限量》(GB 6566)

一、煤矸石	1.4	矿（岩）棉	1. 煤矸石综合利用符合《煤矸石综合利用管理办法》（2014 年修订版）和《煤矸石利用技术导则》（GB/T 29163—2012）的要求； 2. 产品符合《绝热用岩棉、矿渣棉及其制品》（GB/T 11835）、《建筑用岩棉绝热制品》（GB/T 19686）、《矿物棉装饰吸声板》（GB/T 25998）、《建筑外墙外保温用岩棉制品》（GB/T 25975）、《矿物棉喷涂绝热层》（GB/T 26746）、《吸声板用粒状棉》（JC/T 903）等标准； 3. 产品符合《建筑材料放射性核素限量》（GB 6566）
	1.5	电力、热力	煤矸石综合利用符合《煤矸石综合利用管理办法》（2014 年修订版）和《煤矸石利用技术导则》（GB/T 29163）的要求
	1.6	陶瓷及陶瓷制品	1. 煤矸石综合利用符合《煤矸石综合利用管理办法》（2014 年修订版）和《煤矸石利用技术导则》（GB/T 29163）的要求； 2. 产品符合《外墙外保温泡沫陶瓷》（GB/T 33500）、《卫生陶瓷》（GB/T 6952）、《陶瓷砖》（GB/T 4100）、《电子元器件结构陶瓷材料》（GB/T 5593）等标准； 3. 建材产品符合《建筑材料放射性核素限量》（GB 6566）
	1.7	土壤调理剂	1. 煤矸石综合利用符合《煤矸石综合利用管理办法》（2014 年修订版）和《煤矸石利用技术导则》（GB/T 29163）的要求； 2. 产品符合《土壤调理剂 通用要求》（NY/T 3034）、《高尔夫球场草坪专用肥和土壤调理剂》（HG/T 4136）等标准
	1.8	人工鱼礁	1. 煤矸石综合利用符合《煤矸石综合利用管理办法》（2014 年修订版）和《煤矸石利用技术导则》（GB/T 29163）的要求； 2. 产品建设符合《人工鱼礁建设技术规范》

表 F-2(续)

工业固体废物种类	序号	综合利用产品	综合利用技术条件和要求
二、尾矿	2. 1	金属及非金属精矿	产品符合《铁矿石产品等级的划分》(GB/T 32545)、《铜精矿》(YS/T 318)、《直接法氧化锌》(GB/T 3494)、《银精矿》(YS/T 433)、《氟碳铈矿-独居石混合精矿》(XB/T 102)、《氟碳铈镧矿精矿》(XB/T 103)、《独居石精矿》(XB/T 104)、《磷钇矿精矿》(XB/T 105)、《钴精矿》(YS/T 301)、《硫精矿》(YB/T 733)等标准且满足下游企业对产品的成分要求
	2. 2	建筑砂石骨料(含机制砂)	1. 铁尾矿砂符合《铁尾矿砂》(GB/T 31288)的规定，其他尾矿砂符合《建设用砂》(GB/T 14684)、《公路公程　水泥混凝土用机制砂》(JT/T 819)等标准； 2. 产品符合《建筑材料放射性核素限量》(GB 6566)的要求； 3. 企业建设符合《机制砂石骨料工厂设计规范》等要求
	2. 3	尾矿微粉	1. 产品符合《用于水泥和混凝土中的铁尾矿粉》(YB/T 4561)等标准； 2. 产品符合《建筑材料放射性核素限量》(GB 6566)
	2. 4	水泥、水泥熟料	1. 产品符合《通用硅酸盐水泥》(GB 175)、《硅酸盐水泥熟料》(GB/T 21372)等标准； 2. 产品符合《建筑材料放射性核素限量》(GB 6566)

二、尾矿	2.5	砖瓦、砌块、陶粒制品、板材、管材（管桩）、混凝土、砂浆、井盖、防火材料、耐火材料（镁铬砖除外）、保温材料、微晶材料、泡沫陶瓷	1. 产品符合《烧结普通砖》（GB/T 5101）、《烧结保温砖和保温砌块》（GB/T 26538）、《烧结空心砖和空心砌块》（GB/T 13545）、《普通混凝土小型砌块》（GB/T 8239）、《复合保温砖和复合保温砌块》（GB/T 29060）、《轻集料及其试验方法 第1总值发：轻集料》（GB/T 17431.1）、《混凝土路面砖》（GB/T 28635）、《蒸压灰砂砖实心瓴和实心砌块》（GB/T 11945）、《再生骨料地面砖和透水砖》（CJ/T 400）、《植草砖》（NY/T 1253—2006）、《非承重混凝土空心砖》（GB/T 24492）、《装饰混凝土砌块》（JC/T 641）、《装饰混凝土砖》（GB/T 24493）、《承重混凝土多孔砖》（GB/T 25779）、《混凝土路面砖》（GB/T 28635）、《轻集料混凝土小型空心砌块》（GB/T 15229）、《粉煤灰混凝土小型空心砌块》（JC/T 862）、《混凝土实心砖》（GB/T 21144）、《透水路面砖和透水路面板》（GB/T 25993）、《生态护极和干垒挡土墙用混凝土砌块》（JC/T 2094）、《蒸压加气混凝土砌块》（GB/T 11968）、《蒸压加气混凝土板》（GB/T 15762）、《钢筋陶粒混凝土轻质墙板》（JC/T 2214）、《建筑用轻质隔墙条板》（GB/T 23451）、《陶瓷砖》（GB/T 4100）、《陶粒加气混凝土砌块》（JG/T 504）、《陶粒滤料》（QB/T 4383）、《水处理用人工陶粒滤料》（CJ/T 299）和《压裂用陶粒支撑剂技术要求》（Q/SH 0051）、《钢筋陶粒混凝土轻质墙板》（JC/T 2214）、《先张法预应力混凝土管桩》（GB/T 13476）、《预拌混凝土》（GB/T 14902）、《预拌砂浆》（GB/T 25181）、《建筑保温砂浆》（GB/T 20473）、《钢纤维混凝土检查井盖》（GB/T 26537）、《防火封堵材料》（GB 23864）、《耐磨耐火材料》（GB/T 23294）、《微晶玻璃陶瓷复合砖》（JC/T 994）、《外墙外保温泡沫陶瓷》（GB/T 33500）等标准； 2. 产品符合《建筑材料放射性核素限量》（GB 6566）
	2.6	陶瓷及其制品	1. 产品符合《外墙外保温泡沫陶瓷》（GB/T 33500）、《卫生陶瓷》（GB/T 6952）、《陶瓷砖》（GB/T 4100）、《电子元器件结构陶瓷材料》（GB/T 5593）等标准； 2. 建材产品符合《建筑材料放射性核素限量》（GB 6566）
	2.7	矿（岩）棉	1. 产品符合《绝热用岩棉、矿渣棉及其制品》（GB/T 11835）、《建筑用岩棉绝热制品》（GB/T 19686）、《矿物棉装饰吸声板》（GB/T 25998）、《建筑外墙外保温用岩棉制品》（GB/T 25975）、《矿物棉喷涂绝热层》（GB/T 26746）、《吸声板用粒状棉》（JC/T 903）等标准； 2. 建材产品符合《建筑材料放射性核素限量》（GB 6566）
	2.8	人工鱼礁	产品符合《人工鱼礁建设技术规范》
	2.9	土壤调理剂	产品符合《土壤调理剂 通用要求》（NY/T 3034）、《高尔夫球场草坪专用肥和土壤调理剂》（HG/T 4136）等标准

表 F-2(续)

工业固体废物种类	序号	综合利用产品	综合利用技术条件和要求
三、冶炼渣(不含危险废物)	3.1	金属精矿	产品符合《铁矿石产品等级的划分》(GB/T 32545)、《转底炉法含铁尘泥金属化球团》(YB/T 4272)、《锰系铁合金粉尘冷压复合球团技术规范》(GB/T 32787)、《钢铁工业含铁尘泥回收及利用技术规范》(GB/T 28292)、《铜精矿》(YS/T 318)、《银精矿》(YS/T 433)、《烧结用磁选渣钢粉》(GB/T 30897)、《冶金炉料用钢渣》(YB/T 802—2009)、《氟碳铈矿-独居石混合精矿》(XB/T 102)、《氟碳铈镧矿精矿》(XB/T 103)、《独居石精矿》(XB/T 104)、《磷钇矿精矿》(XB/T 105)、《钴精矿》(YS/T 301)等标准且满足下游企业对产品的成分要求
	3.2	金属	产品符合《冶炼用精选粒铁》(GB/T 30899)、《钢铁工业含铁尘泥回收及利用技术规范》(GB/T 28292)、《转底炉法粗锌粉》(YB/T 4271)、《锌锭》(GB/T 470)、《锌粉》(GB/T 6890)、《银锭》(GB/T 4135)、《铟锭》(YS/T 257)、《金属镧》(GB/T 15677)、《金属铈》(GB/T 31978)、《金属钕》(GB/T 9967)、《金属镝》(GB/T 15071)、《金属镨》(GB/T 19395)、《金属铽》(GB/T 20893)、《金属钆》(XB/T 212)、《金属钇》(XB/T 218)等标准且满足下游企业对产品的成分要求
	3.3	金属合金	产品符合《冰铜》(YS/T 921)、《粗铜》(YS/T 70)、《铜铟镓硒合金粉》(YS/T 1155)、《稀土硅铁合金》(GB/T 4137)、《镨钕金属》(GB/T 20892)、《镧镁合金》(GB/T 29915)、《钕镁合金》(GB/T 28400)、《钆镁合金》(GB/T 26414)、《镝铁合金》(GB/T 26415)、《钇镁合金》(GB/T 29657)、《钇铝合金》(GB/T 31966)、《钆铁合金》(XB/T 403)等标准且满足下游企业对产品的成分要求
	3.4	金属化合物	产品符合《直接法氧化锌》(GB/T 3494)、《氧化铝》(GB/T 24487)、《氧化镧》(GB/T 4154)、《氧化铈》(GB/T 4155)、《氧化镨》(GB/T 5239)、《氧化钕》(GB/T 5240)、《碳酸铈》(GB/T 16661)、《氟化镨钕》(GB/T 23590)、《镨钕氧化物》(GB/T 31965)、《氟化钕》(XB/T 214)、《硝酸铈》(XB/T 219)、《氢氧化铈》(XB/T 222)、《氟化镧》(XB/T 223)等标准且满足下游企业对产品的成分要求

三、冶炼渣（不含危险废物）	3.5	矿渣粉、矿物掺合料	1. 产品符合《矿物掺合料应用技术规范》（GB/T 51003）、《用于水泥中的粒化高炉矿渣》（GB/T 203）《用于水泥、砂浆和混凝土中的粒化高炉矿渣粉》（GB/T 18046）、《用于水泥中的钢渣》（YB/T 022）、《用于水泥和混凝土中的精炼渣粉》（GB/T 33813）、《用于水泥和混凝土中的钢渣粉》（GB/T 20491）、《钢渣复合料》（GB/T 28294）、《钢铁渣粉》（GB/T 28293）、《道路用钢渣》（GB/T 25824）、《钢渣集料混合料路面基层施工技术规程》（YB/T 4184）、《用于水泥和混凝土中的硅锰渣粉》（YB/T 4229）等标准； 2. 产品符合《建筑材料放射性核素限量》（GB 6566）
	3.6	建筑砂石骨料（含机制砂）	1. 产品符合《建设用砂》（GB/T 14684）、《用于混凝土中的高炉水淬矿渣砂技术规程》（YB/T 4405）等标准； 2. 企业建设符合《机制砂石骨料工厂设计规范》等要求
	3.7	水泥、水泥熟料	1. 产品符合《钢渣硅酸盐水泥》（GB/T 13590）、《通用硅酸盐水泥》（GB 175）、《硅酸盐水泥熟料》（GB/T 21372）、《低热钢渣硅酸盐水泥》（JC/T 1082）、《钢渣砌筑水泥》（JC/T 1090）及其他水泥产品等标准； 2. 钢渣作为原料应满足《用于水泥中的钢渣》（YB/T 022）； 3. 产品符合《建筑材料放射性核素限量》（GB 6566）； 4. 水泥生产满足《水泥窑协同处置固体废物技术规范》（GB/T 30760）的要求
	3.8	矿（岩）棉	1. 产品符合《绝热用岩棉、矿渣棉及其制品》（GB/T 11835）、《建筑用岩棉绝热制品》（GB/T 19686）、《矿物棉装饰吸声板》（GB/T 25998）、《建筑外墙外保温用岩棉制品》（GB/T 25975）、《矿物棉喷涂绝热 层》（GB/T 26746）、《吸声板用粒状棉》（JC/T 903）等标准； 2. 产品符合《建筑材料放射性核素限量》（GB 6566）

表 F-2(续)

工业固体废物种类	序号	综合利用产品	综合利用技术条件和要求
三、冶炼渣(不含危险废物)	3.9	砖瓦、砌块、陶粒制品、板材、管材(管桩)、混凝土、矿物掺合料、砂浆、井盖、防火材料、耐火材料(镁铬砖除外)、保温材料、微晶材料、泡沫陶瓷	1. 产品符合《烧结普通砖》(GB/T 5101)、《烧结保温砖和砌块》(GB/T 26538)、《混凝土实心砖》(GB/T 21144)、《非承重混凝土空心砖》(GB/T 24492)、《装饰混凝土砖》(GB/T 24493)、《承重混凝土多孔砖》(GB/T 25779)、《混凝土路面砖》(GB/T 28635)、《透水路面砖和透水路面板》(GB/T 25993)、《烧结空心砖和空心砌块》(GB/T 13545)、《烧结多孔砖和多孔砌块》(GB/T 13544)、《蒸压灰砂实心砖和关心砌块砖》(GB/T 11945)、《普通混凝土小型砌块》(GB/T 8239)、《植草砖》(NY/T 1253)、《蒸压泡沫混凝土砖和砌块》(GB/T 29062)、《轻集料及其试验方法　第1部分：轻集料》(GB/T 17431.1)、《复合保温砖和复合保温砌块》(GB/T 29060)、《轻集料混凝土小型空心砌块》(GB/T 15229)、《粉煤灰混凝土小型空心砌块》(JC/T 862)、《装饰混凝土砌块》(JC/T 641)、《生态护坡和干垒挡土墙用混凝土砌块》(JC/T 2094)、《蒸压加气混凝土砌块》(GB/T 11968)、《蒸压加气混凝土板》(GB/T 15762)、《陶粒滤料》(QB/T 4383)、《陶粒加气混凝土砌块》(JG/T 504)、《建筑用轻质隔墙条板》(GB/T 23451)、《水处理用人工陶粒滤料》(CJ/T 299)、《压裂用陶粒支撑剂技术要求》(Q/SH 0051)、《钢筋陶粒混凝土轻质墙板》(JC/T 2214)、《先张法预应力混凝土管桩》(GB/T 13476)、《预拌混凝土》(GB/T 14902)、《矿物掺合料应用技术规范》(GB/T 51003)、《预拌砂浆》(GB/T 25181)、《建筑保温砂浆》(GB/T 20473)、《钢纤维混凝土检查井盖》(GB/T 26537)、《防火 封堵材料》(GB 23864)、《耐磨耐火材料》(GB/T 23294)、《陶瓷砖》(GB/T 4100)、《微晶玻璃陶瓷复合砖》(JC/T 994)、《外墙外保温泡沫陶瓷》(GB/T 33500)、《纤维增强水泥外墙装饰挂板》(JC/T 2085)等标准； 2. 钢渣原料应符合《泡沫混凝土砌块用钢渣》(GB/T 24763)、《外墙外保温抹面砂浆和粘结砂浆用钢渣砂》(GB/T 24764)、《钢渣复合料》(GB/T 28294)、《混凝土用高炉重矿渣碎石》(YB/T 4178)、《普通预拌砂浆用钢渣砂》(YB/T 4201)、《混凝土多孔砖和路面砖用钢渣》(YB/T 4228)等标准； 3. 产品符合《建筑材料放射性核素限量》(GB 6566)
	3.10	烧结熔剂、烟气脱硫剂	产品符合《钢渣应用技术要求》(GB/T 32546)、《烧结熔剂用高钙脱硫渣》(GB/T 24184)等标准

四、粉煤灰（不含危险废物）	4.1	粉煤灰超细粉、矿物掺合料	粉煤灰超细粉符合《用于水泥和混凝土中的粉煤灰》（GB/T 1596）、《矿物掺合料应用技术规范》（GB/T 51003）
	4.2	水泥、水泥熟料	1. 产品符合《通用硅酸盐水泥》（GB 175）、《硅酸盐水泥熟料》（GB/T 21372）及其他水泥产品等标准 2. 产品符合《建筑材料放射性核素限量》（GB 6566）
	4.3	砖瓦、砌块、陶粒制品、板材、管材（管桩）、混凝土、矿物掺合料、砂浆、井盖、防火材料、耐火材料（镁铬砖除外）、保温材料、微晶材料	1. 原料符合《硅酸盐建筑制品用粉煤灰》（JC/T 409）； 2. 产品符合《烧结普通砖》（GB/T 5101）、《烧结空心砖和空心砌块》（GB/T 13545）、《烧结多孔砖和多孔砌块》（GB/T 13544）、《混凝土实心砖》（GB/T 21144）、《非承重混凝土空心砖》（GB/T 24492）、《装饰混凝土砖》（GB/T 24493）、《承重混凝土多孔砖》（GB/T 25779）、《普通混凝土小型砌块》（GB/T 8239）、《蒸压加气混凝土砌块》（GB/T 11968）、《蒸压加气混凝土板》（GB/T 15762）、《轻集料及其试验方法　第1部分：轻集料》（GB/T 17431.1）、《复合保温砖和复合保温砌块》（GB/T 29060）、《轻集料混凝土小型空心砌块》（GB/T 15229）、《粉煤灰混凝土小型空心砌块》（JC/T 862）、《装饰混凝土砌块》（JC/T 641）、《混凝土砌块（砖）砌体用灌孔混凝土》（JC/T 861）、《混凝土小型空心砌块和混凝土砖砌筑砂浆》（JC/T 860）、《混凝土路面砖》（GB/T 28635）、《透水路面砖和透水路面板》（GB/T 25993）、《生态护坡和干垒挡土墙用混凝土砌块》（JC/T 2094）、《钢筋陶粒混凝土轻质墙板》（JC/T 2214）、《先张法预应力混凝土管桩》（GB/T 13476）、《预拌混凝土》（GB/T 14902）、《预拌砂浆》（GB/T 25181）、《建筑保温砂浆》（GB/T 20473）、《矿物掺合料应用技术规范》（GB/T 51003）、《钢纤维混凝土检查井盖》（GB/T 26537）、《防火封堵材料》（GB 23864）、《耐磨耐火材料》（GB/T 23294）、《烧结保温砖和保温砌块》（GB/T 26538）、《微晶玻璃陶瓷复合砖》（JC/T 994）、《外墙外保温泡沫陶瓷》（GB/T 33500）、《纤维增强水泥外墙装饰挂板》（JC/T 2085）、《蒸压粉煤灰砖》（JC/T 239）等标准； 3. 产品符合《建筑材料放射性核素限量》（GB 6566）

表 F-2（续）

工业固体废物种类	序号	综合利用产品	综合利用技术条件和要求
四、粉煤灰（不含危险废物）	4.4	氧化铝	产品符合《氧化铝》（GB/T 24487）
	4.5	氧化铁	产品符合《工业氧化铁》（HG/T 2574）
	4.6	金属、金属氧化物、稀土	产品符合《银锭》（GB/T 4135）、《氧化铝》（GB/T 24487）等标准且满足下游企业对产品的成分要求
	4.7	陶瓷及其制品	1. 产品符合《外墙外保温泡沫陶瓷》（GB/T 33500）、《卫生陶瓷》（GB/T 6952）、《陶瓷砖》（GB/T 4100）、《电子元器件结构陶瓷材料》（GB/T 5593）等标准； 2. 建材产品符合《建筑材料放射性核素限量》（GB 6566）
	4.8	白炭黑（填料）	产品符合《煤基橡胶填料技术条件》（MT/T 804）
	4.9	合成分子筛	产品符合《沸石分子筛动态二氧化碳吸附的测定》（HG/T 2691）
	4.10	粉煤灰复合高温陶瓷涂层	产品符合《热喷涂陶瓷涂层技术条件》（JB/T 7703）
	4.11	玻化微珠及其制品	1. 产品符合《膨胀玻化微珠》（JC/T 1042）、《膨胀玻化微珠保温隔热砂浆》（GB/T 26000）、《膨胀玻化微珠轻质砂浆》（JG/T 283）、《工程用中空玻璃微珠保温隔热材料》（JG/T 517）、《玻化微珠保温隔热砂浆应用技术规程》（JC/T 2164）等标准； 2. 产品符合《建筑材料放射性核素限量》（GB 6566）

四、粉煤灰（不含危险废物）	4.12	水处理剂、燃煤烟气净化剂	产品符合《水处理剂用铝酸钙》（GB/T 29341）、《水处理剂 聚氯化铝》（GB/T 22627）、《水处理剂 氯化铝》（HG/T 3541）、《燃煤烟气脱硝技术装备》（GB/T 21509）等标准
	4.13	水玻璃	产品符合《砂型铸造用水玻璃》（JB/T 8835）
	4.14	氢氧化铝	产品符合《氢氧化铝》（GB/T 4294）
	4.15	土壤调理剂	产品符合《土壤调理剂通用要求》（NY/T 3034）
五、炉渣（不含危险废物）	5.1	水泥	1. 产品符合《通用硅酸盐水泥》（GB 175）、《硅酸盐水泥熟料》（GB/T 21372）及其他水泥产品等标准； 2. 产品符合《建筑材料放射性核素限量》（GB 6566）
	5.2	矿物掺合料	1. 产品符合《用于水泥和混凝土中的粉煤灰》（GB/T 1596）或《矿物掺合料应用技术规范》（GB/T 51003）； 2. 产品符合《建筑材料放射性核素限量》（GB 6566）
	5.3	建筑轻骨料	1. 产品符合《轻集料及其试验方法　第1总值发：轻集料》（GB/T 17431.1）； 2. 产品符合《建筑材料放射性核素限量》（GB 6566）

表 F-2(续)

工业固体废物种类	序号	综合利用产品	综合利用技术条件和要求
五、炉渣（不含危险废物）	5.4	砖瓦、砌块、陶粒制品、板材、管材（管桩）、混凝土、砂浆、检查井盖、道路护栏、防火材料、耐火材料(镁铬砖除外)、保温材料、微晶材料、泡沫陶瓷	1. 原料符合《硅酸盐建筑制品用粉煤灰》(JC/T 409)； 2. 产品符合《烧结普通砖》(GB/T 5101)、《烧结空心砖和空心砌块》(GB/T 13545)、《普通混凝土小型砌块》(GB/T 8239)、《轻集料及其试验方法　第1总值发：轻集料》(GE/T 17431.1)、《复合保温砖和复合保温砌块》(GB/T 29060)、《轻集料混凝土小型空心砌块》(GB/T 15229)、《粉煤灰混凝土小型空心砌块》(JC/T 862)、《混凝土实心砖》(GB/T 21144)、《非承重混凝土空心砖》(GB/T 24492)、《装饰混凝土砌块》(JC/T 641)、《装饰混凝土砖》(GB/T 24493)、《承重混凝土多孔砖》(G/TB 25779)、《混凝土路面砖》(GB/T 28635)、《透水路面砖和透水路面板》(GB/T 25993)、《蒸压加气混凝土砌块》(GB 11968)、《蒸压加气混凝土板》(GB/T 15762)、《生态护坡和干垒挡土墙用混凝土砌块》(JC/T 2094)、《钢筋陶粒混凝土轻质墙板》(JC/T 2214)、《先张法预应力混凝土管桩》(GB/T 13476)、《预拌混凝土》(GB/T 14902)、《预拌砂浆》(GB/T 25181)、《建筑保温砂浆》(GE/T 20473)、《钢纤维混凝土检查井盖》(GB/T 26537)、《防火封堵材料》(GB 23864)、《耐磨耐火材料》(GB/T 23294)、《烧结保温砖和保温砌块》(GB/T 26538)、《微晶玻璃陶瓷复合砖》(JC/T 994)、《外墙外保温泡沫陶瓷》(GB/T 33500)、《蒸压粉煤灰砖》(JC/T 239)等标准； 3. 产品符合《建筑材料放射性核素限量》(GB 6566)
	5.5	矿(岩)棉	1. 产品符合《绝热用岩棉、矿渣棉及其制品》(GB/T 11835)或《建筑绝热用玻璃棉制品》(GB/T 17795)等标准； 2. 产品符合《建筑材料放射性核素限量》(GB 6566)
	5.6	滤料	产品符合《水处理用滤料》(CJ/T 43)

六、其他工业固体废物	6.1 工业副产石膏（不含危险废物）	6.1.1	水泥、水泥熟料	1. 原料符合《用于水泥中的工业副产石膏》（GB/T 21371）； 2. 产品符合《通用硅酸盐水泥》（GB 175）、《硅酸盐水泥熟料》（GB/T 21372）、《海工硅酸盐水泥》（GB/T 31289）及其他水泥产品等标准； 3. 产品符合《建筑材料放射性核素限量》（GB 6566）
		6.1.2	建筑石膏及制品	1. 产品符合《建筑石膏》（GB/T 9776）、《纸面石膏板》（GB/T 9775）、《装饰石膏板》（JC/T 799）、《石膏空心条板》（JC/T 829）、《石膏刨花板》（LY/T 1598）、《复合保温石膏板》（JC/T 2077）、《石膏砌块》（JC/T 698）、《抹灰石膏》（GB/T 28627）、《粘结石膏》（JC/T 1025）、《嵌缝石膏》（JC/T 2075）、《石膏装饰条》（JC/T 2078）、《广场用陶瓷砖》（GB/T 23458）、《活动地板基材用石膏纤维板》（LY/T 2372）、《木塑地板》（GB/T 24508）、《装饰纸面石膏板》（JC/T 997）、《吸声用穿孔石膏板》（JC/T 803）等标准； 2. 产品符合《建筑材料放射性核素限量》（GB 6566）
		6.1.3	石膏模具、石膏芯模、陶瓷模用石膏粉	产品符合《卫生陶瓷生产用石膏模具》（JC/T 2119）、《首饰精密加工石膏模具》（QB/T 4723）、《混凝土结构用成孔芯模》（JG/T 352）、《陶瓷模用石膏粉》（QB/T 1639）等标准

表 F-2（续）

工业固体废物种类		序号	综合利用产品	综合利用技术条件和要求
六、其他工业固体废物	6.1 工业副产石膏（不含危险废物）	6.1.4	α 型高强石膏粉及其制品	1. 产品符合《α 型高强石膏》（JC/T 2038）、《石膏基自流平砂浆》（JC/T 1023）、《卫生陶瓷生产用石膏模具》（JC/T 2119）、《建筑石膏》（GB/T 9776）、《纸面石膏板》（GB/T 9775）、《装饰石膏板》（JC/T 799）、《石膏空心条板》（JC/T 829）、《石膏刨花板》（LY/T 1598）、《复合保温石膏板》（JC/T 2077）、《石膏砌块》（JC/T 698）、《抹灰石膏》（GB/T 28627）、《粘结石膏》（JC/T 1025）、《嵌缝石膏》（JC/T 2075）、《石膏装饰条》（JC/T 2078）、《广场用陶瓷砖》（GB/T 23458）、《活动地板基材用石膏纤维板》（LY/T 2372）、《木塑地板》（GB/T 24508）、《预制混凝土剪力墙外墙板》（15G365-1）、《预制混凝土剪力墙内墙板》（15G365-2）、《预制混凝土外墙挂板（一）》（16J110-2、16G333）、《建筑用轻质隔墙条板》（GB/T 23451）等标准； 2. 产品符合《建筑材料放射性核素限量》（GB 6566）
		6.1.5	装配式墙板	1. 产品符合《预制混凝土剪力墙外墙板》（15G365-1）《预制混凝土剪力墙内墙板》（15G365-2）、《预制混凝土外墙挂板》（16J110-2、16G333）、《建筑用轻质隔墙条板》（GB/T 23451）等标准； 2. 产品符合《建筑材料放射性核素限量》（GB 6566）
		6.1.6	轻质隔热砖	1. 产品符合《建筑材料及制品燃烧性能分级》（GB 8624）； 2. 产品符合《建筑材料放射性核素限量》（GB 6566）
		6.1.7	水泥添加剂（含水泥缓凝剂、水泥速凝剂等）	产品符合《建筑材料放射性核素限量》（GB 6566）

六、其他工业固体废物	6.1 工业副产石膏（不含危险废物）	6.1.8	活动地板基材用石膏纤维板	1. 产品符合《活动地板基材用石膏纤维板》（LY/T 2372）标准； 2. 产品符合《建筑材料放射性核素限量》（GB 6566）
		6.1.9	工业硫酸、硫酸铵	1. 原料符合《烟气脱硫石膏》（JC/T 2074）标准； 2. 产品符合《工业硫酸》（GB/T 534）、《肥料级硫酸镁》（GB/T 535）等标准
		6.1.10	土壤调理剂	产品符合《土壤调理剂 通用要求》（NY/T 3034）标准
		6.1.11	抗旱石	产品符合《农林保水剂》（NY/T 886）标准
	6.2 赤泥（不含危险废物）	6.2.1	砖瓦、砌块、陶粒、板材、管材（管桩）、混凝土、砂浆、井盖、防火材料、耐火材料（镁铬砖除外）、保温材料、矿（岩）棉、微晶材料、泡沫陶瓷	1. 产品符合《烧结普通砖》（GB/T 5101）、《烧结空心砖和空心砌块》（GB/T 13545）、《普通混凝土小型砌块》（GB/T 8239）、《钢筋陶粒混凝土轻质墙板》（JC/T 2214）、《陶粒滤料》（QB/T 4383）、《水处理用人工陶粒滤料》（CJ/T 299）和《压裂用陶粒支撑剂技术要求》（Q/SH 0051）、《先张法预应力混凝土管桩》（GB/T 13476）、《预拌混凝土》（GB/T 14902）、《预拌砂浆》（GB/T 25181）、《建筑保温砂浆》（GB/T 20473）、《钢纤维混凝土检查井盖》（GB/T 26537）、《防火封堵材料》（GB 23864）、《耐磨耐火材料》（GB/T 23294）、《烧结保温砖和保温砌块》（GB/T 26538）、《微晶玻璃陶瓷复合砖》（JC/T 994）、《外墙外保温泡沫陶瓷》（GB/T 33500）等标准； 2. 产品符合《建筑材料放射性核素限量》（GB 6566）

表 F-2（续）

工业固体废物种类		序号	综合利用产品	综合利用技术条件和要求
六、其他工业固体废物	6.2 赤泥（不含危险废物）	6.2.2	陶瓷及陶瓷制品	1. 产品符合《外墙外保温泡沫陶瓷》（GB/T 33500）、《卫生陶瓷》（GB/T 6952）、《陶瓷砖》（GB/T 4100）、《电子元器件结构陶瓷材料》（GB/T 5593）、《陶瓷砖》（GB/T 4100）、《陶粒加气混凝土砌块》（JG/T 504）等标准； 2. 建材产品符合《建筑材料放射性核素限量》（GB 6566）
		6.2.3	土壤调理剂	产品符合《土壤调理剂 通用要求》（NY/T 3034）等标准
		6.2.4	铁、铌、钪、钛	1. 赤泥选铁符合《赤泥中精选高铁砂技术规范》（YS/T 787）的要求； 2. 金属产品符合《冶炼用精选粒铁》（GB/T 30899）、《铌条》（GB/T 6896）、《金属钪》（GB/T 16476）等标准且满足下游企业对产品的成分要求
		6.2.5	脱硫剂、水处理剂、塑料填料	产品符合《燃煤烟气脱硝技术装备》（GB/T 21509）、《水处理剂 聚氯化铝》（GB/T 22627）、《阀门零部件 填料和填料垫》（JB/T 1712）等标准
		6.2.6	水泥、水泥熟料	1. 产品符合《通用硅酸盐水泥》（GB175）、《硅酸盐水泥熟料》（GB/T 21372）及其他水泥产品等标准； 2. 产品符合《建筑材料放射性核素限量》（GB 6566）
	6.3 废石	6.3.1	建筑砂石骨料（含机制砂）、加气混凝土	1. 产品符合《建设用卵石、碎石》（GB/T 14685）、《建设用砂》（GB/T 14684）、《蒸压加气混凝土砌块》（GB/T 11968）、《蒸压加气混凝土板》（GB/T 15762）等标准； 2. 产品符合《建筑材料放射性核素限量》（GB 6566）； 3. 企业建设符合《机制砂石骨料工厂设计规范》（GB 51186）等要求
		6.3.2	合成石材	1. 产品符合《人造石》（JC/T 908）等标准； 2. 产品符合《建筑材料放射性核素限量》（GB 6566）

六、其他工业固体废物	6.3 废石	6.3.3	水泥、水泥熟料	1. 产品符合《通用硅酸盐水泥》（GB 175）、《硅酸盐水泥熟料》（GB/T 21372）及其他水泥产品等标准； 2. 产品符合《建筑材料放射性核素限量》（GB 6566）
	6.4 化工废渣（不含危险废物）	6.4.1	水泥、水泥熟料	1. 产品符合《通用硅酸盐水泥》（GB 175）、《硅酸盐水泥熟料》（GB/T 21372）、《磷渣硅酸盐水泥》（JC/T 740）及其他水泥产品等标准； 2. 产品符合《建筑材料放射性核素限量》（GB 6566）
		6.4.2	银、盐、锌、碱、聚乙烯醇、硫化钠、亚硫酸钠、硫氰酸钠、硝酸、铁盐、铬盐、磺酸盐、乙酸、乙二酸、乙酸钠、盐酸、黏合剂、酒精、香兰素、甘油、乙氰、工业磷酸、硫酸	产品符合《银锭》（GB/T 4135）、《锌锭》（GB/T 470）、《锌粉》（GB/T 6890）、《聚乙烯醇水溶短纤维》（GB/T 30101）、《工业硫化钠》（GB/T 10500）、《工业无水亚硫酸钠》（HG/T 2967）、《工业硝 酸 浓硝酸》（GB/T 337.1）、《工业用冰乙酸》（GB/T 1628）、《化学试剂 无水乙酸钠》（GB/T 694）、《工业用合成盐酸》（GB/T 320）、《工业酒精》（GB/T 394.1）、《甘油》（GB/T 13206）、《工业磷酸》（GB/T 2091）、《工业硫酸》（GB/T 534）等标准

表 F-2（续）

工业固体废物种类		序号	综合利用产品	综合利用技术条件和要求
六、其他工业固体废物	6.5 煤泥	6.5.1	电力、热力	煤泥综合利用符合《煤矸石综合利用管理办法》（2014 年修订版）和《煤矸石利用技术导则》（GB/T 29163）对煤矸石的要求
	6.6 废催化剂	6.6.1	金属	产品符合《高纯钴》（GB/T 26018）、《铑粉》（GB/T 1421）等标准且满足下游企业对产品的成分要求
		6.6.2	金属化合物	产品符合《氧化镧》（GB/T 4154）、《氧化铈》（GB/T 4155）、《碳酸铈》（GB/T 16661）、《硝酸铈》（XB/T 219）等标准且满足下游企业对产品的成分要求
	6.7 废磁性材料（不含危险废物）	6.7.1	金属	产品符合《金属镨》（GB/T 19395）、《金属钐》（GB/T 2968）、《金属镝》（GB/T 15071）等标准且满足下游企业对产品的成分要求
		6.7.2	金属合金	产品符合《镨钕金属》（GB/T 20892）、《镝铁合金》（GB/T 26415）等标准且满足下游企业对产品的成分要求
	6.8 陶瓷工业废料	6.8.1	轻质陶瓷砖、混凝土砖	产品符合《轻质陶瓷砖》（JC/T 1095）、《混凝土路面砖》（GB/T 28635）、《透水路面砖和透水路面板》（GB/T 25993）、《蒸压加气混凝土砌块》（GB/T 11968）、《蒸压加气混凝土板》（GB/T 15762）等标准

六、其他工业固体废物	6.9 铸造废砂	6.9.1	再生砂、覆膜砂	产品符合《铸造用再生硅砂》（GB/T 26659）、《铸造用覆膜砂》（JB/T 8583）等标准
		6.9.2	水泥掺合料	1. 产品符合《矿物掺合料应用技术规范》（GB/T 51003）； 2. 产品符合《建筑材料放射性核素限量》（GB 6566）
	6.10 玻璃纤维废丝	6.10.1	陶瓷釉料	1. 产品符合《卫生陶瓷》（GB/T 6952）、《陶瓷砖》（GB/T 4100）等标准； 2. 产品符合《建筑材料放射性核素限量》（GB 6566）
		6.10.2	汽车保温毛毡制品	产品符合《工业用毛毡》（FZ/T 25001）
	6.11 医药行业废渣（不含危险废物）	6.11.1	肥料	产品符合《生物有机肥》（NY 884）、《农用微生物菌剂》（GB 20287）、《有机肥料》（NY/T 525）
		6.11.2	工业硫酸镁	产品符合《工业硫酸镁》（HG/T 2680）
			工业氯化镁	产品符合《工业氯化镁》（QB/T 2605）
			工业水合碱式碳酸铜	产品符合《工业水合碱式碳酸镁》（HG/T 2959）
			工业轻质氧化镁	产品符合《工业轻质氧化镁》（HG/T 2573）
			工业氯化钠	产品符合《工业盐》（GB/T 5462）

备注：

1. 目录中涉及的概念和定义。

① 工业固体废物，指在工业生产活动中产生的丧失原有利用价值或者虽未丧失利用价值但被抛弃或者放弃的固态、半固态和置于容器中的气态的物品、物质以及法律、行政法规规定纳入固体废物管理的物品、物质。

② 煤矸石，指煤矿在开拓掘进、采煤和煤炭洗选等生产过程中排出的固体废物。

③ 尾矿，指矿石磨细、选取有价组分后排出的固体废物。

④ 冶炼渣，指在金属冶炼过程中产生的固体废物，主要包括高炉渣、转炉渣、电炉渣、铁合金炉渣、有色金属及其他金属冶炼过程产生的固体废物。

⑤ 粉煤灰，指在燃煤锅炉和窑炉的烟道中对烟气进行收尘处理所收捕的细粒状固体废物。

⑥ 炉渣，指从燃煤锅炉和窑炉炉底排出的固体废物。

⑦ 工业副产石膏，指在工业生产过程产生的以二水硫酸钙或其他硫酸钙类物质为主要成分的固体废物，主要包括脱硫石膏、磷石膏、氟石膏、钛石膏、柠檬酸石膏、废石膏模、废石膏制品等。

⑧ 赤泥，指制铝工业提取氧化铝时排出的固体废物。

⑨ 废石，指非煤矿山在开拓和采矿、加工过程中产生的固体废物。

⑩ 化工废渣，指化学工业生产过程中产生的各种固体和泥浆状废物，包括化工生产过程中产生的不合格的产品、不能出售的副产品、反应釜底料、滤饼渣、废催化剂等，如硫酸渣、碱渣（白泥）、电石渣、磷矿煅烧渣、含氰废渣、磷肥渣、硫磺渣、含钡废渣、铬渣、盐泥、总熔剂渣、黄磷渣、柠檬酸渣等。

2. 表中“综合利用技术条件和要求”中列出的为综合利用产品应符合的相应国家、行业标准；没有国家、行业标准的，应符合相应的地方、团体标准。

表 F-3　《2006 年 IPCC 国家温室气体清单指南》中使用的燃料类型及定义

类型/名称		定义
LIQUID(crude oil and petroleum products) 液体(原油和石油产品)		
crude oil 原油		原油是由天然起因的碳氢化合物的聚合体组成的矿物油，颜色从黄色到黑色不等，密度和黏性可变。它亦包括在伴生分离设施中，从气态碳氢化合物中回收的伴生气凝析油(油气分离器液化石油气)
orimulsion 沥青质矿物燃料		委内瑞拉天然存在的焦油类物质。它可以直接燃烧，或提炼成轻石油产品
natural gas liquids(NGLs) 液态天然气		NGLs 即天然气生产、提纯和稳定所产生的液体或液化碳氢化合物。这些是在分离器、现场设施或气体加工厂，以液体形式回收的天然气。NGLs 包括但不限于乙烷、丙烷、丁烷、正戊烷、天然汽油和凝析油。它们可能还包括少量非碳氢化合物
gasoline 汽油	motor gasoline 车用汽油	此为用在内燃机(例如机动车辆，除了飞机)的轻碳氢化合物油。车用汽油在 35~215 ℃蒸馏，作为地基火花点火发动机燃料使用。车用汽油可包括添加剂、氧化剂及包含诸如 TEL(四乙基铅)和 TML(四甲基铅)等铅化合物在内的辛烷增性剂
	aviation gasoline 航空汽油	航空汽油即为航空活塞引擎制备的机用汽油，注有符合引擎的辛烷数，凝固温度为-60 ℃，通常蒸馏范围限于 30~180 ℃
	jet gasoline 航空汽油	这包括用在航空涡轮动力装置中的所有轻质碳氢化合物油。其蒸馏范围在 100~250 ℃。其获得方法是掺配煤油和汽油或石油精，保证芳烃含量不超过 25%，蒸气压在 13.7~20.6 kPa。添加剂可以加入航空汽油中，以提高燃料的稳定性和可燃性
jet kerosene 航空煤油		这是用于航空涡轮动力装置的中间蒸馏油。其具有与煤油相同的蒸馏特性和闪点(在 150~300 ℃，但是通常不高于 250 ℃)。此外，它具有国际航空运输协会(IATA)制定的具体规格(例如凝固温度)
other kerosene 其他煤油		煤油包括在汽油和汽油/柴油之间的波动的精炼石油中间蒸馏物。即闪点 150~300 ℃的中等蒸馏油

表F-3(续)

类型/名称	定义
shale oil 页岩油	从油页岩中提取的矿物油
gas/diesel oil 汽油/柴油	汽油/柴油包括重质汽油。汽油获自原油的大气蒸馏的最底层，而重质汽油获自大气蒸馏残留的真空再蒸馏。汽油/柴油蒸馏范围在180~300 ℃。可获得若干等级的油，取决于以下用途：柴油压燃式发动机用柴油(汽车、卡车、海洋等)，工业和商业用途的轻质加热油，和其他汽油，包括蒸馏范围在380~540 ℃用作石化原料的重质汽油
residual fuel oil 残留燃油	此标题定义构成蒸馏残渣的油类。包括所有残留燃料油，含掺配获得的燃料油。其运动黏度在80 ℃时超过0.1 cm^2(1×10^{-5} m^2/s)。闪点始终高于50 ℃，密度始终高于0.90 kg/L
liquefied petroleum gases 液化石油气	这些是石蜡系列的轻质碳氢化合物份额，衍自提纯过程、原油稳定工厂和包括丙烷(C_3H_8)和丁烷(C_4H_{10})或二者结合的天然气加工厂。为便于运输和储存，通常在压力下将其液化
ethane 乙烷	乙烷是一种天然气态直链碳氢化合物(C_2H_6)。它是从天然气和炼油气流中提取的无色石蜡油气体
naphtha 石油精	石油精是专用于石化工业(如乙烯制造或芳烃生产)或提炼厂中重整或异构化汽油生产的一种原料。石油精包括30~210 ℃蒸馏范围中的材料或这一范围的部分材料
bitumen 地沥青	具有胶质结构的固体、半固体或黏性碳氢化合物，颜色从棕色到黑色不等，获自通过从大气蒸馏中油渣的真空蒸馏得到的原油蒸馏渣滓。地沥青通常称为沥青，主要用于道路路表和屋顶材料。该类别包括流化和稀释地沥青
lubricants 润滑剂	润滑剂是从蒸馏物或残渣中生产的碳氢化合物，主要用于减小受力面之间的摩擦。这一类别包括润滑油的所有精制级别，从锭子油到气缸油，还包括滑脂中使用的润滑油，包括电动机润滑油和所有级别的润滑油基

表F-3(续)

类型/名称		定义
petroleum coke 石油焦		石油焦定义为黑色固体残渣，主要获自在延迟焦化或液体焦化等过程中源于石油的原料、真空尾油、焦油和沥青的裂解和碳化。主要成分是碳(90%~95%)，灰尘含量低。对于炼钢工业、取暖、电极制造和化工品生产，作为原料在焦炉中使用。两项最重要的质量是“绿色焦炭”“煅烧焦炭”。此类别亦包括在提炼过程中沉积在催化剂上的“催化剂焦炭”：此焦炭不可回收，通常作为提炼厂燃料燃烧
refinery feedstocks 提炼厂原料		提炼厂原料是衍自原油的一种产品或一组产品，专用于进一步加工，而非用于提炼工业中的掺配。转换成一个或多个组分和/或成品。此定义包括为提炼厂进料所进口的那些成品，以及从石化工业返回到提炼工业的那些成品
other oil 其他油	refinery gas 炼厂气	炼厂气定义为在原油蒸馏或在提炼厂的油产品处理中(如裂解)获得的不凝性气体。主要由氢、甲烷、乙烷和粗丁烯组成。它亦包括从石化工业返回的气体
	waxes 固体石蜡	饱和的脂肪族碳氢化合物(一般分子式 C_nH_{2n+2})。这些石蜡是在润滑油脱蜡时提取的残渣，具有碳数大于12的晶体结构。其主要特征是无色、无味、透明、熔点高于45 ℃
	white spirit & SBP 石油溶剂和SBP	在石油精/煤油的蒸馏范围中，石油溶剂和SBP是提炼的蒸馏中间产品。它们细分为工业溶剂油(SBP)和石油溶剂。工业溶剂油(SBP)：轻油，蒸馏范围30~200 ℃，温度差异在5%~90%体积蒸馏点(包括损失，不高于60 ℃)。也就是说，SBP是切分面小于机用汽油的轻油。根据上面定义的蒸馏范围中切分位置，有7或8种级别的工业溶剂油。石油溶剂：闪点高于30 ℃的工业溶剂油。石油溶剂的蒸馏范围是135~200 ℃
	other petroleum products 其他石油产品	包括未列入以上分类的石油产品，例如焦油、硫和油脂。该类别亦包括芳烃(如BTX或苯、甲苯和二甲苯)和提炼厂中生产的粗丁烯(如丙烯)

SOLID (coal and coal products)
固体(煤和煤产品)

类型/名称	定义
anthracite 无烟煤	无烟煤是用于工业和居民应用的高级煤。其挥发性物质通常少于10%，碳含量较高(约90%的固定碳)。在无灰的潮湿条件下，其总热值大于23865 kJ/kg(5700 kcal/kg)

表F-3(续)

类型/名称		定义
coking coal 炼焦煤		炼焦煤指某一品级的沥青煤，可生产适合于支持鼓风炉装料的焦炭。在无灰的潮湿条件下，其总热值大于23865 kJ/kg(5700 kcal/kg)
other bituminous coal 其他沥青煤		其他沥青煤用于蒸气提升目的，包括所有未纳入炼焦煤的沥青煤。其特征是挥发性物质高于无烟煤(高于10%)，碳含量较低(低于90%的固定碳)。在无灰的潮湿条件下，其总热值大于23865 kJ/kg(5700 kcal/kg)
sub-bituminous coal 次沥青煤		总热值在17435~23865 kJ/kg(4165~5700 kcal/kg)的非结块煤，在不含干矿物质的条件下，挥发性物质含量高于31%
lignite 褐煤		褐煤/棕色煤是非结块煤，在不含干矿物质的条件下，其总热值低于17435 kJ/kg(4165 kcal/kg)，并且大于31%的挥发性物质
oil shale and tar sands 油页岩和焦油沙		当进行高温分解(对页岩进行高温加热处理)时，油页岩是无机，无孔岩，含有各种数量的固体有机物质与各种固体产品一起产生碳氢化合物。焦油沙是指，与黏性形式(有时指沥青)自然混合而成的沙(或多孔碳酸盐岩)。由于其黏性高，该油不能通过常规回收方法进行回收
brown coal briquettes 棕色煤压块		棕色煤压块是从褐煤/棕色煤中制造的混合燃料，在高压下压块产生。这些压块包含烘干的褐煤粉和灰尘
patent fuel 专利燃料		专利燃料是通过增添黏合剂，用硬煤粉制造的混合燃料。因此，生产的专利燃料数量可能微高于转换过程中消耗煤的实际数量
coke 焦炭	coke oven coke and lignite coke 焦炉焦炭/褐煤焦炭	焦炉焦炭是在高温下，通过煤(主要是炼焦煤)的碳化作用获得的固体产品。其水汽含量和挥发性物质含量较低。亦包括在低温下，通过煤的碳化作用获得的半焦炭、固体产品，由褐煤/棕色焦炭、焦粉和铸造焦炭制成的褐煤焦炭、半焦炭。焦炉焦炭亦称为冶金焦炭
	gas coke 煤气焦炭	煤气焦炭是煤气工程用硬煤来生产城镇煤气体的副产品。煤气焦炭用于取暖
coal tar 煤焦油		沥青煤去除性蒸馏的结果。煤焦油是焦炉过程中，蒸馏煤来制造焦炭的液体副产品。煤焦油可进一步蒸馏获得不同有机产品(如苯、甲苯、粗萘)，通常可作为石化工业原料进行报告

表F-3(续)

类型/名称		定义
derived gases 派生的煤气	gas works gas 煤气公司煤气	煤气公司煤气涵盖公用事业或私营工厂生产的所有类型煤气，其主要目的是制造、运输和配送煤气。包括通过以下方法产生的煤气：碳化(包含通过焦炉产生的气体和转换成煤气公司煤气)；采用或不采用石油产品(液化石油气、残留燃料油等)强化的总气体；重整和气体和/或空气的简单混合。它不包括通常经过天然气网格分配的掺配天然气
	coke oven gas 焦炉煤气	焦炉煤气是钢铁生产中制造焦炉焦炭的副产品
	blast furnace gas 鼓风炉煤气	在钢铁工业中，焦炭在鼓风炉中燃烧期间产生鼓风炉气。部分在工厂内回收用作燃料，部分在其他钢铁工业过程内回收用作燃料，或在配备的发电厂中燃烧发电
	oxygen steel furnace gas 氧气吹炼钢炉煤气	氧气炼钢炉煤气作为钢生产的副产品之一，在氧气炉中获得，在离开炉子时回收。此气体亦称为转炉气、LD气或BOS气
GAS(natural gas) 气体(天然气)		
natural gas 天然气		天然气应包括掺配天然气(有时亦指城镇煤气或城市煤气)、高热值煤气获自其他主要产品中得到的其他煤气的天然气掺配，通常通过天然气网格(如煤层甲烷)进行分配。掺配天然气应包括替代天然气、高热值气体、通过碳氢化合物化石燃料的化学转换而制造，其主要原材料为天然气、煤、石油和油页岩
other fossil fuels 其他化石燃料		
municipal wastes(non-biomass fraction) 城市废弃物(非生物量比例)		城市废弃物的非生物量比例包括住宅、工业、医院和第三部门产生的废弃物，在特定装置焚烧而用于能源目的。仅非生物难降解燃料的比例应该纳入此处
industrial wastes 工业废弃物		工业废弃物包括通常在专门工厂直接燃烧的固体和液体产品(如轮胎)，以生产热能和/或电力，并且不作为生物量进行报告
waste oils 废油		废油是为热能生产而燃烧所使用过的油(如废弃润滑剂)
peat 泥炭		

表F-3(续)

类型/名称		定义
peat 泥炭		可燃烧的柔软、多孔或压缩的植物源沉积，包括易切分、含水量高(在原始状况高达90%)的木质材料，可包含浅色到深棕色的硬块。不包括用于非能源目的的泥炭
biomass 生物量		
solid biofuels 固体生物燃料	wood/wood waste 木材/木材废弃物	为了能源直接燃烧的木材和木材废弃物。该类别亦包括为了木炭生产的木材，但包括木炭的实际产量(由于木炭属次级产品，这会成为重复计算)
	sulphite lyes(black liquor) 亚硫酸盐废液(黑液)	黑液是造纸过程中生产硫酸盐或苏打木浆时消化器产生的碱液，其间可从木浆中清除的木质素获得能源含量。该燃料的浓缩形式通常65%~70%为固体
	other primary solid biomass 其他主要固体生物量	其他主要固体生物量包括直接作为燃料使用的植物性物质，此燃料尚未纳入木材/木材废弃物或黑液。包括植物性废弃物、动物性物质/废弃物和其他固体生物量。该类别包括生产木炭的非木材输入(如椰壳)，但是生产生物燃料的所有其他原料应该排除
	charcoal 木炭	作为能源燃烧的木炭包括去除蒸馏和木材及其他植物性物质的高温分解的固体残留
liquid biofuels 液体生物燃料	biogasoline 生物汽油	生物汽油应该仅包括与生物燃料数量相关的燃料部分，并非掺配的生物燃料液体的总体积。该类别包括生物乙醇(产生于生物质的乙醇和/或废弃物的可降解比例)、生物甲醇(产生于生物质的甲醇和/或废弃物的可降比例)、生物ETBE，以及生物MTBE
	biodiesels 生物柴油	生物柴油应该仅包括与生物燃料数量相关的燃料部分，并非掺配的生物燃料液体的总体积。该类别包括生物柴油(产生于植物或动物油的具有柴油特性的甲基酯)、生物甲基乙醚(产生于生物质)和所有其他用于添加、掺配或直接用作交通柴油的液体生物燃料
	other liquid biofuels 其他液体生物燃料	其他液体生物燃料不纳入生物汽油或生物柴油

表F-3(续)

<table>
<tr><th colspan="2">类型/名称</th><th>定义</th></tr>
<tr><td rowspan="3">gas biomass 气体生物量</td><td>landfill gas 填埋气体</td><td>填埋气体衍自生物量和垃圾中的固体废弃物的厌氧发酵，燃烧产生热能和/或电能</td></tr>
<tr><td>sludge gas 污泥气体</td><td>污泥气体衍自生物量和污水及动物泥浆中的固体废弃物的厌氧发酵，燃烧产生热能和/或电能</td></tr>
<tr><td>other biogas 其他生物气体</td><td>其他生物气体不纳入垃圾填埋气体或污泥气体</td></tr>
<tr><td>other non-fossil fuels 其他非化石燃料</td><td>municipal wastes(biomass fraction) 城市废弃物(生物量比例)</td><td>城市废弃物的生物量比例包括通过住宅、工业、医院和第三产业(在特定装置焚烧并且用于能源目的)产生的废弃物。仅生物可降解燃料的比例应该纳入此处</td></tr>
</table>

表 F-4　《2006 年 IPCC 国家温室气体清单指南》缺省净热值(NCV_S)和 95%置信区间的下限和上限

单位：TJ/Gg

<table>
<tr><th colspan="2">燃料类型</th><th>净热值</th><th>下限</th><th>上限</th></tr>
<tr><td colspan="2">crude oil 原油</td><td>42.3</td><td>40.1</td><td>44.8</td></tr>
<tr><td colspan="2">orimulsion 沥青质矿物燃料</td><td>27.5</td><td>27.5</td><td>28.3</td></tr>
<tr><td colspan="2">natural gas liquids 液态天然气</td><td>44.2</td><td>40.9</td><td>46.9</td></tr>
<tr><td rowspan="3">gasoline 汽油</td><td>motor gasoline 车用汽油</td><td>44.3</td><td>42.5</td><td>44.8</td></tr>
<tr><td>aviation gasoline 航空汽油</td><td>44.3</td><td>42.5</td><td>44.8</td></tr>
<tr><td>jet gasoline 航空汽油</td><td>44.3</td><td>42.5</td><td>44.8</td></tr>
<tr><td colspan="2">jet kerosene 航空煤油</td><td>44.1</td><td>42.0</td><td>45.0</td></tr>
<tr><td colspan="2">other kerosene 其他煤油</td><td>43.8</td><td>42.4</td><td>45.2</td></tr>
<tr><td colspan="2">shale oil 页岩油</td><td>38.1</td><td>32.1</td><td>45.2</td></tr>
<tr><td colspan="2">gas/diesel oil 汽油/柴油</td><td>43.0</td><td>41.4</td><td>43.3</td></tr>
<tr><td colspan="2">residual fuel oil 残留燃油</td><td>40.4</td><td>39.8</td><td>41.7</td></tr>
<tr><td colspan="2">liquefied petroleum gases 液化石油气</td><td>47.3</td><td>44.8</td><td>52.2</td></tr>
<tr><td colspan="2">ethane 乙烷</td><td>46.4</td><td>44.9</td><td>48.8</td></tr>
<tr><td colspan="2">naphtha 石油精</td><td>44.5</td><td>41.8</td><td>46.5</td></tr>
<tr><td colspan="2">bitumen 地沥青</td><td>40.2</td><td>33.5</td><td>41.2</td></tr>
<tr><td colspan="2">lubricants 润滑剂</td><td>40.2</td><td>33.5</td><td>42.3</td></tr>
<tr><td colspan="2">petroleum coke 石油焦</td><td>32.5</td><td>29.7</td><td>41.9</td></tr>
<tr><td colspan="2">refinery feedstocks 提炼厂原料</td><td>43.0</td><td>36.3</td><td>46.4</td></tr>
</table>

表F-4(续)

燃料类型		净热值	下限	上限
other oil 其他油	refinery gas 炼厂气	49.5	47.5	50.6
	paraffin waxes 固体石蜡	40.2	33.7	48.2
	white spirit and SBP 石油溶剂和 SBP	40.2	33.7	48.2
	other petroleum products 其他石油产品	40.2	33.7	48.2
anthracite 无烟煤		26.7	21.6	32.2
coking coal 炼焦煤		28.2	24.0	31.0
other bituminous coal 其他沥青煤		25.8	19.9	30.5
sub-bituminous coal 次沥青煤		18.9	11.5	26.0
lignite 褐煤		11.9	5.50	21.6
oil shale and tar sands 油页岩和焦油沙		8.9	7.1	11.1
brown coal briquettes 棕色煤压块		20.7	15.1	32.0
patent fuel 专利燃料		20.7	15.1	32.0
coke 焦炭	coke oven coke and lignite coke 焦炉焦炭/褐煤焦炭	28.2	25.1	30.2
	gas coke 煤气焦炭	28.2	25.1	30.2
coal tar 煤焦油		28.0	14.1	55.0
derived gases 派生的气体	gas works gas 煤气公司煤气	38.7	19.6	77.0
	coke oven gas 焦炉煤气	38.7	19.6	77.0
	blast furnace gas 鼓风炉煤气	2.47	1.20	5.00
	oxygen steel furnace gas 氧气吹炼钢炉煤气	7.06	3.80	15.0
natural gas 天然气		48.0	46.5	50.4
municipal wastes(non-biomass fraction) 城市废弃物(非生物量比例)		10	7	18
industrial wastes 工业废弃物		—	—	—
waste oil 废油		40.2	20.3	80.0
peat 泥炭		9.76	7.80	12.5
solid biofuels 固体生物燃料	wood/wood waste 木材/木材废弃物	15.6	7.90	31.0
	sulphite lyes(black liquor) 亚硫酸盐废液(黑液)	11.8	5.90	23.0
	other primary solid biomass 其他主要固体生物量	11.6	5.90	23.0
	charcoal 木炭	29.5	14.9	58.0

表F-4(续)

燃料类型		净热值	下限	上限
liquid biofuels 液体生物燃料	biogasoline 生物汽油	27.0	13.6	54.0
	biodiesels 生物柴油	27.0	13.6	54.0
	other liquid biofuels 其他液体生物燃料	27.4	13.8	54.0
gas biomass 气体生物量	landfill tas 填埋气体	50.4	25.4	100
	sludge gas 污泥气体	50.4	25.4	100
	other biogas 其他生物气体	50.4	25.4	100
other non-fossil fuels 其他非化石燃料	municipal wastes(biomass fraction) 城市废弃物(生物量比例)	11.6	6.80	18.0

表 F-5 《2006 年 IPCC 国家温室气体清单指南》能源工业中固定源燃烧的缺省排放因子

单位：kg/TJ

燃料		CO_2			CH_4			N_2O		
		缺省排放因子	下限	上限	缺省排放因子	下限	上限	缺省排放因子	下限	上限
原油		73300	71000	75500	3	1	10	0.6	0.2	2
沥青质矿物燃料		77000	69300	85400	3	1	10	0.6	0.2	2
液态天然气		64200	58300	70400	3	1	10	0.6	0.2	2
汽油	车用汽油	69300	67500	73000	3	1	10	0.6	0.2	2
	航空汽油	70000	67500	73000	3	1	10	0.6	0.2	2
航空煤油		71500	69700	74400	3	1	10	0.6	0.2	2
其他煤油		71900	70800	73700	3	1	10	0.6	0.2	2
页岩油		73300	67800	79200	3	1	10	0.6	0.2	2
汽油/柴油		74100	72600	74800	3	1	10	0.6	0.2	2
残留燃油		77400	75500	78800	3	1	10	0.6	0.2	2
液化石油气		63100	61600	65600	1	0.3	3	0.1	0.03	0.3
乙烷		61600	56500	68600	1	0.3	3	0.1	0.03	0.3
石油精		73300	69300	76300	3	1	10	0.6	0.2	2
地沥青		80700	73000	89900	3	1	10	0.6	0.2	2
润滑剂		73300	71900	75200	3	1	10	0.6	0.2	2
石油焦		97500	82900	115000	3	1	10	0.6	0.2	2
提炼厂原料		73300	68900	76600	3	1	10	0.6	0.2	2

表F-5(续)

燃料		CO_2			CH_4			N_2O		
		缺省排放因子	下限	上限	缺省排放因子	下限	上限	缺省排放因子	下限	上限
其他油	炼厂气	57600	48200	69000	1	0.3	3	0.1	0.03	0.3
	固体石蜡	73300	72200	74400	3	1	10	0.6	0.2	2
	石油溶剂和SBP	73300	72200	74400	3	1	10	0.6	0.2	3
	其他石油产品	73300	72200	74400	3	1	10	0.6	0.2	2
无烟煤		98300	94600	101000	1	0.3	3	1.5	0.5	5
炼焦煤		94600	87300	101000	1	0.3	3	1.5	0.5	5
其他沥青煤		94600	89500	99700	1	0.3	3	1.5	0.5	5
次沥青煤		96100	92800	100000	1	0.3	3	1.5	0.5	5
褐煤		101000	90900	115000	1	0.3	3	1.5	0.5	5
油页岩和焦油沙		107000	90200	125000	1	0.3	3	1.5	0.5	5
棕色煤压块		97500	87300	109000	1	0.3	3	1.5	0.5	5
专利燃料		97500	87300	109000	1	0.3	3	1.5	0.5	5
焦炭	焦炉焦炭/褐煤焦炭	107000	95700	119000	1	0.3	3	1.5	0.5	5
	煤气焦炭	107000	95700	119000	1	0.3	3	0.1	0.03	0.3
煤焦油		80700	68200	95300	1	0.3	3	1.5	0.5	5
派生的气体	煤气公司气体	44400	37300	54100	1	0.3	3	0.1	0.03	0.3
	焦炉煤气	44400	37300	54100	1	0.3	3	0.1	0.03	0.3
	鼓风炉煤气	260000	219000	308000	1	0.3	3	0.1	0.03	0.3
	氧气吹炼钢炉煤气	182000	145000	202000	1	0.3	3	0.1	0.03	0.3
天然气		56100	54300	58300	1	0.3	3	0.1	0.03	0.3
城市废弃物（非生物量比例）		91700	73300	121000	30	10	100	4	1.5	15
工业废弃物		143000	110000	183000	30	10	100	4	1.5	15
废油		73300	72200	74400	30	10	100	4	1.5	15
泥炭		106000	100000	108000	1	0.3	3	1.5	0.5	5
固体生物燃料	木材/木材废弃物	112000	95000	132000	30	10	100	4	1.5	15
	亚硫酸盐废液（黑液）	95300	80700	110000	3	1	18	2	1	21
	其他主要固体生物量	100000	84700	117000	30	10	100	4	1.5	15
	木炭	112000	95000	132000	30	10	100	4	1.5	15

表F-5(续)

燃料		CO_2			CH_4			N_2O		
		缺省排放因子	下限	上限	缺省排放因子	下限	上限	缺省排放因子	下限	上限
液体生物燃料	生物汽油	70800	59800	84300	3	1	10	0.6	0.2	2
	生物柴油	70800	59800	84300	3	1	10	0.6	0.2	2
	其他液体生物燃料	79600	67100	93300	3	1	10	0.6	0.2	2
气体生物量	填埋气体	54600	46200	66000	1	0.3	3	0.1	0.03	0.3
	污泥气体	54600	46200	66000	1	0.3	3	0.1	0.03	0.3
	其他生物气体	54600	46200	66000	1	0.3	3	0.1	0.03	0.3
其他非化石燃料	城市废弃物(生物量比例)	100000	84700	117000	30	10	100	4	1.5	15

表 F-6 《2006 年 IPCC 国家温室气体清单指南》制造业和建筑中固定源燃烧的缺省排放因子

单位:kg/TJ

燃料		CO_2			CH_4			N_2O		
		缺省排放因子	下限	上限	缺省排放因子	下限	上限	缺省排放因子	下限	上限
原油		73300	71000	75500	3	1	10	0.6	0.2	2
沥青质矿物燃料		77000	69300	85400	3	1	10	0.6	0.2	2
液态天然气		64200	58300	70400	3	1	10	0.6	0.2	2
汽油	车用汽油	69300	67500	73000	3	1	10	0.6	0.2	2
	航空汽油	70000	67500	73000	3	1	10	0.6	0.2	2
航空煤油		71500	69700	74400	3	1	10	0.6	0.2	2
其他煤油		71900	70800	73700	3	1	10	0.6	0.2	2
页岩油		73300	67800	79200	3	1	10	0.6	0.2	2
汽油/柴油		74100	72600	74800	3	1	10	0.6	0.2	2
残留燃油		77400	75500	78800	3	1	10	0.6	0.2	2
液化石油气		63100	61600	65600	1	0.3	3	0.1	0.03	0.3
乙烷		61600	56500	68600	1	0.3	3	0.1	0.03	0.3
石油精		73300	69300	76300	3	1	10	0.6	0.2	2
地沥青		80700	73000	89900	3	1	10	0.6	0.2	2
润滑剂		73300	71900	75200	3	1	10	0.6	0.2	2
石油焦		97500	82900	115000	3	1	10	0.6	0.2	2
提炼厂原料		73300	68900	76600	3	1	10	0.6	0.2	2

表F-6(续)

燃料		CO_2			CH_4			N_2O		
		缺省排放因子	下限	上限	缺省排放因子	下限	上限	缺省排放因子	下限	上限
其他油	炼厂气	57600	48200	69000	1	0.3	3	0.1	0.03	0.3
	固体石蜡	73300	72200	74400	3	1	10	0.6	0.2	2
	石油溶剂和SBP	73300	72200	74400	3	1	10	0.6	0.2	3
	其他石油产品	73300	72200	74400	3	1	10	0.6	0.2	2
无烟煤		98300	94600	101000	1	0.3	3	1.5	0.5	5
炼焦煤		94600	87300	101000	1	0.3	3	1.5	0.5	5
其他沥青煤		94600	89500	99700	1	0.3	3	1.5	0.5	5
次沥青煤		96100	92800	100000	1	0.3	3	1.5	0.5	5
褐煤		101000	90900	115000	1	0.3	3	1.5	0.5	5
油页岩和焦油沙		107000	90200	125000	1	0.3	3	1.5	0.5	5
棕色煤压块		97500	87300	109000	1	0.3	3	1.5	0.5	5
专利燃料		97500	87300	109000	1	0.3	3	1.5	0.5	5
焦炭	焦炉焦炭/褐煤焦炭	107000	95700	119000	1	0.3	3	1.5	0.5	5
	煤气焦炭	107000	95700	119000	1	0.3	3	0.1	0.03	0.3
煤焦油		80700	68200	95300	1	0.3	3	1.5	0.5	5
派生的气体	煤气公司气体	44400	37300	54100	1	0.3	3	0.1	0.03	0.3
	焦炉气体	44400	37300	54100	1	0.3	3	0.1	0.03	0.3
	鼓风炉气体	260000	219000	308000	1	0.3	3	0.1	0.03	0.3
	氧气吹炼钢炉煤气	82000	145000	202000	1	0.3	3	0.1	0.03	0.3
天然气		56100	54300	58300	1	0.3	3	0.1	0.03	0.3
城市废弃物(非生物量份额)		91700	73300	121000	30	10	100	4	1.5	15
工业废弃物		143000	110000	183000	30	10	100	4	1.5	15
废油		73300	72200	74400	30	10	100	4	1.5	15
泥炭		106000	100000	108000	1	0.3	3	1.5	0.5	5
固体生物燃料	木材/木材废弃物	112000	95000	132000	30	10	100	4	1.5	15
	亚硫酸盐废液(黑液)	95300	80700	110000	3	1	18	2	1	21
	其他主要固体生物量	100000	84700	117000	30	10	100	4	1.5	15
	木炭	112000	95000	132000	30	10	100	4	1.5	15

表F-6(续)

燃料		CO_2			CH_4			N_2O		
		缺省排放因子	下限	上限	缺省排放因子	下限	上限	缺省排放因子	下限	上限
液体生气燃料	生物汽油	70800	59800	84300	3	1	10	0. 6	0. 2	2
	生物柴油	70800	59800	84300	3	1	10	0. 6	0. 2	2
	其他液体生物燃料	79600	67100	93300	3	1	10	0. 6	0. 2	2
气体生物量	填埋气体	54600	46200	66000	1	0. 3	3	0. 1	0. 03	0. 3
	污泥气体	54600	46200	66000	1	0. 3	3	0. 1	0. 03	0. 3
	其他生物气体	54600	46200	66000	1	0. 3	3	0. 1	0. 03	0. 3
其他非化石燃料	城市废弃物（生物量比例）	100000	84700	117000	30	10	100	4	1. 5	15

表 F-7 《2006 年 IPCC 国家温室气体清单指南》商业/机构类别中固定源燃烧的缺省排放因子

单位：kg/TJ

燃料		CO_2			CH_4			N_2O		
		缺省排放因子	下限	上限	缺省排放因子	下限	上限	缺省排放因子	下限	上限
原油		73300	71000	75500	3	1	10	0. 6	0. 2	2
沥青质矿物燃料		77000	69300	85400	3	1	10	0. 6	0. 2	2
液态天然气		64200	58300	70400	3	1	10	0. 6	0. 2	2
汽油	车用汽油	69300	67500	73000	3	1	10	0. 6	0. 2	2
	航空汽油	70000	67500	73000	3	1	10	0. 6	0. 2	2
航空煤油		71500	69700	74400	3	1	10	0. 6	0. 2	2
其他煤油		71900	70800	73700	3	1	10	0. 6	0. 2	2
页岩油		73300	67800	79200	3	1	10	0. 6	0. 2	2
汽油/柴油		74100	72600	74800	3	1	10	0. 6	0. 2	2
残留燃油		77400	75500	78800	3	1	10	0. 6	0. 2	2
液化石油气		63100	61600	65600	1	0. 3	3	0. 1	0. 03	0. 3

表F-7(续)

燃料		CO_2			CH_4			N_2O		
		缺省排放因子	下限	上限	缺省排放因子	下限	上限	缺省排放因子	下限	上限
乙烷		61600	56500	68600	1	0.3	3	0.1	0.03	0.3
石油精		73300	69300	76300	3	1	10	0.6	0.2	2
地沥青		80700	73000	89900	3	1	10	0.6	0.2	2
润滑剂		73300	71900	75200	3	1	10	0.6	0.2	2
石油焦		97500	82900	115000	3	1	10	0.6	0.2	2
提炼厂原料		73300	68900	76600	3	1	10	0.6	0.2	2
其他油	炼厂气	57600	48200	69000	1	0.3	3	0.1	0.03	0.3
	固体石蜡	73300	72200	74400	3	1	10	0.6	0.2	2
	石油溶剂和SBP	73300	72200	74400	3	1	10	0.6	0.2	3
	其他石油产品	73300	72200	74400	3	1	10	0.6	0.2	2
无烟煤		98300	94600	101000	1	0.3	3	1.5	0.5	5
炼焦煤		94600	87300	101000	1	0.3	3	1.5	0.5	5
其他沥青煤		94600	89500	99700	1	0.3	3	1.5	0.5	5
次沥青煤		96100	92800	100000	1	0.3	3	1.5	0.5	5
褐煤		101000	90900	115000	1	0.3	3	1.5	0.5	5
油页岩和焦油沙		107000	90200	125000	1	0.3	3	1.5	0.5	5
棕色煤压块		97500	87300	109000	1	0.3	3	1.5	0.5	5
专利燃料		97500	87300	109000	1	0.3	3	1.5	0.5	5
焦炭	焦炉焦炭/褐煤焦炭	107000	95700	119000	1	0.3	3	1.5	0.5	5
	煤气焦炭	107000	95700	119000	1	0.3	3	0.1	0.03	0.3
煤焦油		80700	68200	95300	1	0.3	3	1.5	0.5	5
派生的气体	煤气公司气体	44400	37300	54100	1	0.3	3	0.1	0.03	0.3
	焦炉煤气	44400	37300	54100	1	0.3	3	0.1	0.03	0.3
	鼓风炉煤气	260000	219000	308000	1	0.3	3	0.1	0.03	0.3
	氧气吹炼钢炉煤气	82000	145000	202000	1	0.3	3	0.1	0.03	0.3
天然气		56100	54300	58300	1	0.3	3	0.1	0.03	0.3

表F-7(续)

燃料		CO_2			CH_4			N_2O		
		缺省排放因子	下限	上限	缺省排放因子	下限	上限	缺省排放因子	下限	上限
城市废弃物（非生物量比例）		91700	73300	121000	30	10	100	4	1.5	15
工业废弃物		143000	110000	183000	30	10	100	4	1.5	15
废油		73300	72200	74400	30	10	100	4	1.5	15
泥炭		106000	100000	108000	1	0.3	3	1.5	0.5	5
固体生物燃料	木材/木材废弃物	112000	95000	132000	30	10	100	4	1.5	15
	亚硫酸盐废液（黑液）	95300	80700	110000	3	1	18	2	1	21
	其他主要固体生物量	100000	84700	117000	30	10	100	4	1.5	15
	木炭	112000	95000	132000	30	10	100	4	1.5	15
液体生物燃料	生物汽油	70800	59800	84300	3	1	10	0.6	0.2	2
	生物柴油	70800	59800	84300	3	1	10	0.6	0.2	2
	其他液体生物燃料	79600	67100	93300	3	1	10	0.6	0.2	2
气体生物量	填埋气体	54600	46200	66000	1	0.3	3	0.1	0.03	0.3
	污泥气体	54600	46200	66000	1	0.3	3	0.1	0.03	0.3
	其他生物气体	54600	46200	66000	1	0.3	3	0.1	0.03	0.3
其他非化石燃料	城市废弃物（生物量比例）	100000	84700	117000	30	10	100	4	1.5	15

表 F-8　《2006 年 IPCC 国家温室气体清单指南》住宅和农业/林业/捕捞业/渔业类别中固定源燃烧的缺省排放因子

单位：kg/TJ

燃料	CO_2			CH_4			N_2O		
	缺省排放因子	下限	上限	缺省排放因子	下限	上限	缺省排放因子	下限	上限
原油	73300	71000	75500	3	1	10	0.6	0.2	2
沥青质矿物燃料	77000	69300	85400	3	1	10	0.6	0.2	2

表F-8(续)

燃料		CO_2			CH_4			N_2O		
		缺省排放因子	下限	上限	缺省排放因子	下限	上限	缺省排放因子	下限	上限
液态天然气		64200	58300	70400	3	1	10	0.6	0.2	2
汽油	车用汽油	69300	67500	73000	3	1	10	0.6	0.2	2
	航空汽油	70000	67500	73000	3	1	10	0.6	0.2	2
航空煤油		71500	69700	74400	3	1	10	0.6	0.2	2
其他煤油		71900	70800	73700	3	1	10	0.6	0.2	2
页岩油		73300	67800	79200	3	1	10	0.6	0.2	2
汽油/柴油		74100	72600	74800	3	1	10	0.6	0.2	2
残留燃油		77400	75500	78800	3	1	10	0.6	0.2	2
液化石油气		63100	61600	65600	1	0.3	3	0.1	0.03	0.3
乙烷		61600	56500	68600	1	0.3	3	0.1	0.03	0.3
石油精		73300	69300	76300	3	1	10	0.6	0.2	2
地沥青		80700	73000	89900	3	1	10	0.6	0.2	2
润滑剂		73300	71900	75200	3	1	10	0.6	0.2	2
石油焦		97500	82900	115000	3	1	10	0.6	0.2	2
提炼厂原料		73300	68900	76600	3	1	10	0.6	0.2	2
其他油	炼厂气	57600	48200	69000	1	0.3	3	0.1	0.03	0.3
	固体石蜡	73300	72200	74400	3	1	10	0.6	0.2	2
	石油溶剂和SBP	73300	72200	74400	3	1	10	0.6	0.2	3
	其他石油产品	73300	72200	74400	3	1	10	0.6	0.2	2
无烟煤		98300	94600	101000	1	0.3	3	1.5	0.5	5
炼焦煤		94600	87300	101000	1	0.3	3	1.5	0.5	5
其他沥青煤		94600	89500	99700	1	0.3	3	1.5	0.5	5
次沥青煤		96100	92800	100000	1	0.3	3	1.5	0.5	5
褐煤		101000	90900	115000	1	0.3	3	1.5	0.5	5
油页岩和焦油沙		107000	90200	125000	1	0.3	3	1.5	0.5	5
棕色煤压块		97500	87300	109000	1	0.3	3	1.5	0.5	5
专利燃料		97500	87300	109000	1	0.3	3	1.5	0.5	5

表F-8(续)

燃料		CO_2			CH_4			N_2O		
		缺省排放因子	下限	上限	缺省排放因子	下限	上限	缺省排放因子	下限	上限
焦炭	焦炉焦炭/褐煤焦炭	107000	95700	119000	1	0. 3	3	1. 5	0. 5	5
	煤气焦炭	107000	95700	119000	1	0. 3	3	0. 1	0. 03	0. 3
煤焦油		80700	68200	95300	1	0. 3	3	1. 5	0. 5	5
派生的气体	煤气公司气体	44400	37300	54100	1	0. 3	3	0. 1	0. 03	0. 3
	焦炉煤气	44400	37300	54100	1	0. 3	3	0. 1	0. 03	0. 3
	鼓风炉煤气	260000	219000	308000	1	0. 3	3	0. 1	0. 03	0. 3
	氧气吹炼钢炉煤气	82000	145000	202000	1	0. 3	3	0. 1	0. 03	0. 3
天然气		56100	54300	58300	1	0. 3	3	0. 1	0. 03	0. 3
城市废弃物（非生物量比例）		91700	73300	121000	30	10	100	4	1. 5	15
工业废弃物		143000	110000	183000	30	10	100	4	1. 5	15
废油		73300	72200	74400	30	10	100	4	1. 5	15
泥炭		106000	100000	108000	1	0. 3	3	1. 5	0. 5	5
固体生物燃料	木材/木材废弃物	112000	95000	132000	30	10	100	4	1. 5	15
	亚硫酸盐废液（黑液）	95300	80700	110000	3	1	18	2	1	21
	其他主要固体生物量	100000	84700	117000	30	10	100	4	1. 5	15
	木炭	112000	95000	132000	30	10	100	4	1. 5	15
液体生物燃料	生物汽油	70800	59800	84300	3	1	10	0. 6	0. 2	2
	生物柴油	70800	59800	84300	3	1	10	0. 6	0. 2	2
	其他液体生物燃料	79600	67100	93300	3	1	10	0. 6	0. 2	2
气体生物量	填埋气体	54600	46200	66000	1	0. 3	3	0. 1	0. 03	0. 3
	污泥气体	54600	46200	66000	1	0. 3	3	0. 1	0. 03	0. 3
	其他生物气体	54600	46200	66000	1	0. 3	3	0. 1	0. 03	0. 3

表F-8(续)

燃料		CO_2			CH_4			N_2O		
		缺省排放因子	下限	上限	缺省排放因子	下限	上限	缺省排放因子	下限	上限
其他非化石燃料	城市废弃物（生物量比例）	100000	84700	117000	30	10	100	4	1.5	15

表 F-9 《2006 年 IPCC 国家温室气体清单指南》燃料碳含量缺省值

单位：kg/GJ

燃料类型	缺省值	下限	上限
crude oil 原油	20.0	19.4	20.6
orimulsion 沥青质矿物燃料	21.0	18.9	23.3
natural gas liquids 液态天然气	17.5	15.9	19.2
motor gasoline 车用汽油	18.9	18.4	19.9
aviation gasoline 航空汽油	19.1	18.4	19.9
jet gasoline 航空汽油	19.1	18.4	19.9
jet kerosene 航空煤油	19.5	19.0	20.3
other kerosene 其他煤油	19.6	19.3	20.1
shale oil 页岩油	20.0	18.5	21.6
gas/diesel oil 汽油/柴油	20.2	19.8	20.4
residual fuel oil 残留燃油	21.1	20.6	21.5
liquefied petroleum gases 液化石油气	17.2	16.8	17.9
ethane 乙烷	16.8	15.4	18.7
naphtha 石油精	20.0	18.9	20.8
bitumen 地沥青	22.0	19.9	24.5
lubricants 润滑剂	20.0	19.6	20.5
petroleum coke 石油焦	26.6	22.6	31.3
refinery reedstocks 提炼厂原料	20.0	18.8	20.9
refinery gas 炼油气	15.7	13.3	19.0
paraffin waxes 固体石蜡	20.0	19.7	20.3
white spirit and SBP 石油溶剂和 SBP	20.0	19.7	20.3
other petroleum products 其他石油产品	20.0	19.7	20.3
anthracite 无烟煤	26.8	25.8	27.5
coking coal 炼焦煤	25.8	23.8	27.6
other bituminous coal 其他沥青煤	25.8	24.4	27.2
sub-bituminous coal 次沥青煤	26.2	25.3	27.3
lignite 褐煤	27.6	24.8	31.3

表F-9(续)

燃料类型	缺省值	下限	上限
oil shale and tar sands 油页岩和焦油沙	29.1	24.6	34.0
brown coal briquettes 棕色煤压块	26.6	23.8	29.6
patent fuel 专利燃料	26.6	23.8	29.6
coke oven coke and lignite coke 焦炉焦炭/褐煤焦炭	29.2	26.1	32.4
gas coke 煤气焦炭	29.2	26.1	32.4
coal tar 煤焦油	22.0	18.6	26.0
gas works gas	12.1	10.3	15.0
coke oven gas 焦炉煤气	12.1	10.3	15.0
blast furnace gas 鼓风炉煤气	70.8	59.7	84.0
oxygen steel furnace gas 氧气吹炼钢炉煤气	49.6	39.5	55.0
natural gas 天然气	15.3	14.8	15.9
municipal wastes(non-biomass fraction) 城市废弃物(非生物量比例)	25.0	20.0	33.0
industrial wastes 工业废弃物	39.0	30.0	50.0
waste oils 废油	20.0	19.7	20.3
peat 泥炭	28.9	28.4	29.5
wood/wood waste 木材/木材废弃物	30.5	25.9	36.0
sulphite lyes(black liquor) 亚硫酸盐废液(黑液)	26.0	22.0	30.0
other primary solid biomass 其他主要固体生物量	27.3	23.1	32.0
charcoal 木炭	30.5	25.9	36.0
biogasoline 生物汽油	19.3	16.3	23.0
biodiesels 生物柴油	19.3	16.3	23.0
other liquid biofuels 其他液体生物燃料	21.7	18.3	26.0
landfill gas 填埋气体	14.9	12.6	18.0
sludge gas 污泥气体	14.9	12.6	18.0
other biogas 其他生物气体	14.9	12.6	18.0
municipal wastes(biomass fraction) 城市废弃物(生物量比例)	27.3	23.1	32.0

表 F-10 绿色工厂评价指标

一级指标	二级指标	基本要求	预期性要求
一般要求	合规性与相关方要求	1. 工厂应依法设立，在建设和生产过程中应遵守有关法律、法规、政策和标准，近三年无重大安全、环保、质量等事故，成立不足三年的企业，成立以来无重大安全、环保、质量等事故。 2. 对利益相关方环境要求做出承诺的，应同时满足有关承诺要求	—
	管理职责	1. 最高管理者应分派绿色工厂相关的职责和权限，确保相关资源的获得，并承诺和确保满足绿色工厂评价要求。 2. 工厂应设有绿色工厂管理机构，负责有关绿色制造的制度建设、实施、考核及奖励工作，建立目标责任制。 3. 工厂应有绿色工厂建设中长期规划及量化的年度目标和实施方案。 4. 工厂定期提供绿色工厂相关教育、培训，并评估教育和培训结果	—
基础设施	建筑	1. 工厂新建、改建和扩建建筑时，应遵守国家“固定资产投资项目节能评估审查制度”“三同时制度”“工业项目建设用地控制指标”等产业政策和有关要求。 2. 工厂的建筑应满足国家或地方相关法律法规及标准的要求。 3. 厂房内部装饰装修材料中醛、苯、氨、氡等有害物质必须符合国家和地方法律、标准要求。 4. 危险品仓库、有毒有害操作间、废弃物处理间等产生污染物的房间应独立设置	1. 工厂建筑从建筑材料、建筑结构、绿化及场地、再生资源及能源利用等方面进行建筑的节材、节能、节水、节地及可再生能源利用。 2. 适用时，工厂的厂房采用多层建筑
	计量设备	工厂应依据 GB 17167、GB/T 24789 等要求配备、使用和管理能源、水以及其他资源的计量器具和装置。能源及资源使用的类型不同时，应进行分类计量	—
	照明	工厂厂区及各房间或场所的照明功率密度应符合 GB 50034 规定现行值	工厂厂区和办公区采用自然光照明

管理体系	管理体系基本要求	工厂应建立、实施并保持满足 GB/T 19001 要求的质量管理体系和满足 GB/T 45001 要求的职业健康安全管理体系	通过质量管理体系和职业健康安全管理体系第三方认证
	环境管理体系	工厂应建立、实施并保持满足 GB/T 24001 要求的环境管理体系	通过环境管理体系第三方认证
	能源管理体系	工厂应建立、实施并保持满足 GB/T 23331 要求的能源管理体系	通过能源管理体系第三方认证
	社会责任	—	每年发布社会责任报告，说明履行利益相关方责任的情况，特别是环境社会责任的履行情况，报告公开可获得
能源资源投入	能源投入	1. 工厂应优化用能结构，在保证安全、质量的前提下减少能源投入。 2. 工厂及其生产的产品应满足工业节能相关的强制性标准。 3. 已明令禁止生产、使用的和能耗高、效率低的设备应限期淘汰更新，用能设备或系统的实际运行效率或主要运行参数应符合该设备经济运行的要求。 4. 适用时，工厂使用的设备应达到相关标准中能效限定值的强制性要求	1. 工厂建有能源管理中心。 2. 工厂建有厂区光伏电站、智能微电网。 3. 工厂使用的通用用能设备采用了节能型产品或效率高、能耗低的产品。 4. 工厂使用了低碳清洁的新能源。 5. 可行时，使用可再生能源替代不可再生能源
	资源投入	1. 工厂应减少原材料，尤其是有害物质的使用。 2. 工厂应评估有害物质及化学品减量使用或替代的可行性	—
	采购	1. 工厂应制定并实施选择、评价和重新评价供方的准则，确保供方能够提供符合工厂环保要求的材料、元器件、部件或组件。 2. 工厂应确定并实施检验或其他必要的活动，确保采购的产品满足规定的采购要求	满足绿色供应链评价要求

表 F-10(续)

一级指标	二级指标	基本要求	预期性要求
产品	生态设计	工厂在产品设计中引入生态设计的理念	满足绿色产品(生态设计产品)评价要求
	节能	工厂生产的产品若为用能产品,应满足相关产品的国家、行业或地方发布的产品能效标准中的限定值要求。未制定产品能效标准的,产品能效应不低于行业平均值	达到国家、行业或地方发布的产品能效标准中的先进值要求。未制定产品能效标准的,产品能效达到行业前20%的水平
	碳足迹	—	1. 采用公众可获取的标准或规范对产品进行碳足迹盘查或核查。 2. 利用盘查或核查结果对其产品的碳足迹进行改善。盘查或核查结果对外公布
	有害物质限制使用	工厂生产的产品应减少有害物质的使用,并满足国家对产品中有害物质限制使用的要求	实现有害物质替代
环境排放	污染物处理设备	工厂应投入适宜的污染物处理设备,以确保其污染物排放达到相关法律法规及标准要求。污染物处理设备的处理能力应与工厂生产排放相适应,并应正常运行	—
	大气污染物排放	工厂的大气污染物排放应符合相关国家标准及地方标准要求	—
	水体污染物排放	工厂的水体污染物排放应符合相关国家标准及地方标准要求	—
	固体废物排放	工厂需委托具有能力和资质的企业进行固体废弃物处理,适用时应符合相关废弃产品拆解处理要求标准	—

环境排放	噪声排放	工厂的厂界环境噪声排放应符合相关国家标准及地方标准要求	—
	温室气体排放	工厂应采用公众可获取的标准或规范对其厂界范围内的温室气体排放进行盘查，并利用盘查结果对其温室气体的排放进行改善	1. 工厂获得温室气体排放量第三方核查声明。 2. 利用核查结果对其温室气体的排放进行改善。 3. 核查结果对外公布
绩效	用地集约化	工厂容积率应不低于《工业项目建设用地控制指标》的要求	工厂容积率达到《工业项目建设用地控制指标》要求的1.2倍以上
		单位用地面积产值不低于地方发布的单位用地面积产值的要求。未发布单位用地面积产值的地区，单位用地面积产值应超过本年度所在省市的单位用地面积产值	1. 单位用地面积产值达到地方发布的单位用地面积产值的要求的1.5倍以上。 2. 未发布单位用地面积产值的地区，单位用地面积产值应达到本年度所在省市的单位用地面积产值，建议达到1.2倍以上
	生产洁净化	单位产品主要污染物产生量（包括化学需氧量、氨氮、二氧化硫、氮氧化物等）应不高于行业平均水平。（装备、电子、电器等离散制造业可采用单位产值或单位工业增加值指标。）	单位产品主要污染物产生量优于行业前20%水平。（装备、电子、电器等离散制造业可采用单位产值或单位工业增加值指标。）
		单位产品废气产生量应不高于行业平均水平。（装备、电子、电器等离散制造业可采用单位产值或单位工业增加值指标。）	单位产品废气产生量优于行业前20%水平。（装备、电子、电器等离散制造业可采用单位产值或单位工业增加值指标。）

表 F-10（续）

一级指标	二级指标	基本要求	预期性要求
绩效	生产洁净化	单位产品废水产生量应不高于行业平均水平。（装备、电子、电器等离散制造业可采用单位产值或单位工业增加值指标。）	单位产品废水产生量优于行业前20%水平。（装备、电子、电器等离散制造业可采用单位产值或单位工业增加值指标。）
	废物资源化	单位产品主要原材料消耗量应不高于行业平均水平	单位产品主要原材料消耗量优于行业前20%水平
		工业固体废物综合利用率应大于65%。（根据行业特点，该指标可在±20%之间选取）	工业固体废物综合利用率达到73%。（根据行业特点，该指标可在±20%之间选取）
		废水处理回用率高于行业平均值	废水处理回用率优于行业前20%水平
	能源低碳化	单位产品综合能耗应符合相关国家、行业或地方标准中的限额要求。未制定相关标准的，应达到行业平均水平。（装备、电子、电器等离散制造业可采用单位产值或单位工业增加值指标。）	1. 单位产品综合能耗达到相关国家、行业，或地方标准中的先进值要求。 2. 未制定相关标准的，应优于行业前20%水平。（装备、电子、电器等离散制造业可采用单位产值或单位工业增加值指标。）
		单位产品碳排放量应不高于行业平均水平。（装备、电子、电器等离散制造业可采用单位产值或单位工业增加值指标。）	单位产品碳排放量优于行业前20%水平。（装备、电子、电器等离散制造业可采用单位产值或单位工业增加值指标。）